从零开始
学电动机、变频器和PLC

陶柏良 ◎ 主编
刘建清 范军龙 ◎ 编著

人民邮电出版社
北京

图书在版编目（ＣＩＰ）数据

从零开始学电动机、变频器和PLC / 陶柏良主编 ；
刘建清，范军龙编著. -- 北京 ：人民邮电出版社，
2018.12（2023.1重印）
ISBN 978-7-115-49525-9

Ⅰ. ①从… Ⅱ. ①陶… ②刘… ③范… Ⅲ. ①电动机
②变频器③PLC技术 Ⅳ. ①TM32②TN773③TM571.61

中国版本图书馆CIP数据核字（2018）第224629号

内 容 提 要

这是一本专门为电气控制初学者"量身定做"的"傻瓜型"教材，本书采用新颖的讲解形式，深入浅出地介绍了电动机、变频器与 PLC 相关知识，主要包括：三相异步电动机、单相异步电动机、直流电动机、单相串励式电动机、步进电机、同步电机、直线电动机、变频器、PLC 等内容。

全书语言通俗，重点突出，图文结合，简单明了，具有较强的针对性和实用性，适合电子初学者、无线电爱好者阅读，也可作为中等职业学校、中等技术学校相关专业培训教材。

◆ 主　编　陶柏良

　编　著　刘建清　范军龙

　责　编　黄汉兵

　责任印制　彭志环

◆ 人民邮电出版社出版发行　北京市丰台区成寿寺路 11 号
　邮编 100164　电子邮件 315@ptpress.com.cn
　网址 http://www.ptpress.com.cn
　固安县铭成印刷有限公司印刷

◆ 开本：787×1092　1/16
　印张：16.5　　　　　　2018 年 12 月第 1 版
　字数：396 千字　　　　2023 年 1 月河北第 2 次印刷

定价：59.00 元

读者服务热线：**(010)81055493**　印装质量热线：**(010)81055316**
反盗版热线：**(010)81055315**

　　电动机是一种把电能转换成机械能的设备，它广泛应用于工农业生产、国防建设、科学研究和日常生活等各个方面。

　　变频器是应用变频技术与微电子技术，通过改变电机工作电源频率方式来控制电动机的电力控制设备，可起到节能、调速的作用，随着工业自动化程度的不断提高，变频器也得到了非常广泛的应用。

　　可编程控制器（PLC）是在电气控制技术、计算机技术和通信技术的基础上开发出来的产品，现已广泛应用于工业控制各个领域，在就业竞争日趋激烈的今天，PLC 技术是从事工业控制技术人员必须掌握的一门专业技术。

　　本书主要讲解电动机、变频器和 PLC 的知识。写作的出发点是不讲过深的理论知识，力求做到理论和实践相结合，循序渐进、由浅入深、通俗实用。以指导初学者快速入门、步步提高、逐渐精通，使初学者能够在较短的时间内掌握电动机、变频器和 PLC 相关知识。

　　本书具有较强的针对性和实用性，内容新颖、资料翔实、通俗易懂，同时，考虑到初学者使用方便，书中所列出的内容均进行了认真的分类和总结。

　　参加本书编写工作的还有宗军宁、刘水渌、宗艳丽等同志。由于编著者水平有限，书中疏漏之处难免，诚恳希望各位同行、读者批评指正。

编著者

2018 年 7 月

我们所处的时代是一个知识爆发的时代，新产品、新技术层出不穷，电子技术发展更是日新月异。当你对妙趣横生的电子世界发生兴趣时，首先想到找一套适合自己学习的电子方面的图书阅读，"从零开始学电子"丛书正是为了满足零起点入门的电子爱好者而写的，全套丛书共有如下 6 册：

从零开始学电工电路

从零开始学电动机、变频器和 PLC

从零开始学电子元器件识别与检测

从零开始学模拟电路

从零开始学数字电路

从零开始学 51 单片机 C 语言

和其他电子技术类图书相比，本丛书具有以下特点。

内容全面，体系完备。本丛书给出了电子爱好者学习电子技术的全方位解决方案，既有初学者必须掌握的电工电路、模拟电路和数字电路等基础理论，又有电子元器件检测、电动机等操作性较强的内容，还有变频器、PLC、51 单片机、C 语言等软硬件结合方面的综合知识。内容详实，覆盖面广。掌握好本系列内容，读者不但能熟练读懂有关电子科普类杂志，再稍加实践，必定成为本行业的行家里手。

通俗易懂，重点突出。传统的图书在介绍电路基础和模拟电子等内容时，大都借助高等数学这一工具进行分析，电子爱好者自学电子技术时，必须先学高等数字，再学电路基础，门槛很高，使大多数电子爱好者被拒之门外，失去了学习的热情和兴趣。为此，本丛书在编写时，完全考虑到了初学者的需要，既不讲难懂的理论，也不涉及高等数学方面的公式，尽可能地把复杂的理论通俗化，将烦琐的公式简易化，再辅以简明的分析，典型的实例。这构成了本丛书的一大亮点。

实例典型，实践性强。本丛书最大程度地强调了实践性，书中给出的例子大都经过了验证，可以实现，并且具有代表性，本丛书中的单片机实例均提供有源程序，并给出实验方法，以方便读者学习和使用。

内容新颖，风格活泼。丛书所介绍的都是电子爱好者关心的、并且在业界获得普遍认同的内容，丛书的每一本都各有侧重，又互相补充，论述时疏密结合，重点突出，不拘一格。对于重点、难点和容易混淆的知识，书中还用专用标识进行了标注和提示。

把握新知，结合实际。电子技术发展日新月异，为适应时代的发展，丛书还对电子技术的新知识做了详细的介绍；丛书中涉及的应用实例都是编著者开发经验的提炼和总结，相信会对读者带来很大的帮助。在讲述电路基础、模拟和数字电子技术时，还专门安排了软件仿真实验，实验过程非常接近实际操作的效果。仿真软件不但提供了各种丰富的分立元件和集成电路等元器件，还提供了各种丰富的调试测量工具：各种电压表、电流表、示波器、指示器、分析仪等。仿真软件是一个全开放性的仿真实验平台，给我们提供了一个完备的综合性实验室，可以任意组合实验环境，搭建实验。电子爱好者通过实验，将使学习变得生动有趣，加深对电路理论知识的认识，一步一步走向电子制作和电路设计的殿堂。

总之，对于需要学习电子技术的电子爱好者而言，选择"从零开始学电子"丛书不失为一个良好选择。该丛书一定能给你耳目一新的感觉，当你认真阅读完本丛书后将发现，无论是你所读的书，还是读完书的你，都有所不同。

目 录

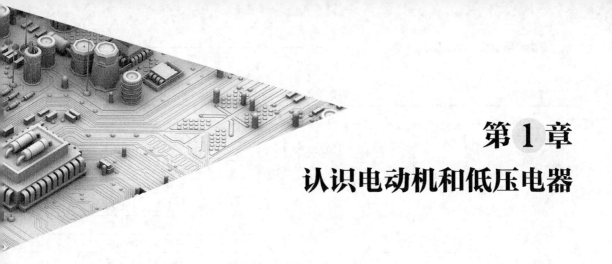

第1章
认识电动机和低压电器

　　电动机的作用是将电能转换为机械能，现代各种生产机械都广泛应用电动机来驱动，有的生产机械只装配一台电动机，有的需要好几台电动机，生产机械由电动机来驱动，不但可以简化生产机械的结构，提高生产效率和产品质量，而且还能实现自动控制和远距离操纵，减轻繁重的体力劳动。在本章中，除简要介绍常见电动机外，还系统介绍了低压电器的结构、原理等内容。

|1.1　电动机介绍|

1.1.1　电动机的分类

　　日常使用的电动机种类较多，一般按以下方法进行分类。

1. 按工作电源分类

　　电动机根据使用电源的不同，主要分为直流电动机和交流电动机两大类。如图 1-1 所示是大型和小型直流电动机的实物图。图 1-2 所示为大型和小型交流电动机实物图。

图1-1　大型和小型直流电动机实物

图1-2　大型和小型交流电动机实物

　　在直流和交流电动机两大类中又分了许多种类，见表 1-1。另外，还有一种单相串励式电动机，它既可以使用直流电，也可以使用交流电。

表 1-1　　　　　　　　　　　　　　　　电动机按工作电源分类

	无刷直流电动机		
直流电动机	有刷直流电动机	永磁式直流电动机	稀土永磁直流电动机
			铁氧体永磁直流电动机
			铝镍钴永磁直流电动机
		电磁式直流电动机	他励直流电动机
			并励直流电动机
			串励直流电动机
			复励直流电动机
交流电动机	异步电动机	三相异步电动机	笼型异步电动机
			绕线转子异步电动机
		单相异步电动机	分相式电动机
			电容启动式电动机
			电容运转电动机
			电容启动运转电动机
			罩极式电动机
	同步电动机（三相、单相）		

2. 按结构及工作原理分类

电动机按结构及工作原理可分为同步电动机和异步电动机。

简单地说，同步和异步电动机均属交流动力电动机，是靠 50Hz 交流电网供电而转动，异步电动机是定子送入交流电，产生旋转磁场，而转子受感应产生磁场，这样两磁场作用，使得转子跟着定子的旋转磁场而转动，其中转子比定子旋转磁场慢，有个转差，不同步，所以称为异步机。而同步电动机定子送入交流电，其转子是人为加入直流电形成不变磁场，这样转子就跟着定子旋转磁场一起转而同步，因此称同步电动机。异步电动机简单，成本低，易于安装、使用和维护，所以受到广泛使用。缺点效率低，调速性能稍差，功率因数低，对电网不利。而同步电动机效率高。是容性负载，可改善电网功率因数，多用于工矿大型设备。

如图 1-3 所示是三相异步电动机实物图，如图 1-4 所示是三相同步电动机实物图。

图1-3　三相异步电动机实物图　　　　　图1-4　三相同步电动机实物图

同步电动机还可分为永磁同步电动机、磁阻同步电动机和磁滞同步电动机。

异步电动机可分为感应式电动机和交流换向式电动机。感应式电动机又分为三相异步电动机、单相异步电动机和罩极式异步电动机。交流换向式电动机又分为单相串励电动机和交直流两用电动机。

这里简单说明一下，感应式电动机和换向式电动机的区别。

将导体闭合成回路，并把它放在通有交流电流的线圈附近，由于电磁感应作用，导体中会产生感应电流。根据感应电流的磁场与通电线圈的磁场相互作用而制作的电动机叫作感应式电动机。由单相电源供电的，称为单相感应式电动机；由三相电源供电的，称为三相感应式电动机。

将导线与电池或其他电源组成一个回路，电源可直接向磁场中的导线供给电流。以此原理制作的电动机，其转子绕组由电源直接供电，通过电刷（碳刷）和换向器，将电流导入旋转的转子绕组中，这种电动机叫作换向式电动机。

3. 按防护方式分类

电动机按防护方式，可分为开启式和封闭式两大类。

（1）开启式电动机

开启式电动机的定子两侧和端盖上都有很大的通风口。它散热好，价格便宜，但容易进灰尘、水滴和铁屑等杂物，只能在清洁、干燥的环境中使用。如图 1-5 所示是开启式电动机的实物图。

开启式电动机又可分为以下几类。

防护式：机壳通风孔部分用金属网等防护，可防止外界杂物进入电动机内。

防滴式：可防止水流入电动机内。

防滴防护式：具有防滴式和防护式的特点。

防腐式：可在有腐蚀性气体的环境中使用。

（2）封闭式电动机

封闭式电动机有封闭的机壳，电动机内部空气与外界不流通。与开启式电动机相比，其冷却效果较差，电动机外形较大且价格高。封闭式电动机实物如图 1-6 所示。

图1-5　开启式电动机实物图　　　　　　图1-6　封闭式电动机实物图

封闭式电动机又分为以下几类。

全封闭防腐式：可在有腐蚀性气体的场合中使用。

全封闭冷却式：电动机的转轴上安装有冷却风扇。

耐压防爆式：可防止电动机内部气体爆炸而引爆外界爆炸性气体。

充气防爆式：电动机内充有空气或不可燃气体，内部压力较高，可防止外界爆炸性气体进入电动机。

4. 按用途分类

电动机按用途可分为驱动用电动机和控制用电动机。

驱动用电动机又分为电动工具（包括钻孔、抛光、磨光、开槽、切割、扩孔工具等）用电动机、家电（包括洗衣机、电风扇、电冰箱、空调器、录音机、录像机、影碟机、吸尘器、照相机、电吹风、电动剃须刀等）用电动机及其他通用机械设备（包括各种机床、机械、医疗器械、电子仪器等）用电动机。

控制用电动机又分为步进电动机和伺服电动机等。

5. 按启动与运行方式分类

电动机按启动与运行方式可分为电容启动式电动机、电容运转式电动机、电容启动运转式电动机和分相式电动机。

6. 按转子的结构分类

电动机按转子的结构可分为鼠笼式电动机和绕线式电动机，如图1-7所示。

鼠笼式电动机　　　　　　　　　　　绕线式电动机

图1-7　鼠笼式和绕线式电动机实物图

鼠笼式电动机和绕线式电动机的定子基本上是一样的，区别在于转子部分。

鼠笼式电动机转子为笼式的导条。导条通常为铜条，导条安装在转子铁芯槽内，两端用端环焊接，形状像鼠笼。中小型转子一般采用铸铝方式。

绕线式转子的绕组和定子绕组相似，三相绕组连接成星形，三根端线连接到装在转轴上的3个铜滑环上，通过一组电刷与外电路相连接。当短接转子绕组的3根线时，可当鼠笼电动机使用。

由于鼠笼式电动机结构简单、价格低，控制电动机运行也相对简单，所以得到广泛采用。而绕线式电动机结构复杂，价格高。控制电动机运行也相对复杂一些，其应用相对要少一些，但绕线式电动机因为其启动、运行的力矩较大，一般用在重载负荷中。

7. 按运转速度分类

电动机按运转速度可分为高速电动机、低速电动机、恒速电动机、调速电动机。

低速电动机又分为齿轮减速电动机、电磁减速电动机、力矩电动机和爪极同步电动机等。调速电动机除可分为有级恒速电动机、无级恒速电动机、有级变速电动机和无级变速电动机外，还可分为电磁调速电动机、直流调速电动机、PWM 变频调速电动机和开关磁阻调速电动机。

1.1.2 常用电动机介绍

下面简要介绍日常生活中常用的几种电动机。

1. 直流电动机

依靠直流电源运行的电动机称为直流电动机。在电动机的发展史上，直流电动机发明得较早，后来才出现了交流电动机，当发明了交流电以后，交流电动机才得到迅速的发展。但是，由于直流电动机具有良好的启动和调速性能，永磁直流电动机还具有良好的运行特性，使其在便携式、特殊使用场合或对电动机性能要求较高的家用电器上得到了广泛应用。例如，录音机、录像机、电动剃须刀、电吹风、小型吸尘器、车船用电风扇、电动按摩器、电动玩具等都是以直流电动机为动力源。

2. 异步电动机

运行时异步的电动机称为异步电动机，常用的异步电动机有三相异步电动机和单相异步电动机。

（1）三相异步电动机

三相异步电动机广泛应用于工农业生产中，在工业方面，它用于拖动各种机床、起重机、水泵等设备；在农业方面，它用于拖动排灌机械、脱粒机、粉碎机及其他农副产品加工机械等。

三相异步电动机与直流电动机、同步电动机不同，其转子绕组不需要与其他电源相连接，而定子绕组的电流则直接取自交流电网，所以三相异步电动机具有结构简单，制造、使用及维修方便，运行可靠，重量较轻，成本较低等优点。此外，三相异步电动机具有较高的效率和较好的工作特性，能满足大多数机械设备的拖动要求，而且在其基本系列的基础上可以方便地导出各种派生系列，以适应各种使用条件。三相异步电动机的分类特点见表 1-2。

表 1-2 三相异步电动机的分类特点

分 类 形 式	类 别		
转子绕组形式	笼型转子、绕线转子		
型式	小型	中型	大型
中心高（mm）	80～315	315～630	≥630
定子铁芯外径（mm）	130～500	500～990	≥990
防护形式	开启式、防护式、封闭式		
安装结构形式	卧式、立式		
绝缘等级	E 级、B 级、F 级、H 级		

（2）单相异步电动机

单相异步电动机通常只做成小型的，其容量从几瓦到几百瓦。由于只需单相交流 220V 电源电压，故使用方便，应用广泛，并且有结构简单、成本低廉、噪声小、对无线电系统干扰小等优点，因而多用在小型动力机械和家用电器等设备上，如电钻、小型鼓风机、医疗器械、电风扇、洗衣机、电冰箱、冷冻机、空调机、抽油烟机、电影放映机及家用水泵等，是日常现代化设备必不可少的驱动源。在工业上，单相异步电动机也常用于通风与锅炉设备及其他伺服机构上。

3. 单相串励电动机

单相串励电动机采用换向器式结构，属于直流电动机范畴，因铁芯上的励磁绕组和转子上的电枢绕组串联起来而得名。由于它既可以使用直流电源，又可以使用交流电源，所以又称通用电动机。单相串励电动机具有转速高、体积小、效率高、重量轻、启动转矩大、调速方便等优点，因而大量地应用于电动工具、家用电器、小型车床、化工、医疗等方面。如电锤、手电钻、电动扳手、吸尘机、电动缝纫机、电动剃须刀等。单相串励电动机的主要缺点是噪声、振动和电磁干扰均比较大。

4. 同步电动机

运行时同步的电动机称为同步电动机。与三相异步电动机相比，同步电动机的使用并不广泛。随着工业的迅速发展，一些生产机械要求的功率越来越大，如空气压缩机、送风机、球磨机、电动发电动机组等，它们的功率可达数百千瓦乃至数千千瓦，采用同步电动机拖动更为合适。这是因为大功率同步电动机与同容量的异步电动机比较，有明显的优点。首先，同步电动机的功率因数较高，在运行时，不仅不使电网的功率因数降低，相反，还能够改善电网的功率因数，这点是异步电动机做不到的；其次，对于大功率低转速的电动机，同步电动机的体积比异步电动机的体积要小些。

|1.2 电动机控制常用低压电器|

低压电器是指工作在额定电压直流 1500V、交流 1200V 以下的各种电器，是电动机控制系统的基本组成部分，电动机控制系统的优劣与所用低压电器直接相关，电动机只有在低压电器的大力配合下，才能发挥出最大的作用。

1.2.1 开关电器（刀开关和转换开关）

开关电器主要有刀开关、转换开关、按钮开关等。

刀开关和转换开关都是手动操作的低压电器，一般用于接通和分断低压配电电源和用电设备，也常用来直接启动小容量的异步电动机。断路器不仅接通和断开电路，而且当电路发生过载、短路或失压等故障时，能自动跳闸，切断故障电路。

1. 刀开关

刀开关又名闸刀开关，主要由操作手柄、触刀、静插座和绝缘底板组成，依靠手动进行触刀插入插座与脱离插座的控制。为保证刀开关合闸时触刀与插座有良好的接触，触刀与插座之间应有一定的接触应力。

刀开关的种类很多。按刀的极数可分为单极、双极和三极；按刀的转换方向可分为单掷和双掷；按操作方式可分为直接手柄操作式和远距离连杆操纵式；按灭弧情况可分为有灭弧罩和无灭弧罩等。按封装方式可分为开启式和封闭式。如图 1-8 所示是常用刀开关的实物图。

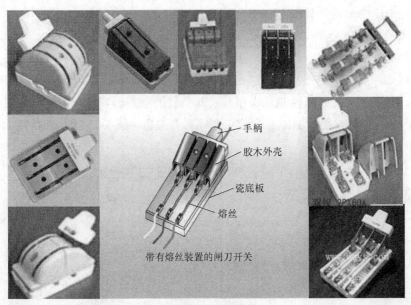

图1-8　常用刀开关实物图

（1）开启式负荷开关

开启式负荷开关又称瓷底胶盖刀开关。图 1-9 为 HK 系列负荷开关结构图。

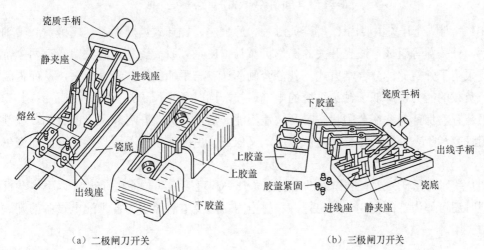

（a）二极闸刀开关　　　　　　　　　　（b）三极闸刀开关

图1-9　HK系列负荷开关

HK 系列开关是由刀开关和熔断丝组合而成的一种电器，装置在一块瓷底板上，上面覆盖胶盖以保证用电安全，结构简单，操作方便，熔断丝动作后，只要更换新熔丝仍可继续使用，运行安全可靠。

　　HK 系列开启式负荷开关适用于交流 50Hz，单相 220V 或三相 380V，额定电流 10A 至 100A 的电路中，由于结构简单，价格低廉，常用作照明电路的电源开关，也可用来控制 5.5kW 以下异步电动机的启动和停止。但这种开关没有专门的灭弧装置，不宜于频繁地分、合电路。使用时要垂直地安装在开关板上，并使进线孔放在上方，这样才能保证更换熔丝时不发生触电事故。

　　刀开关在电路中的符号如图 1-10 所示。

　　（2）封闭式负荷开关

　　封闭式负荷开关由触刀、熔断器、操作机构和铁外壳等构成。由于整个开关装于铁壳内，又

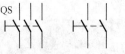

图1-10　刀开关在电路中的符号
（a）刀开关　　　（b）带熔断器刀开关

称铁壳开关。铁壳开关的灭弧性能、操作及通断负载的能力和安全防护性能都优于 HK 系列胶盖瓷底刀开关，但其价格较 HK 系列胶盖瓷底刀开关贵。图 1-11 所示为常用 HH 系列铁壳开关的结构与外形。

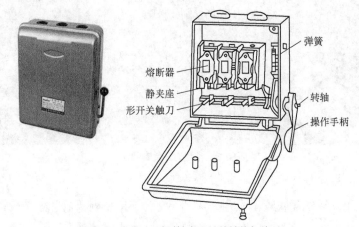

图1-11　常用HH系列铁壳开关的结构与外形

　　HH 系列铁壳开关主要由 U 型开关触片、静夹座、瓷插式熔断器、速断弹簧、转轴、操作手柄、开关盖等组成。铁壳开关的操作机械与 HK 系列胶盖瓷底刀开关比较有两个特点：其一是采用了弹簧储能分合闸方式，其分合闸的速度与手柄的操作速度无关，从而提高了开关通断负载的能力，降低了触头系统的电气磨损，同时又延长了开关的使用寿命；其二是设有联锁装置，保证开关在合闸状态时开关盖不能开启，开关盖开启时又不能合闸。联锁装置的采用既有利于充分发挥外壳的防护作用，又保证了更换熔丝时不因误操作合闸而产生触电事故。

　　HH 系列铁壳开关适应于作为机床的电源开关和直接启动与停止 15kW 以下电动机的控制，同时还可作为工矿企业电气装置，农村电力排灌及电热照明等各种配电设备的开关及短路保护之用。

2. 转换开关

　　转换开关又称组合开关，转换开关由分别装在多层绝缘件内的动、静触片组成。动触片装在附有手柄的绝缘方轴上，手柄沿任一方向每转动一定角度，触片便轮流接通或分断。为

了使开关在切断电路时能迅速灭弧，在开关转轴上装有扭簧储能机构，使开关能快速接通与断开，常用转换开关如图 1-12 所示。应用较多的组合开关有 HZ10 系列无限位组合开关和 HZ3 系列有限位组合开关。

图1-12　常用转换开关实物图

（1）HZ10 系列组合开关

HZ10 系列组合开关为无限位型组合开关的代表型号，它可以在 360°范围内旋转，每旋转一次，手柄位置在空中改变 90°角度，它可无定位及无方向限制转动。它是由数层动、静触点分别组装于绝缘胶木盒内，动触点装于附有手柄的转轴上，随转轴旋转位置的改变而改变动、静触点的通断。由于它采用了扭簧储能机构，故开关能快速分断及闭合，而与操作手柄的速度无关。图 1-13 为 HZ10 组合开关实物及电路符号。

HZ10 系列组合开关主要用于中、小型机床的电源隔离开关，控制线路的切换，小型直流电动机的励磁，磁性工作台的退磁等。还可直接用于控制功率 5.5kW 以下电动机的启动及停止。

（2）HZ3 系列组合开关

HZ3 系列组合开关为有限位型组合开关的代表型号。HZ3 系列组合开关又称为倒顺开关或可逆转换开关，它只能在"倒"、"顺"、"停"三个位置上转动，其转动

图1-13　HZ10组合开关实物及电路符号

范围为 90°。从"停"挡扳至"倒"挡转向为 45°，从"停"挡扳至"顺"挡亦为 45°。当作为电动机正、反转控制时，将手柄扳至"顺"挡位置，在电路上接通电动机的正转电源，电动机正转；当电动机需要反转时，将手柄扳至"倒"挡位置，HZ3 系列组合开关在内部将两组触点互相调换，使电动机通入反转电源，电动机得电反转。图 1-14 为 HZ3 系列组合开关在电路中的符号。

HZ3 系列组合开关主要用于小型异步电动机的正、反转控制及双速异步电动机变速的控制。

图1-14 HZ3组合开关及电路符号

1.2.2 主令电器（按钮和主令开关）

主令电器是用作闭合或断开控制电路，以发出指令或作程序控制的电器。包括按钮、行程开关、接近开关、光电开关、万能转换开关、主令控制器。另外还有踏脚开关、紧急开关、钮子开关等。

1. 按钮

按钮是一种短时接通或断开小电流电路的手动电器，通常用于控制电路中发出启动或停止等指令，以控制接触器、继电器等电器的线圈电流的接通或断开，再由它们去接通或断开主电路。另外，按钮之间还可实现电气联锁。常见按钮外形实物如图 1-15 所示。

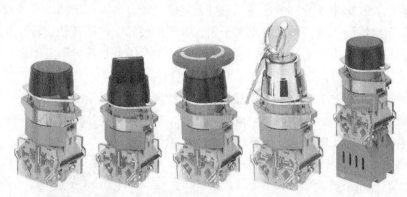

图1-15 常见按钮

按钮一般是由按钮帽、复位弹簧、桥式动触点、静触点和外壳等组成。图 1-16 为常闭按钮、常开按钮和复合按钮的结构与符号。

常用按钮主要有 LA2、LA10、LA18、LA19 和 LA25 等系列。按钮的结构型式有紧急式、旋钮式、钥匙式、防水式、防腐式、保护式和带指示灯式等。急停按钮装有蘑菇形的钮帽，便于紧急操作；旋钮式按钮常用于"手动/自动模式"转换；钥匙式、防水式、防腐式、保护式按钮用于重要的不常动作的场合。指示灯按钮则将按钮和指示灯组合在一起，用于同时需要按钮和指示灯的情况，可节约安装空间。

（1）常闭按钮

手指未按下时，触点是闭合的，如上图中的触点 1、2，当手指按下时，触点 1、2 被断开，而手指松开后，触点在复位弹簧作用下恢复闭合。常闭按钮在控制电路中常用作停止按钮。

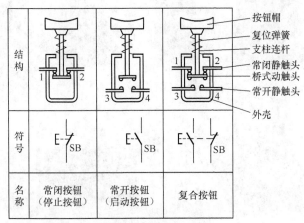

图1-16 按钮的结构与符号

（2）常开按钮

手指未按下时，触点是断开的，如上图中的触点3、4，当手指按下按钮帽时，触点3、4被接通，而手指松开后，触点在复位弹簧作用下返回原位而断开。常开按钮在控制电路中常用作启动按钮。

（3）复合按钮

当手指未按下时，触点1、2是闭合的，触点3、4是断开的，当手指按下时，先断开触点1、2，后接通触点3、4，而手指松开后，触点在复位弹簧作用下全部复位。复合按钮在控制电路中常用于电气联锁。

重点提示：关于按钮的颜色及指示灯的颜色，国家有关标准都作了规定。一般而言，有以下几种情况：

停止和急停按钮：红色。按红色按钮时，必须使设备断电、停车。

启动按钮：绿色。

点动按钮：黑色。

启动与停止交替按钮：必须是黑色、白色或灰色，不得使用红色和绿色。

复位按钮：必须是蓝色；当其兼有停止作用时，必须是红色。

2. 行程开关

在生产机械中，常需要控制某些运动部件的行程，或运动一定的行程停止，或者在一定的行程内自动往复返回，这种控制机械行程的方式称为"行程控制"。行程开关又称限位开关，用以反应工作机械的行程，发出命令以控制其运动方向或行程大小，它是实现行程控制的小电流（5A以下）的主令电器。在实际生产中，将行程开关安装在预先安排的位置，当安装在生产机械运动部件上的挡块撞击行程开关时，行程开关的触头动作，实现电路的切换。常见行程开关如图1-17所示。行程开关的电路符号如图1-18所示。

图1-17　常见行程开关

3. 接近开关

接近式开关是与（机器的）运动部件无机械接触而能操作的位置开关。当运动的物体靠近开关到一定位置时，开关发出信号，达到行程控制及计数自动控制。也就是说，它是一种非接触式无触头的位置开关，是一种开关型的传感器，又称接近传感器。常见的有高频振荡型、霍尔效应型、电容型、超声波型等。接近开关在电路中的作用与行程开关相同，都是位置开关，起限位作用，但两者是有区别的：行程开关有触头，是接触式的位置开关；而接近开关是无触头的，是非接触式的位置开关。常见接近开关如图 1-19 所示。接近开关的电路符号如图 1-20 所示。

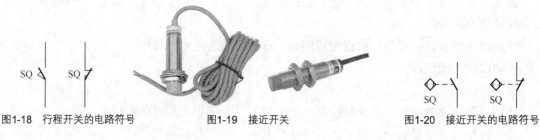

图1-18　行程开关的电路符号　　　　图1-19　接近开关　　　　图1-20　接近开关的电路符号

4. 光电开关

光电开关是一种非接触式行程开关，运动着的物体接近它到一定距离时，通过光的发射和接收部件，发出信号，从而进行相应的操作。根据光的发射和接收部件的安装位置和光的接收方式的不同，分为对射式和反射式，作用距离从几厘米到几十米不等。常见光电开关如图 1-21 所示。

5. 万能转换开关

由多组相同结构的触点组件叠装而成的多回路控制电器，借助于不同形状的凸轮使其触点按一定的次序接通和分断，能转换多种和多数量的电气控制线路。常见万能转换开关如图 1-22 所示。

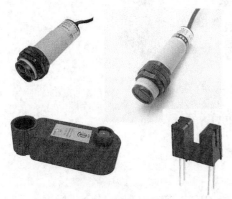

图1-21　常见光电开关

图1-22　常见万能转换开关

万能转换开关的电路符号如图 1-23 所示。

万能转换开关的图形文字符号为 SA。在图形符号中，触点下方虚线上的"·"表示，当操作手柄处于该位置时，该对触点闭和；如果虚线上没有"·"，则表示当操作手柄处于该位置时该对触点处于断开状态。

为了更清楚的表示万能转换开关的触点分合状态与操作手柄的位置关系，在机电控制系统中

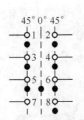

触头编号	45°	0°	45°
1-2	×		
3-4	×		
5-6	×	×	
7-8			×

图1-23　万能转换开关的电路符号

经常把万能转换开关的图形符号和触点分合表配合使用。在触点分合表中，用"×"来表示手柄处于该位置时触点处于闭合状态。

万能转换开关的手柄操作位置是以角度表示的。由于其触点的分合状态与操作手柄的位置有关，所以，除在电路图中画出触点图形符号外，还应画出操作手柄与触点分合状态的关系。图中当万能转换开关打向左 45°时，触点 1-2、3-4、5-6 闭合，触点 7-8 打开；打向 0°时，只有触点 5-6 闭合，右 45°时，触点 7-8 闭合，其余打开。

6. 主令控制器

主令控制器主要用于电气传动装置中，按一定顺序分合触头，达到发布命令或其他控制线路联锁、转换的目的。适用于频繁对电路进行接通和切断，常配合磁力启动器对绕线式异步电动机的启动、制动、调速及换向实行远距离控制，广泛用于各类起重机械的拖动电动机的控制系统中。

主令控制器一般由触头系统、操作机构、转轴、齿轮减速机构、凸轮、外壳等几部分组成。其动作原理与万能转换开关相同，都是靠凸轮来控制触头系统的关合。但与万能转换开关相比，它的触点容量大些，操纵挡位也较多。

不同形状凸轮的组合可使触头按一定顺序动作，而凸轮的转角是由控制器的结构决定的，凸轮数量的多少则取决于控制线路的要求。如图 1-24 所示为常见主令控制器的外观实物图。

图1-24　常见主令控制器

1.2.3　保护器（断路器、漏电和浪涌保护器）

1. 断路器

断路器也叫作自动空气开关或空气开关，为了和 IEC（国际电工委员会）标准一致，一般称为断路器。适用于交流 50Hz 或 60Hz，电压至 500V，直流电压 440V 以下的电路，当电路中发生超过允许极限的过载、短路及失压时，电路自动分断。

断路器将控制电器和保护电器的功能合为一体，在正常条件下，它常作为不频繁接通和断开的电路，以及控制电动机的启动和停止，它常用做总电源开关或部分电路的电源开关。

断路器的种类较多，按极数分，有单极、两极和三极。按结构分，有塑壳式，框架式，限流式，直流快速式，灭磁式等，常见的空气开关外形如图 1-25 所示。

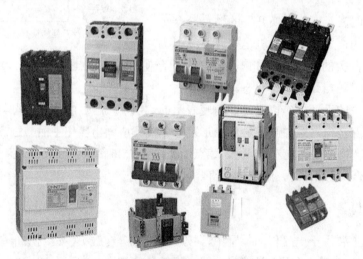

图1-25　常见空气开关外形实物图

电力拖动与自动控制线路中常用的自动空气开关为塑壳式，如 DZ5－20 系列，其外形实物及原理示意图如图 1-26 所示。

DZ5-20 型自动开关其结构采用立体布置，操作机构在中间，外壳顶部突出红色分闸按钮和绿色合闸按钮，通过贮能弹簧连同杠杆机构实现开关的接通和分断；过流时，过流脱扣器将脱钩顶开，断开电源；欠压时，欠压脱扣器将脱钩顶开，断开电源。

自动开关与刀开关相比，具有以下结构紧凑，安装方便，操作安全，而且在进行短路保护时，由于用电磁脱扣器将电源同时切断，避免了电动机缺相运行的可能性。另外，自动开关的脱扣器可以重复使用，不必更换。

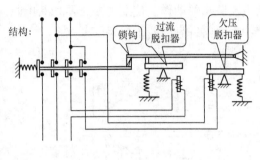

结构：　锁钩　过流脱扣器　欠压脱扣器

图1-26　DZ5-20自动空气开关的外形及结构

自动空气开关的电路符号如图 1-27 所示。

QF

2. 漏电保护器

漏电保护器是在规定的条件下，当漏电电流达到或者超过给定数值时，能自动断开电路的机械开关电器或者组合电器。

图1-27　自动空气开关的电路符号

漏电保护器的功能是：当电网发生人身（相与地之间）触电事故时，能迅速切断电源，可以使触电者脱离危险，或者使漏电设备停止运行，从而避免触电引起人身伤亡、设备损坏或火灾的发生，它是一种保护电器。

漏电保护器仅仅是防止发生触电事故的一种有效的措施，不能过分夸大其作用，最根本的措施是防患于未然。

漏电保护器的种类很多，按照主开关的极数分类，可以分为单极、二极、三极和四极漏电保护器。按照工作原理分类，可分为电压动作型和电流动作型漏电保护器，前者很少使用，而后者则广泛应用。电流动作型漏电保护器也称为剩余电流漏电保护器、漏电电流动作保护器、差分电流动作保护器或者接地故障保护器。

常见漏电保护器实物如图 1-28 所示。

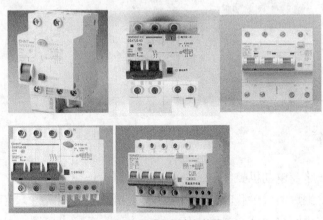

图1-28　常见漏电保护器

如图 1-29 所示是三极漏电保护器的原理图。

当被保护电路中出现漏电事故时，由于有漏电的存在，三相交流电的电流矢量和不为零，零序电流互感器的二次侧有感应电流产生，当剩余电流脱扣器上的电流达到额定漏电动作电流时，剩余电流脱扣器动作，使漏电断路器切断电源，从而达到防止触电事故的发生。

漏电保护器电路符号如图 1-30 所示。

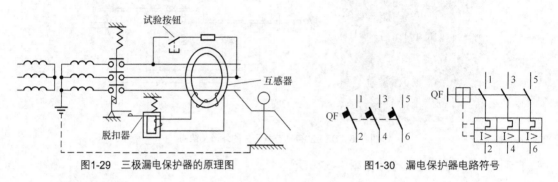

图1-29　三极漏电保护器的原理图　　　　图1-30　漏电保护器电路符号

3. 浪涌保护器

浪涌保护器也叫防雷器，是一种为各种电器设备、仪器仪表、通信线路提供安全防护的电子装置。当电气回路或者通信线路中因为外界的干扰突然产生尖峰电流或者电压时，浪涌保护器能在极短的时间内导通分流，从而避免浪涌对回路中其他设备的损害。常见浪涌保护器如图 1-31 所示。

浪涌也叫突波，顾名思义就是超出正常工作电压的瞬间过电压。本质上讲，浪涌是发生在仅仅几百万分之一秒时间内的一种剧烈脉冲，可能引起浪涌的原因有：重型设备、短路、电源切换或大型发动机。而含有浪涌保护器的产品可以有效地吸收突发的巨大能量，以保护连接设备免于受损。

浪涌保护器的电路符号如图 1-32 所示。

图1-31　浪涌保护器　　　　　　　图1-32　浪涌保护器的电路符号

1.2.4　熔断器

熔断器是低压线路及电动机控制电路中主要起短路保护作用的元件。它串联在线路中，当线路或电气设备发生短路或过载时，通过熔断器的电流超过规定值一定时间后，以其自身产生的热量使熔体熔化而自动分断电路，使线路或电气设备脱离电源，起到保护作用。

熔断器的电路符号如图 1-33 所示。

常用熔断器有以下几种：

1. 瓷插式熔断器

图 1-34 所示是 RC1A 系列瓷插式熔断器的外形结构图。它是一种最常见的结构简单的熔断器，更换方便，价格低廉。一般在交流 50Hz，额定电压到 380V，额定电流 200A 以下的低压线路末端或分支电路中，作为电气设备的短路保护及一定程度上的过载保护之用。

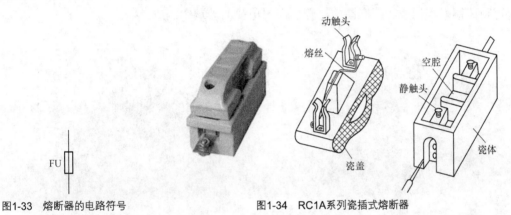

FU

图1-33　熔断器的电路符号　　　　图1-34　RC1A系列瓷插式熔断器

2. 螺旋式熔断器

常用的螺旋式熔断器主要有 RL1 系列，外形结构如图 1-35 所示。熔体内装有熔丝和石英砂（石英砂作为熄灭电弧用）。同时还有熔体熔断的信号指示装置，熔体熔断后，带色标的指示头弹出，便于发现更换。

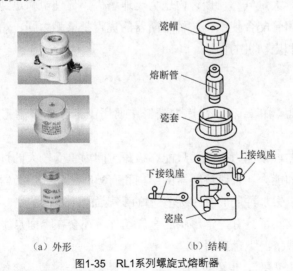

（a）外形　　　　　　（b）结构

图1-35　RL1系列螺旋式熔断器

3. 有填料封闭式熔断器

有填料封闭式熔断器主要有 RTO 系列，这是一种大分断能力的熔断器，广泛用于短路电流很大的电力网络或低压配电装置中，外形如图 1-36 所示。它制造工艺复杂、性能较好，有很多优点，如限流较好，能使短路电流在第一半波峰值以前分断电路；断流能力强，使用安全，分断规定的短路电流时，无声、光现象，并有醒目的熔断标记，附有活动的绝缘手柄，可在带电情况下调换熔体。

4. 无填料封闭管式熔断器

无填料封闭管式熔断器主要有 RM10 系列，由熔管、熔体和插座组成，熔体被封闭在不充填料的熔管内，其外形如图 1-37 所示。15A 以上熔断器的熔管由钢纸管（又称反白管）、黄铜套管和黄铜帽等构成。新产品中熔管已用耐电弧的玻璃钢制成。

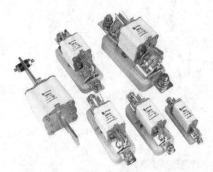

图1-36　RTO系列有填料封闭式熔断器

图1-37　RM10无填料封闭管式熔断器

这种结构形式的熔断器有两个特点：一是采用变截面锌片作熔体，二是采用钢纸管或三聚氰胺玻璃布作熔管。当电路过载或短路时，变截面锌片狭窄部分的温度骤然升高并首先熔断，特别是在短路时，熔体的几个狭窄部分同时熔断，使电路断开很大间隙后灭弧容易；熔管在电弧作用下，分解大量气体，使管内压力迅速增大，促使电弧迅速熄灭。还有锌质熔体熔点较低，适合于同熔管配合使用。这种熔断器的优点是灭弧力强，熔体更换方便，被广泛用于发电厂、变电所和电动机的保护。

5. 快速熔断器

快速熔断器是熔断器的一种，快速熔断器主要用于半导体整流元件或整流装置的短路保护。

由于半导体元件的过载能力很低，只能在极短时间内承受较大的过载电流，因此要求短路保护具有快速熔断的能力。快速熔断器的结构和有填料封闭式熔断器基本相同，但熔体材料和形状不同，它是以银片冲制的有 V 形深槽的变截面熔体。

快速熔断器的熔丝除了具有一定形状的金属丝外，还会在上面点上某种材质的焊点，其目的为了使熔丝在过载情况下迅速断开。

快速熔断器就突出"快"，也就灵敏度高，当电路电流一过载，熔丝在焊点的作用下，迅速发热，迅速断开熔丝，好的快速熔断体其效率相当高，主要用来保护可控硅和一些电子功率元器件。

如图 1-38 所示是快速熔断器的外形实物图。

图1-38　快速熔断器

1.2.5　接触器

接触器是最常用的一种自动开关，是利用电磁吸力使触点闭合或分断的电器，它根据外部信号（如按钮或其他电器触点的闭合或分断）来接通或断开带有负载的电路，适合于频繁操作的远距离控制，并具有失压保护的功能。

接触器主要控制对象是电动机，也可用作控制电热设备、电照明、电焊机和电容器组等电力负载。接触器具有控制容量大、操作频率高、工作可靠、使用寿命长、维修方便和可远距离控制等优点，在电力拖动与自动控制系统中接触器是应用最广的电器之一。

接触器的种类很多，按电压等级可分为高压与低压接触器；按电流种类可分为交流接触器和直流接触器；按操作机构可分为电磁式、液压式和气动式，但以电磁式接触器应用最广；按动作方式可分为直动式和转动式；按主触头的极数可分为单极、双极和三极等。下面主要介绍电磁式低压接触器。

1.　交流接触器

交流接触器主要用于远距离接通与分断额定电压至 1140V、额定电流至 630A 的交流电路，以及频繁地控制交流电动机启动、停止、反转和制动等。

交流接触器的结构

交流接触器主要由触点系统、电磁机构和灭弧装置等组成，其外观实物如图 1-39 所示。

交流接触器的电路符号如图 1-40 所示。

图 1-41 所示是交流接触器的工作原理示意图。

接触器的工作原理是：当线圈通电后，在铁芯中产生磁通及电磁吸力，电磁吸力克服弹簧反力使得衔铁吸合，带动触头机构动作，使常闭触头分断，常开触头闭合，互锁或接通线路。线圈失电或线圈两端电压显著降低时，电磁吸力小于弹簧反力，使得衔铁释放，触头机构复位，使得常开触头断开，常闭触头闭合。

接触器的触点用来接通与断开电路，触点有主触点和辅助触点之分，主触点用于通断电流较大的主电路，一般由接触面较大的动合触点组成；辅助触点用于通断电流较小的控制电路，它由动合触点和动断触点成对组成。接触器未工作时处于断开状态的触点称为动合触点或常开触点；接触器未工作时处于接通状态的触点称为动断触点或常闭触点。

电磁机构是用来操纵触点的闭合和分断用的，它由铁芯、电磁线圈和衔铁三部分组成。

交流接触器的铁芯一般用硅钢片叠压后铆成，以减少交变磁场在铁芯中产生的涡流与磁滞损耗。交流接触器的线圈用绝缘的电磁线绕制而成，工作时并接在控制电源两端，线圈的阻抗大、电流小。交流接触器的铁芯上装有短路铜环，称为短路环，短路环的作用是减少交流接触器吸合时的振动和噪声。

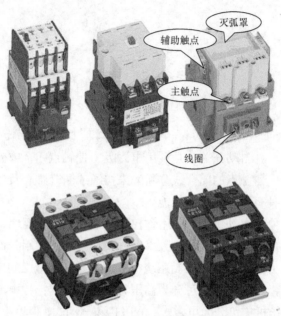

图1-39　交流接触器

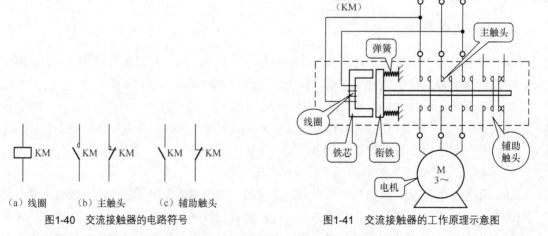

（a）线圈　　　（b）主触头　　　（c）辅助触头
图1-40　交流接触器的电路符号

图1-41　交流接触器的工作原理示意图

　　交流接触器在分断大电流电路时，往往会在动、静触点之间产生很强的电弧，电弧会使触点烧伤，还会使电路切断时间加长，甚至会引起其他事故。因此，接触器都要有灭弧装置。容量较小的交流接触器的灭弧方法是利用双断点桥式触点在电路时将电弧分割成两段，以提高电弧的起弧电压，同时利用两段电弧相互间的电动力使电弧向外侧拉长，在拉长过程中使电弧受到冷却而熄灭；容量较大的交流接触器一般采用灭弧栅灭弧，灭弧栅片由表面镀铜的薄铁板制成，安装在石棉水泥或耐弧塑料制成的罩内。当电弧受磁场作用力进入栅片后，被分成许多串联的短弧，使每一个短弧上的电压维持不了起弧，导致电弧熄灭。

课外阅读：电弧

电弧是一种空气放电现象。一般地，空气是不导电的，但在某些条件下如场强较高时，空气将被击穿，流有较大的电流。电弧具有热效应。

为便于大家对交流接触器有一个深刻的认识，下面以电动机的启停控制为例简单进行说明，如图 1-42 所示。在实际电路中，接触器一般采用电路符号，标准的电路如图 1-43 所示。

有关电动机的控制电路部分，在后续章节中还要进行详述。

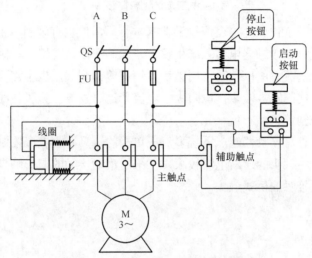

图1-42　三相异步电动机的启停控制电路

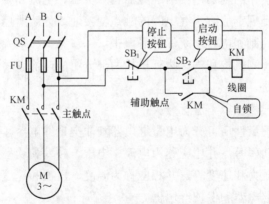

图1-43　三相异步电动机的启停控制电路真伪规范画法

启动过程：按下启动按钮，接触器 KM 线圈通电，与启动按钮并联的 KM 的辅助常开触点闭合，以保证松开启动按钮后，KM 线圈持续通电，串联在电动机回路中的 KM 的主触点持续闭合，电动机连续运转，从而实现连续运转控制。

停止过程：按下停止按钮，接触器 KM 线圈断电，与启动按钮并联的 KM 的辅助常开触点断开，以保证松开按钮停止后 KM 线圈持续失电，串联在电动机回路中的 KM 的主触点持续断开，电动机停转。

2. 直流接触器

直流接触器主要用于远距离接通和分断额定电压 440V、额定电流至 600A 的直流电路或频繁地操作和控制直流电动机的一种控制电器，其外观实物如图 1-44 所示。

图1-44　直流接触器外观实物

直流接触器结构及工作原理与交流接触器基本相同，但也有区别，主要表现在：

（1）电磁系统。直流接触器电磁系统由铁芯、线圈和衔铁等组成。因线圈中通的是直流电，铁芯中不会产生涡流，所以铁芯可用整块铸铁或铸钢制成，也不需要装短路环。铁芯不发热，没有铁损耗。线圈匝数较多，电阻大，电流流过时发热，为了使线圈良好散热，通常将线圈制成长而薄的圆筒状。

（2）触点系统。直流接触器触点系统多制成单极的，只有小电流才制成双极的，触头也有主、辅之分，由于主触头的通断电流较大，多采用滚动接触的指形触点。辅助触点的通断电流较小，常采用点接触的桥式触头。

1.2.6　继电器

继电器是一种自动动作的电器，当给继电器输入电压、电流和频率等电量；或温度、压力和转速等非电量并达到规定值时，继电器的触点便接通或分断所控制或保护的电路。继电器被广泛应用于电动机控制和电力系统保护系统中。

继电器一般由输入感测机构和输出执行机构两部分组成，前者用于反映输入量的高低，后者用于接通或分断电路。

继电器种类很多，一般按以下进行分类：

按感测机构输入物理量性质可分为电量继电器和非电量继电器。电量继电器的输入量可为电流、电压、频率和功率等，并相应称为电流、电压、频率和功率继电器等；非电量继电器的输入量可为温度、压力和速度等，并相应称为温度、压力和速度继电器等。

按用途可分为控制继电器和保护继电器。

按动作时间可分为瞬时继电器和延时继电器。

按执行机构的特征可分为有触点继电器和无触点继电器。

按工作原理又可分为电磁式继电器、机械式继电器、热继电器和半导体式继电器等。

下面主要介绍几种常用电器的结构、动作原理和用途。

1. 电磁式继电器

电磁式继电器，也叫有触点继电器，它的结构和动作原理与接触器大致相同。但电磁式继电器体积较小、动作灵敏、没有庞大的灭弧装置，且触点的种类和数量也较多。

（1）电流继电器

电流继电器是反映电路电流量变化的器件，它的线圈与电路串联，以反应电路电流的变化，为不影响电路工作情况，其线圈匝数少，导线粗，线圈阻抗小。

电流继电器是根据控制电路中电流变化的大小而决定是否动作的，电流继电器可分为过电流继电器和欠电流继电器，如图1-45所示为电流继电器外观实物图。

（a）过流电流继电器　　（b）欠流电流继电器

图1-45　电流继电器外观实物

过电流继电器是当电路中的电流超过一定量时，过电流继电器动作，切断电路，从而起到电路中的过载保护作用。一般交流过电流继电器的过电流动作范围可调整在电路额定电流的110%～400%，直流过电流继电器的动作范围可调整在电路额定电流的70%～300%。而欠电流继电器是当电路中的电流小于一定数值时，欠电流继电器动作，切断电路，从而使某些要求具备一定电流的电路得到保护。例如在直流电动机的电枢励磁电路中，如果励磁电流减少，根据直流电动机的机械特性我们知道其转速要上升，当励磁电流减小趋于零时，根据理论分析，其转速将趋于无穷大，会引起直流电动机转速猛增，亦即"飞车现象"，这样会发生严重的设备事故。为了杜绝这种现象的发生，在直流电动机的电枢励磁回路中串入欠电流继电器，一旦电枢励磁回路中电流下降到某数值时，欠电流继电器动作，切断电源，从而起到欠电流的保护作用。一般情况下，欠电流继电器的吸合电流为线圈额定电流的30%～65%，释放电流为线圈额定电流的10%～20%。故当控制线路中电流减小到欠电流继电器线圈额定电流的10%～20%时，欠电流继电器动作，从而起到了欠电流保护作用。在电气控制电路中，主要使用JZ14系列交、直流电流继电器。

图1-46所示为过电流电磁式继电器外形与结构原理图。

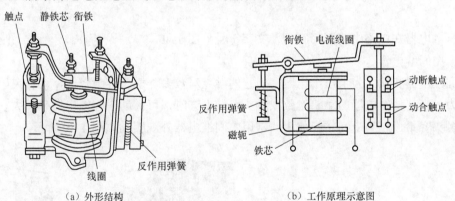

（a）外形结构　　　　　　　　　　（b）工作原理示意图

图1-46　过电流继电器外形及原理图

当接于主电路的线圈为额定值时，它所产生的电磁引力不能克服反作用弹簧的作用力，继电器不动作，常闭触点闭合，维持电路正常工作。一旦通过线圈的电流超过整定值，线圈电磁力将大于弹簧反作用力，静铁芯吸引衔铁使其动作，分断常闭触点，切断控制回路，保护了电路和负载。

电流继电器在电路中的符号如图1-47所示。

过电流继电器主要用于绕线式异步电动机及直流电动机频繁启动和重载启动下的过载和短路保护。欠电流继电器主要用于直流电动机电枢励磁回路及其他需保持一定电流的电路中。

（2）电压继电器

电压继电器的结构与电流继电器相似，不同的是电压继电器的线圈为并联的电压线圈，匝数多，导线细，阻抗大。电压继电器主要用于电力输入线路的电压升高或降低及自动控制、机床线路中的过电压及失压保护。如图 1-48 所示为电压继电器常用外观实物图。

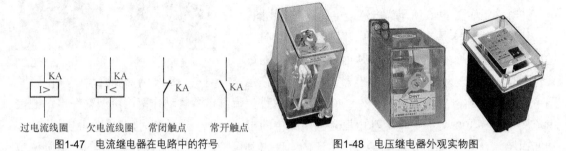

图1-47　电流继电器在电路中的符号　　　　图1-48　电压继电器外观实物图

根据动作电压值的不同，电压继电器有过电压、欠电压和零电压继电器之分。过电压继电器主要作用是当电压超过某一上限电压值时，继电器工作，从而达到过电压的保护作用，一般当电压为线路额定电压的 105%～120%时，继电器即动作。欠电压继电器是当电路中电压降低到不足于一定值时，欠电压继电器动作，切断电路，使某些用电设备不会因电源电压降低电流急剧上升而损坏，一般当电压低于线路额定电压的 40%～70%时，欠电压继电器即动作。零电压继电器则当线路电源电压降低接近于零时（一般为额定电压的 10%～35%）动作。常用的电压继电器有 JT4 系列电压继电器。

值得一提的是，交流接触器、中间继电器本身也具有欠压和失压保护的功能，故在电气控制线路中，常用交流接触器或中间继电器代替失压和欠压继电器进行失压或欠压保护。

电压继电器在电路中的图形符号及文字符号见图 1-49。

（3）中间继电器

中间继电器实质上为电压继电器，但它的触点对数多，触头容量较大，动作灵敏。其主要用途为：当其他继电器的触头对数或触头容量不够时，可借助中间继电器来扩大它们的触头数和触头容量，起到中间转换作用。常用中间继电器外观实物如图 1-50 所示。

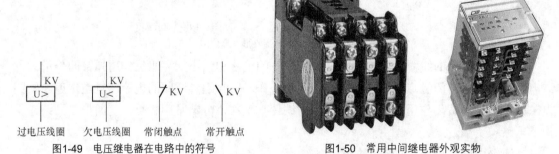

图1-49　电压继电器在电路中的符号　　　　图1-50　常用中间继电器外观实物

图 1-51 所示为 JZ7 系列中间继电器外形结构。该中间继电器由静铁芯、动铁芯、线圈、触点系统、反作用弹簧和复位弹簧等组成。其触点对数较多，没有主、辅触点之分，各对触点允许通过的额定电流是一样的，都为 5A。吸引线圈的额定电压有 12V、24V、36V、110V、127V、220V、380V 等多种，可供选择。

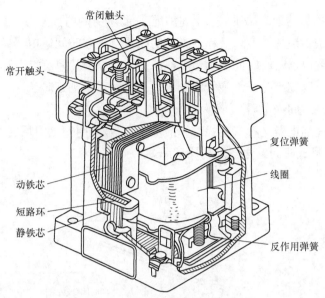

图1-51 JZ7系列中间继电器的外形结构

常闭触头
常开触头
动铁芯
短路环
静铁芯
复位弹簧
线圈
反作用弹簧

2．时间继电器

时间继电器是利用电磁原理或机械原理实现触点延时闭合或延时断开的自动控制电器。按动作原理可分为电磁式、空气阻尼式、电动式和电子式等。按延时方式可分为通电延时型和断电延时型两种。如图 1-52 所示为时间继电器外观实物图。

图1-52 时间继电器外观实物图

（1）电磁式时间继电器

电磁式时间继电器一般只用于直流电路，而且只能直流断电延时动作。它是利用磁系统在线圈断电后磁通延缓变化的原理来实现的。为达到延时的目的，可在继电器的磁系统中增设阻尼圈，当线圈断电后，铁芯内的磁通迅速减少，根据电磁感应定律，在阻尼圈内将产生感应电流，以阻止磁通的减少，铁芯继续吸持衔铁一段时间，使得触点延时断开。其延时的长短取决于线圈断电后磁通衰减的速度，它与阻尼圈本身的时间常数（L/R）有关，同时和铁芯与衔铁间的非磁性垫片厚度以及释放弹簧的松紧有关。时间继电器做好后，阻尼圈本身的时间常数已定，继电器延时时间的调节就靠改变非磁性垫片厚度以及释放弹簧的松紧。垫片厚则延时短，垫片薄则延时长；弹簧紧则延时短，弹簧松则延时长。

（2）空气阻尼式时间继电器

空气阻尼式时间继电器又称气囊式时间继电器。它是利用空气阻尼的作用来达到延时的，如图1-53是空气阻尼式时间继电器结构原理图。

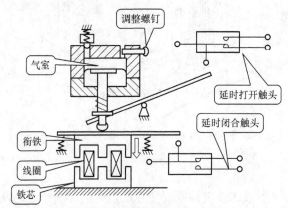

图1-53　空气阻尼式时间继电器结构原理图

阻尼式时间继电器主要由电磁机构（线圈、铁芯和衔铁）、触点系统（延时打开触头和延时闭合触头）和空气室（气室内装有成型橡皮薄膜，随空气的增减而移动，气室顶部的调节螺钉可调节延时时间）和传动机构（推板、活塞杆、杠杆及各种类型的弹簧）四部分构成。

工作时，线圈通电，衔铁吸合（向下），带动连杆动作，延时触头动作。

（3）电动式时间继电器

电动式时间继电器是利用同步电动机驱动齿轮变速机构的原理制成的，它也有通电延时型和断电延时型之分，常见型号有 JS17 系列，该系列的通电和断电并非指接通和断开电动式时间继电器的电源，而是指接通和断开电动式时间继电器离合电磁铁线圈的电源。

（4）电子式时间继电器

电子式时间继电器是目前应用比较广泛的时间继电器。它具有体积小、重量轻、延时时间长（可达几十小时）、延时精度高、调节范围广（0.1s～9999min）、工作可靠和使用寿命长等优点，并将取代机电式时间继电器。

电子式时间继电器的种类很多。按电子元件的构成可分为分立元件型和集成电路型，按延时电路型式可分为模拟电路型和数字电路型，在数字电路型中按延时基准又可分为以电源频率为基准和以石英振荡电路为基准的两种类型。各种电子式时间继电器的工作原理比较复杂，这里不再分析。

时间继电器在控制电路中用做延时控制，即当输入信号进入控制系统时，输出系统不立即对输入做出反应，而是经过预定的时间后，输出系统才会有输出量。

图 1-54 为时间继电器在电路中的符号，图中列出了通电延时和断电延时线圈的画法及通电延时和断电延时常开、常闭触点的画法。

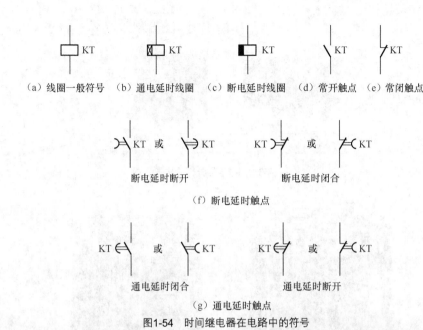

（a）线圈一般符号 （b）通电延时线圈 （c）断电延时线圈 （d）常开触点 （e）常闭触点

断电延时断开　　　　　　断电延时闭合

（f）断电延时触点

通电延时闭合　　　　　　通电延时断开

（g）通电延时触点

图1-54 时间继电器在电路中的符号

注意事项：一般规定通电延时触点上的小圆弧的凸出方向向左，断电延时触点上的小圆弧的凸出方向向右。如果将触点在水平方向上绘制，则通电延时触点上的小圆弧的凸出方向规定向上，而断电延时触点上的小圆弧的凸出方向规定向下。

3. 热继电器

热继电器是利用电流的热效应原理工作的保护电器，在电路中用于电动机的过载保护。电动机在实际运行中，常遇到过载情况，若过载不大，时间较短，绕组温升不超过允许范围，是可以的，但过载时间较长，绕组温升超过了允许值，将会加剧绕组老化，缩短电动机的使用年限，严重时会烧毁电动机的绕组，因此，凡是长期运行的电动机必须设置过载保护。如图 1-55 所示为热继电器的外观实物图。

图1-55 热继电器外观实物

热继电器种类很多，应用最广泛的是基于双金属片的热继电器，其外部结构如图 1-56 所示。

热继电器内部主要由热元件、双金属片和触头三部分组成，内部结构如图 1-57 所示。

如图 1-58 所示为热继电器的动作示意图。

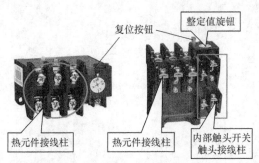

图1-56 热继电器外部结构

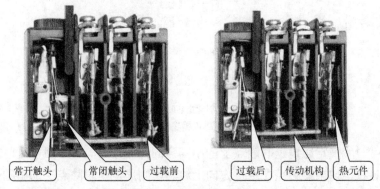

图1-57 热继电器内部结构

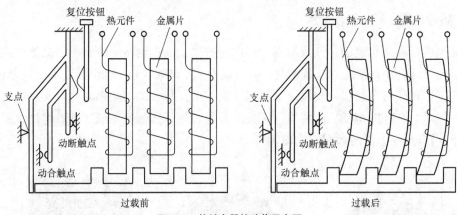

图1-58 热继电器的动作示意图

热继电器的常闭触点串联在被保护的二次回路中，它的热元件由电阻值不高的电热丝或电阻片绕成，串联在电动机或其他用电设备的主电路中。靠近热元件的双金属片，是用两种不同膨胀系数的金属用机械辗压而成，为热继电器的感测元件，当电动机正常运行时，热元件产生的热量虽能使双金属片弯曲，但还不足以使继电器动作，当电动机过载时，流过热元件的电流增大，热元件产生的热量增加，使双金属片产生的弯曲位移增大，经过一定时间后，双金属片推动导板使继电器触头动作，切断电动机控制电路，热继电器动作后，一般不能立即自动复位，待电流恢复正常、双金属片复原后，再按复位按钮，才能使常闭触点回到闭合状态。

热继电器的电路符号如图1-59所示。

如图 1-60 所示是热电器在三相异步电动机中的应用电路。

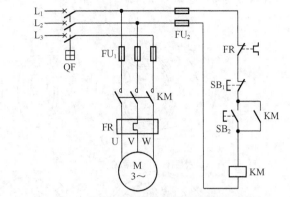

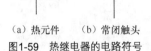

（a）热元件　　（b）常闭触头

图1-59　热继电器的电路符号　　　　　　图1-60　热电器在三相异步电动机中的应用电路

热继电器在保护形式上分为二相保护和三相保护两类。二相保护式的热继电器内装有两个发热元件，分别串入三相电路中的两相，常用于三相电压和三相负载平衡的电路。对于三相电源严重不平衡或三相负载严重不平衡的场合只能用三相保护式。因三相保护式热继电器内装有三个发热元件，分别串入三相电路中的每一相，其中任意一相过载，都将导致热继电器动作。

一般星形联结的电动机可选用普通二相式或三相保护式热继电器。三角形联结的电动机必须采用带有断相保护装置的热继电器。对于点动、重载启动、频繁正反转及带反接制动的电动机，一般不用热继电器作过载保护，而是选用过电流继电器或温度继电器等。

4. 速度继电器

速度继电器的输入量是转速。速度继电器一般和电动机同轴安装，用以控制电动机的转速或作为电动机停止时反接制动之用。当电动机转速达到某一数值时（一般为 120r/min），速度继电器动作，它的常开（或常闭）触点闭合（或断开），从而达到接通或断开控制电路的目的。当转速降至某一数值时（一般为 100r/min），它的常开、常闭触点复位。

速度继电器一般有两对常开常闭触点。一对用于电动机的正转，即在电动机正转速度达到 120r/min 时，常开触点闭合，常闭触点断开。当电动机停止时，其转速下降至 100r/min 时，常开触点复位断开，常闭触点复位闭合。同理，另一对触点用于电动机的反转控制。

速度继电器在机床控制中主要用于机床停止时的反接制动以及在其他控制电路中将电动机的转速限制于某一数值。常用速度继电器外观实物如图 1-61 所示。

图 1-62 为 JY1 型速度继电器的结构示意图。其转子的轴与被控制电动机的轴连接，而定子空套在转子上。当电动机转动时，速度继电器的转子随之转动，定子内的短路导体便切割磁场，产生感应电动势，从而产生

图1-61　速度继电器外观实物

电流；此电流与旋转的转子磁场作用产生转矩，使定子开始转动，当转到一定角度时，装在

轴上的摆锤推动簧片动作，使常闭触头分断，常开触头闭合。当电动机转速低于某一值时，定子产生的转矩减小，触头在弹簧作用下复位。

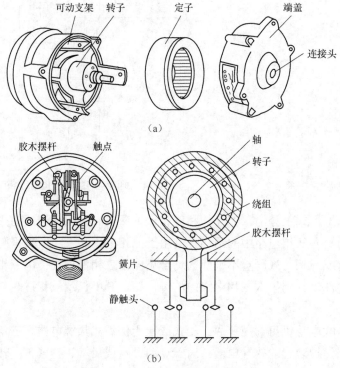

图1-62　JY1系列速度继电器结构示意图

速度继电器的符号如图1-63所示。

5. 压力继电器

压力继电器的输入量为压力，压力源有气压、水压和油压等。当系统压力达到一定值时，压力继电器动作，从而由压力的变化控制所需控制的

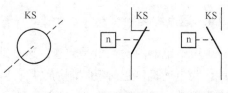

（a）转子　　（b）常开触头　　（c）常闭触头

图1-63　速度继电器的符号

电路。压力继电器一般用于机床的气压、水压和油压系统中，在其他自动控制系统中也被广泛应用。常用的压力继电器外观实物如图1-64所示。在电路中的符号见图1-65所示。

图1-64　压力继电器外观实物

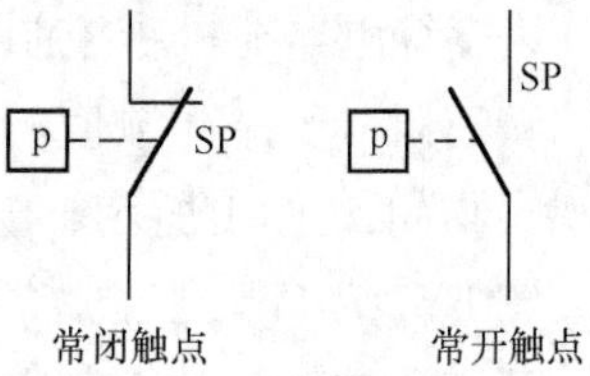

常闭触点　　　　常开触点

图1-65　压力继电器的电路符号

6. 温度继电器

温度继电器是反映温度高低变化的继电器，它的输入量为温度。当温度高于某一数值时，继电器动作，用以控制所需控制电路的通断。温度继电器一般用于测量电动机绕组的温升或

其他重要元器件的温度并对其进行保护，以防它们由于温度太高而过热损坏。

常用的温度继电器外观实物如图1-66所示，在电路中的符号如图1-67所示。

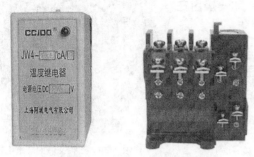

图1-66 温度继电器的外观实物

图1-67 温度继电器在电路中的符号

7. 固态继电器

固态继电器简称SSR，是一种由集成电路和分立元件组合而成的一体化无触点电子开关器件，其功能与电磁继电器基本相似，但与电磁继电器相比，固态继电器具有工作可靠、寿命长、噪声低、开关速度快和工作频率高等特点。

市场上常用固态继电器的外观实物如图1-68所示，内部原理与电路符号如图1-69所示。

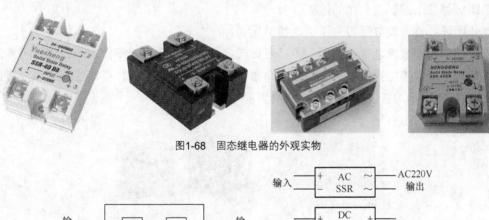

图1-68 固态继电器的外观实物

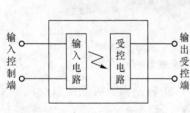

（a）内部原理

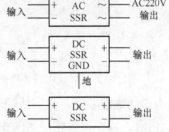

（b）电路符号

图1-69 固态继电器内部结构与电路符号

固态继电器的种类很多，常用的主要有直流型和交流型两种。不论是直流型还是交流型SSR，都采用光电耦合方式作为控制端与输出端的隔离和传输。

另外，目前市场上还有三相交流固态继电器，如图1-70所示。

课外阅读：继电器与接触器的区别

电磁式的继电器和接触器，它们的工作原理应该说是一样的。有时就是同一个器件，用在这个电路作为接触器，用到另外一个电路又作为继电器使用。如何区别呢？区别的方法就是看它们具体的用途了。

1．继电器的主要作用则是起信号检测、传递、变换
或处理用的，它通断的电路电流通常较小，即一般用在
控制电路中。

接触器主要作用是用来接通或断开主电路的。所谓
主电路是指一个电路工作与否是由该电路是否接通为标
志。主电路概念与控制电路相对应。一般主电路通过的
电流比控制电路大。因此，接触器一般都带有灭弧罩（因
为大电流断开会产生电弧，不采用灭弧罩灭弧，将烧坏
触头）。

图1-70　三相交流固态继电器

2．继电器的触头容量一般不会超过 5A，小型继电器的触头容量一般只有 1A 或 2A，而
接触器的触头容量最小也有 10A 到 20A。

3．接触器的触头通常有三个主触头另外还有若干个辅助触头，而继电器的触头一般不
分主辅。

如果某个主电路工作电流较小，这时完全可以采用继电器控制主电路的通断，即将继电
器作为接触器使用。但若某个主电路工作电流非常大，用普通的继电器难以适应，这时，就
需要选择接触器来控制主电路的通断。

课外阅读：直流继电器与交流继电器的区别

交流继电器和直流继电器是工厂中运用比较广泛的两种电器，不同的场合使用不同的继
电器，如果不能准确把握他们之间的区别，很可能会发生电气故障，影响生产的顺利进行。

如图 1-71 所示为直流继电器和交流继电器外观实物图。

交流继电器　　　　　　　　直流继电器
图1-71　直流继电器和交流继电器外观实物

1．交流继电器的线圈较短，而且线径较粗，主要是因为线圈通以交流电后，电抗较大，
线径粗可以减小内阻，减少发热量，另外由于交流电过零时会造成线圈电磁力减少，吸合不
牢，产生振动现象，所以在磁铁吸合面的部分加短路环，在磁场发生变化时，在短路环时形
成涡流，进而形成与磁场变化方向相反的电磁力，滞后磁场变化，使电磁铁可以较好吸合。

2．直流继电器由于通以直流时不会产生电抗，所以直流继电器的线圈线径比较细，主
要是为了增大内阻，防止近似短路现象，因为工作时发热量较大，所以继电器做的较高，较
长，主要是为了散热效果好。

3．交流继电器与直流继电器不能混用。交流继电器中通以直流电时，由于通直流电时
没有感抗，而且线径粗而短，内阻较小，通过电流较大，容易烧坏线圈。直流继电器中通以
交流电时，由于继电器线圈线径细而长，内阻较大，再加上通以交流电时产生较大的感抗，

线圈不能正常吸合，不能正常工作。

1.2.7 启动器

1. 磁力启动器

磁力启动器是交流接触器的基础上生产出来的，内部由交流接触器及热继电器组成，因此，磁力继电器除具有交流接触器的特点外，还具有过载保护功能。磁力启动器外观实物如图 1-72 所示。

在磁力启动器中，交流接触器用来闭合或分断电源电路，并配有熔断器进行短路保护；而热继电器则用作过载保护，当电动机过载时，工作电流超过额定电流，能自行切断电源，避免了电动机的过热损坏。

常用的磁力启动器的主要有 QC1 及 QC10 型。热继电器常用的型号为 JR15 型，它主要由加热元件、双金属片、推板、推杆、动静触头等零部件组成。它组装在磁力启动器中时，将热继电器的两个加热元件串接于主电路中，如图 1-73 所示。

图1-72 磁力启动器外观实物

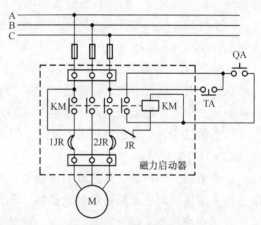

图1-73 磁力启动器

图中，半圆弧表示加热元件 1JR、2JR；在控制电路中有一个常闭合的动断触点 JR。热继电器的动作原理是根据膨胀系数不同的两种金属压合在一起而成的双金属片，当受热膨胀变形后，按照一定方向弯曲而移动，推动推板、推杆等使闭合的动静触头打开，从而切断电源来实现的。当电动机过载时电流变大，大电流使加热元件 1JR、2JR 加热，双金属变形推动有关零部件动作，使其常闭触点 JR 断开，于是接触器 KM 线圈失去电流，就自动地将主电路断开，达到保护电动机的目的。热继电器中还设有其他功能用的一些装置，比如信号装置，当继电器动作时信号装置的接点接通，从而发生事故信号；又如复位装置，按动它可使动断触头恢复原来位置（简称复位），即达到静动触头接合状态。

虽然热继电器具有过载保护功能，但它却不具备短路保护的功能。因为短路电流虽然很大，但从热元件发热使双金属片弯曲变形直到推动各机构动作使电路切断电源，需要一段时间，在这段时间内很大的短路电流足以烧毁电动机。所以使用磁力启动器时，必须在主电路中装置适当的熔断器作为短路保护。在实际工作中，在磁力启动器与电源之间应安装一刀闸开关，这样在刀闸中可安装熔丝，同时，当检修磁力启动器时，还可拉开刀闸，使磁力启动器脱开电源，保护维修安全。

磁力启动器按所控制电动机的功率大小分类，有七个等级，并有开启式及保护式两种。磁力启动器的额定电压分为 36V、110V、127V、220V、380V 及 500V 六个等级。

2. 星三角（Y-△）启动器

星三角（Y-△）启动器是电动机降压启动设备之一，适用于定子绕组做三角形联结的笼型电动机的降压启动，它在电动机启动时将绕组联结成星形，使每相绕组从 380V 线电压降低到 220V 相电压，从而减小启动电流。当电动机转速升高接近额定值时，通过手动或自动将其绕组切换成三角形联结，使电动机每相绕组在 380V 线电压下正常运行。

星三角启动器的体积小，成本低，寿命长，动作可靠，因此，星三角启动器得到了一定的应用。星三角启动器有铁壳式及油浸式两种。其中，铁壳式启动器，操作手柄在壳体外部，通断电路的触头在壳体里面，因此操作较为安全。铁壳式星三角开关实际上就等于一个倒顺双掷开关，不能切断大电流，所以只能用于启动较小容量的电动机。油浸式星三角启动器的触头浸渍在绝缘油中，操作时所引起的电弧能够很快熄灭，因此可以用于较大容量的电动机。

为了接线方便，铁壳有专用的出线孔，能引出九根线，并每根线头上都有标记：接电源的为 L1、L2、L3 或标 A、B、C；接电动机的为 D1、D2、D3、D4、D5、D6 或标 1、2、3、4、5、6，这种启动器由于有 9 根线，因此也称九线闸。手柄搬动的位置有三种：0、Y、△，电动机停止时手柄在 0 位置；启动时手柄扳到 Y 位置；使电动机启动起来接近额定转速时，手柄扳至△位置，电动机进入正常运行状态。如图 1-74 所示是星三角形启动器外观实物图。

常用的铁壳式启动器型号有 QX1-13 的 QX1-30 两种，QX1-13 型没有灭弧罩，只能启动 13kW 以下的电动机。

注意事项：利用星三角启动的电动机，不管其容量如何，都必须在正常运行时三相绕组是三角形接线；对于星形接线的电动机，不能用星三角启动器。

前面介绍的是手动星三角启动器，除此之外，近年来出产了自动星三角启动器，使用更加方便，启动器主要由箱体、熔断器、交流接触器、电机保护器（一般为热继电器）、时间继电器等组成。它是通过时间继电器和交流接触器来实现由星形到三角形的自动转换。如图 1-75 所示为星三角启动器的外观实物图，内部组成图如图 1-76 所示。

3. 自耦降压启动器

自耦减压启动器是通过从自耦变压器上抽出一个或若干个抽头，以降低感应电动机启动时的端电压，从而减小启动电流的一种降压启动器。

在启动电动机时，利用自耦变压器来降低电动机定子绕组的端电压；当电动机的转速达到额定值后，有关系统自动切断自耦变压器，并将电动机直接接入电源全电压，进入正常运行状态。

由于利用自耦变压器的多抽头减压，因此这种启动器能适应不同负载启动的需要。其电压降低程度小于星三角启动器，可获得比星三角启动器更大的启动转矩。此外，装有热继电器和失压脱扣器，自耦减压启动器还具有过载保护与失压保护功能，常被用来启动容量较大的鼠笼式异步电动机。

图1-74　星三角启动器外观实物

图1-75　星三角启动器外观实物图

图1-76　星三角启动器内部组成图

　　自耦减压启动器主要是由自耦变压器、接触器、保护装置、操作机构及箱体等部分共同构成。自耦变压器的抽头电压通常分为三挡，它们分别为电源电压的 40%、60% 与 80%，可以根据电动机启动时负载的大小对不同的电压进行选择。

　　自耦减压启动器有手动式和自动式两种。

　　手动自耦减压启动器由箱体、自耦变压器、接触系统、保护系统以及操作机构等组成。操作手柄有三个位置，即"停止"、"启动"和"运行"。为了保证电动机必须经过降压启动才能投入全压运转，操作机构中还设置了机械联锁。当手柄放在"停止"位置时，如果错误地将手柄从停止位置推向"运行"位置时，联锁机构会挡住手柄不能实现；只有先把手柄推向"启动"位置，然后才能到"运行"位置，从而可以防止因误操作而造成电动机直接启动故障。如图 1-77 所示为手动自耦减压启动器外观实物图。

　　自动自耦减压启动器由箱体、闸刀开关、熔断器、按钮、交流接触器、电机保护器（一般为热继电器）、时间继电器和自耦变压器等组成。它是通过时间继电器和交流接触器来实现由降压启动到全压运转的自动转换。自动自耦减压启动器一般用于控制较大容量的电动机的启动过程。目前这种自耦减压启动器应用比较广泛。

　　图 1-78 所示为自动自耦减压启动器外观实物图，图 1-79 所示为其内部构成图。

图1-77　手动自耦减压启动器外观实物图

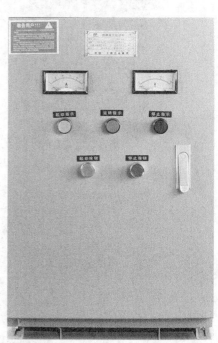

图1-78　自动自耦减压启动器外观实物图

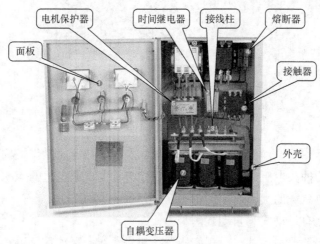

图1-79　自动自耦减压启动器内部构成图

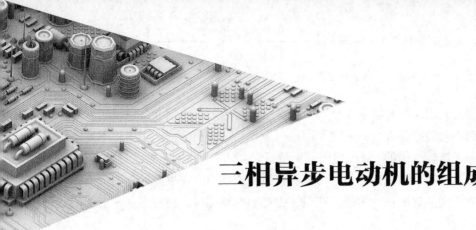

第2章
三相异步电动机的组成与原理

三相异步电动机具有结构简单、运行可靠、维护方便、效率高、重量轻、价格低等特点，是生产中应用最广泛的一种电动机。在工业方面，它被广泛应用于拖动各种机床、起重机、水泵等设备；在农业方面，它被应用于拖动排灌机械、脱粒机、粉碎机以及其他农副产品加工机械等，本章主要介绍三相异步电动机的基本组成与工作原理。

|2.1 三相异步电动机的组成|

三相异步电动机种类繁多，一般按转子结构进行分类，主要有笼型转子和绕线转子两种类型，其中笼型电动机应用最为广泛。三相笼型异步电动机的组成如图2-1所示。

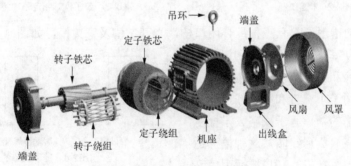

图2-1　笼型三相异步电动机的组成

从图中可以看出，笼型三相异步电动机主要由定子（定子绕组、定子铁芯）、转子（转子铁芯、笼型转子、转子轴、端盖、轴承）及一些附件（扇叶、风扇罩等）等组成。

总结一下：三相异步电动机=定子+转子+附件。

三相异步电动机的组成是不是很简单，可别小瞧他简单，三相异步电动机可是目前应用最广泛，功能十分强大的电动机，完全称得上电动机家族中的"大哥大"。

2.1.1 定子

定子由机座、定子铁芯和定子绕组三部分组成。

1. 机座

机座的作用主要是固定和支撑定子铁芯，如图2-2所示。中小型异步电动机一般都采用铸铁机座，并根据不同的冷却方式而采用不同的机座型号，在机座内圆中固定着定子铁芯，机座两端的端盖是支撑转子用的。对于封闭式电动机，运行时产生的热量通过铁芯传给机座，再从机座表面的散热片散发到空气中去。为了加强散热的能力，在机座的外表面有很多均匀分布的散热片，以增大散热面积。另外，在机座上还固定有铭牌，标有电动机的简要数据。

2. 定子铁芯

定子铁芯是异步电动机主磁通磁路的一部分。为了使异步电动机能产生较大的电磁转矩，定子铁芯由导磁性能好，厚度在0.35~0.5mm，且冲有一定槽形的硅钢片叠压而成，硅钢片表面涂有绝缘漆或氧化膜，使片与片间相互绝缘，这样可以减少由于涡流造成的能量损失。铁芯内圆冲有均匀分布的槽，在槽中安放绕组。定子铁芯和定子冲片如图2-3所示。

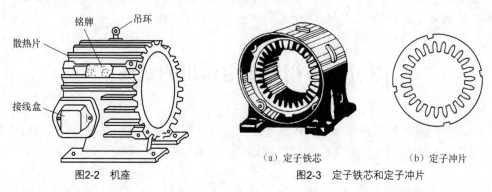

图2-2　机座

（a）定子铁芯　　　（b）定子冲片

图2-3　定子铁芯和定子冲片

定子铁芯上的槽形通常有三种：半闭口槽、半开口槽及开口槽，如图2-4所示。从提高电动机的效率和功率方面考虑，半闭口槽最好，但绕组的绝缘和嵌线工艺比较复杂，所以，这种槽形适用于小容量和中型低压异步电动机，半开口槽的槽口等于或略大于槽宽的一半，它可以嵌放成形线圈，这种槽形适用于大型低压异步电动机。开口槽适用于高压异步电动机，以保证绝缘的可靠性和下线方便。

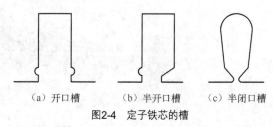

（a）开口槽　　　（b）半开口槽　　　（c）半闭口槽

图2-4　定子铁芯的槽

3. 定子绕组

定子绕组是异步电动机定子部分的电路，它由线圈按一定规律连接而成，如图2-5所示。

三相异步电动机有三个独立的绕组，每个绕组包括若干线圈，每个线圈又由若干匝数构成。中小型电动机绕组的导线一般用高强度聚酯漆包圆铜线绕成，在槽内线圈和铁芯之间垫有青壳纸和聚酯薄膜作为槽绝缘。槽内有上、下两层，线圈之间还垫有层间绝缘，铁芯槽口上装有槽楔，槽楔是用竹、胶布板或环氧酚醛玻璃布板制成的，图2-6所示为定子槽绝缘结构。

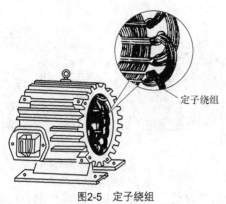

图2-5 定子绕组

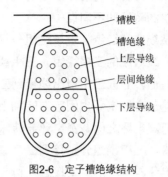

槽楔
槽绝缘
上层导线
层间绝缘
下层导线

图2-6 定子槽绝缘结构

2.1.2 转子

转子由转子铁芯、转子绕组、转轴和端盖组成，如图 2-7 所示。

1. 转子铁芯

转子铁芯也是异步电动机主磁通磁路的一部分，一般也由厚度为 0.35～0.5mm 冲槽的硅钢片（转子铁芯冲片）叠成，如图 2-8 所示，转子铁芯固定在转轴或转子支架上。

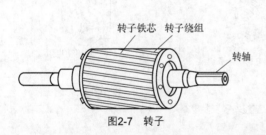

转子铁芯 转子绕组
转轴

图2-7 转子

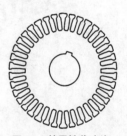

图2-8 转子铁芯冲片

重点提示：定子铁芯与转子铁芯都是由彼此绝缘的硅钢片叠成的圆筒形，但二者所处位置不同，定子铁芯装在机座内，转子铁芯装在转轴上。另外，定子铁芯与转子铁芯冲槽位置也不同，定子铁芯内圆周表面冲有槽，用以放置定子绕组，而转子铁芯外圆周表面冲有槽，用以放置转子绕组。

2. 转子绕组

笼型转子绕组是由嵌放在转子铁芯槽内的铜导电条组成。因转子铁芯的两端各有一个铜端环，分别把所有铜导电条的两端都焊接起来，形成一个短接的回路。如果去掉铁芯，只剩下它的转子绕组（包括导电条和端环），很像一个笼子，所以称为笼型转子，如图 2-9（a）所示。目前，中小型笼型转子电动机，大都是在转子槽中浇铸铝液而铸成的笼型转子。它的端环也用铝液同时铸成，并且在端环上铸出许多叶片作为冷却用的风扇，如图 2-9（b）所示。这样，不但可以简化制造工艺和以铝代铜，而且，可以制成各种特殊形状的转子槽形和斜槽结构（即转子槽不与轴线平行而是歪扭一个角度），从而能改善电动机的启动性能，减少运行时的噪声。

课外阅读：绕线转子电动机与笼型转子电动机的转子的不同点

绕线转子绕组与定子绕组一样，也是由绝缘导线做成的三相绕组。三相绕组通常连接成星形，它的三个引出线接到三个集电环上。这三个集电环也固定在转轴上，并且集电环与集电环之间、集电环与转轴之间都互相绝缘，三相绕组分别接到三个集电环上，靠集电环与电刷的滑动接触，再与外电路的三相可变电阻器相接，以便改善电动机的启动和调速性能，如图 2-10 所示。

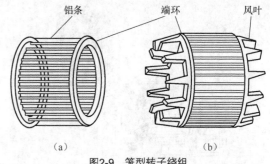

图2-9　笼型转子绕组

采用绕线转子的异步电动机比笼型转子异步电动机结构复杂，成本也较高，但具有较好的启动性能，即启动电流较小，启动转矩较大，因此，绕线转子电动机适用于对启动有特殊要求的调速场所。

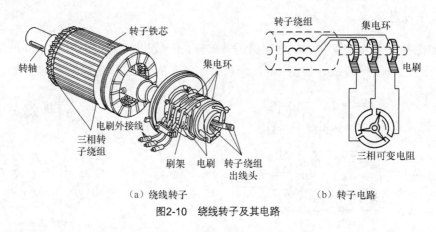

（a）绕线转子　　　　　　　　（b）转子电路

图2-10　绕线转子及其电路

3. 转轴

转轴是电动机输出机械能的重要部件，如图 2-11 所示，一般用中碳钢制成，可以承受很大的转矩。轴的两端用轴承支撑，固定在机座两端的端盖上。在后端（轴向端称前端）盖外面轴上装着风扇，供轴向通风用。

4. 端盖

电动机的端盖有两个，分别是风扇侧端盖和轴伸端端盖，它们是用来支撑转子的，端盖把定子与转子连成一个整体，使转子能在定子铁芯内腔中转动。

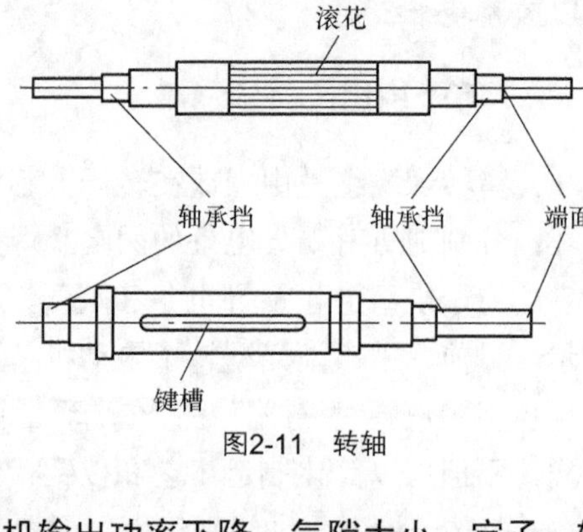

课外阅读：气隙

气隙是定子与转子间的空隙。气隙大小对电动机性能影响很大，气隙大了电动机空载电流大，电动机输出功率下降；气隙太小，定子、转子间容易相碰而转动不灵活。

图2-11　转轴

重点提示：三相异步电动机在电磁关系上与变压器相似。变压器有一次绕组和二次绕组，彼此通过铁芯中的主磁通建立联系；三相异步电动机中有定子绕组和转子绕组，彼此通过旋转磁场的主磁通建立联系。其主要差别是：变压器是静止的，而异步电动机的转子电路是旋转的。

2.1.3　风扇和风扇罩

风扇起轴向通风散热作用，风扇罩起安全防护作用。

|2.2　三相异步电动机的工作原理|

2.2.1　演示实验

图 2-12 所示的是一个装有手柄的蹄形磁铁，磁极间放有一个可以自由转动的、由铜条组成的转子。铜条两端分别用铜环连接起来，形似鼠笼，可称为笼型转子。磁极和转子之间没有机械联系。当摇动磁极时，发现转子跟着磁极一起转动，摇得快，转子转得也快；摇得慢，转得也慢；反摇，转子马上反转。

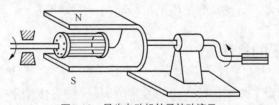

图2-12　异步电动机转子转动演示

异步电动机转子转动的原理与上述演示实验相似。图 2-13（a）所示为采用一匝线圈（铜条）的异步电动机模型，图 2-13（b）所示为一个较为真实的异步电动机模型。

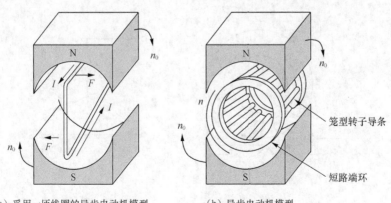

（a）采用一匝线圈的异步电动机模型　　　（b）异步电动机模型

图2-13　异步电动机模型

当磁极向顺时针方向旋转时，磁极的磁感线切割转子铜条，铜条中就感应出电动势，电动势的方向由右手定则确定。在这里应用右手定则时，可假设磁极不动，而转子铜条向逆时针方向旋转切割磁感线，这与实际上磁极顺时针方向旋转时磁感线切割转子铜条是相当的。具体判断方法是：伸开右手，使拇指与四指在同一个平面内并与四指垂直，让磁感线垂直穿入手心，使拇指指向导体运动的方向（逆时针），这时四指所指的方向就是感应电流的方向，如图2-13（a）中 I 的方向。

在电动势的作用下，闭合的铜条中就有感应电流，感应电流与旋转磁极的磁场相互作用，而使转子铜条受到安培力 F，安培力的方向可用左手定则来判定，判断的方法是：伸开左手，使拇指与四指在同一个平面内并与四指垂直，让磁感线垂直穿入手心，使四指指向电流的方向，这时拇指所指的方向就是导线所受安培力的方向，如图 2-13（a）中 F 所示。由安培力产生电磁转矩，转子就转动起来，由图 2-13（a）可见，转子转动的方向与磁极旋转的方向是相同的。

如果我们把异步电动机的笼型转子放置在旋转磁场中，如图2-13（b）所示，代替图2-13（a）中的一匝线圈，不难想象，当磁场旋转时，在磁极经过下的每对导条都会产生这样的电磁转矩，在这些电磁转矩的作用下，转子就按顺时针的方向旋转起来。

当然，如果磁场按逆时针方向旋转，转子也将按逆时针方向旋转。由此可见，转子的旋转方向同磁场的旋转方向是相同的。

虽然转子同旋转磁场彼此隔离，但从上面的叙述可知，由于有了一个旋转的磁场，在转子的导条中产生了感应电流，而流过电流的导条又在磁场中受到电磁力的作用，产生电磁转矩，从而使转子转动起来。这就是异步电动机转动的一般原理。

2.2.2　旋转磁场的产生

三相异步电动机的定子绕组嵌放在定子铁芯槽内，按一定规律连接成三相对称结构。三相定子绕组 U_1U_2、V_1V_2、W_1W_2 在空间互成 120°，它可以连接成星形，也可以连接成三角形。若把三相绕组成连接星形，则三相定子绕组的端面图和接线图如图 2-14 所示。

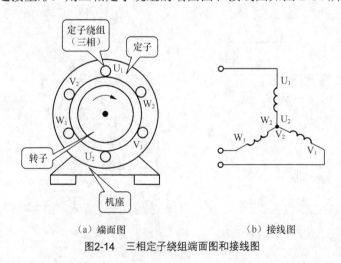

（a）端面图　　　　　　　（b）接线图

图2-14　三相定子绕组端面图和接线图

当三相绕组接至三相对称电源时，则三相绕组中便通入三相对称电流：

$$i_U = I_m \sin \omega t$$
$$i_V = I_m \sin(\omega t - 120°)$$
$$i_W = I_m \sin(\omega t - 240°) = I_m \sin(\omega t + 120°)$$

电流波形图、参考方向和旋转磁场示意图如图 2-15 所示。

取绕组始端（U_1、V_1、W_1）到末端（U_2、V_2、W_2）的方向作为电流的正方向，在电流的正半周内，其值为正，其实际方向与正方向一致，在负半周内，其实际方向与正方向相反。

当 $\omega t=0$ 时，定子各绕组电流的方向如图 2-15（a）所示。这时，$i_U =0$，所以定子绕组中的 U_1U_2 始末端用"○"表示，i_V 是负的，即实际方向为从 V_2 到 V_1 端，V_2 入、V_1 出，故 V_1 用"⊙"表示，V_2 用"⊗"表示。而 i_W 是正的，即实际方向为从 W_1 到 W_2 端，W_1 入 W_2 出，故 W_1 用"⊗"表示，W_2 用"⊙"表示。将每相电流所产生的磁场相加，便得到三相电流的合成磁场，在 $\omega t=0$ 时，合成磁场的方向是自上而下，如图 2-15（a）所示。

图 2-15（b）是 $\omega t=90°$ 时的三相电流合成磁场，这时的合成磁场已在空间转过了 90°。同理可得 ωt 等于 180°、270°和 360°时的合成磁场方向，分别如图 2-15（c）、图 2-15（d）、图 2-15（e）所示。

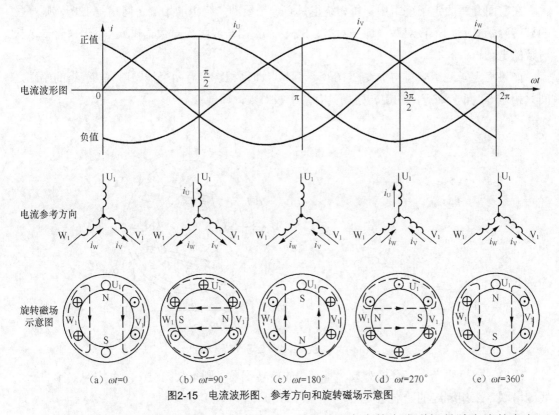

图2-15　电流波形图、参考方向和旋转磁场示意图

由上可知，当定子绕组中通入三相电流后，它们共同产生的合成磁场是随电流的交变而在空间不断地旋转着，这就是旋转磁场。

旋转磁场同磁极在空间旋转所起的作用是一样的，也就是说，三相电流产生的旋转磁场切割转子导体（铜或铝），便在其中感应出电动势和电流，转子电流同旋转磁场相互作用而产生的电磁转矩使电动机转动起来。

2.2.3　电动机旋转方向的改变

电动机的转子转动的方向和磁场旋转的方向是相同的，如果要电动机反转，必须改变磁场的旋转方向。在三相电流中，电流出现正幅值的顺序为 $U_1 \rightarrow V_1 \rightarrow W_1$，因此磁场的旋转方向是与这个顺序一致的，即磁场的转向与通入绕组的三相电流的相序有关。如果将同三相电源连接的三根导线中任意两根的一端对调位置，例如对调了 V_1 与 W_1 两相，则电动机三相绕组的 V_1 相与 W_1 相对调（注意：电源三相端子的相序未变），旋转磁场因此反转，电动机也就跟着改变转动方向。

2.2.4　三相异步电动机的极对数与转速

1. 极对数

三相异步电动机的极对数就是旋转磁场的极对数。旋转磁场的极数和三相绕组的安排有关。在前面介绍的定子绕组中，每相绕组只有一个线圈，绕组的始端之间相差120°，则产生的旋转磁场具有一个极对数（即一对 N、S 极）。我们一般将极对数记作 p，对于只有一个极对数的电动机，$p=1$。

如果将定子绕组安排得如图 2-16 所示那样，即每相绕组有两个线圈串联，绕组的始端之间只相差 60°角，则产生的旋转磁场具有两个极对数，即 $p=2$。

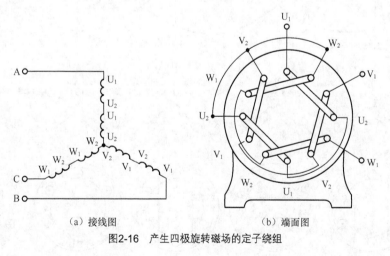

(a) 接线图　　　　　　　　　　(b) 端面图

图2-16　产生四极旋转磁场的定子绕组

同理，如果要产生三个极对数，即 $p=3$ 的旋转磁场，则每相绕组必须有均匀安排的三个线圈串联，三相绕组的始端之间相差 40°（120°/p）的空间角。

2. 旋转磁场的转速 n_0 和转子的转速 n

三相异步电动机的转速与旋转磁场的转速有关，而旋转磁场的转速决定于旋转磁场的极对数。可以证明，在磁极对数 $p=1$ 的情况下，三相定子电流变化一个周期，所产生的合成旋转磁场在空间也旋转一周。当电源频率为 f 时，对应的旋转磁场转速 $n_0=60f$。当电动机的旋转磁场具有 p 对磁极时，合成旋转磁场的转速为：

$$n_0=\frac{60f}{p}$$

式中的 n_0 即为旋转磁场的转速，其单位为 r/min（转/分）。我国电力网电源频率 f=50Hz，故当电动机磁极对数 p 分别为 1、2、3、4 时，相应的同步转速 n_0 分别为 3000r/min、1500r/min、1000r/min、750r/min。

根据前面介绍的知识可知，电动机转子转动的方向与磁场旋转的方向相同，但需要说明的是，转子的转速 n 不可能达到与旋转磁场的转速 n_0 相等，即 $n < n_0$。因为如果转子转速 $n=n_0$，那么转子与旋转磁场之间就没有相对运动，转子导体将不切割磁感线，于是转子导体中不会产生感应电动势和转子电流，也不可能产生电磁转矩，所以电动机转子不可能维持在转速 n_0 状态下运行。可见该电动机只有在转子转速 n 低于同步转速 n_0 时，才能产生电磁转矩并驱动负载稳定运行。因此这种电动机称为异步电动机。而旋转磁场的转速 n_0 称为同步转速。

由于这种异步电动机的转子绕组不直接与电源线路连接，而是靠旋转磁场的电磁感应作用来产生机械功率，因此也称为感应电动机。

2.2.5　三相异步电动机的铭牌数据

铭牌安装在电动机的外表面显著的地方，是电动机的主要标志。铭牌上写明了电动机的简要数据，以便用户正确选择和使用电动机。在电动机维修时，铭牌数据是绕组重绕计算的重要依据，所以必须正确地了解铭牌。

电动机制造厂按照国家标准，根据电动机的设计和试验数据而规定的每台电动机的正常运行状态和条件，称为电动机的额定运行情况。电动机额定运行情况的各种数值，如电压、电流、功率等称为电动机的额定值，额定值一般标记在电动机的铭牌或产品说明书上，常用下标"N"标记。三相异步电动机铭牌如图 2-17 所示。

三相异步电动机的铭牌上一般包括下列几种数据：

1. 型号

为了适应不同用途和不同工作环境的需要，电动机制成不同的系列，每种系列用各种型号表示。三相异步电动机的型号主要由三部分构成，即

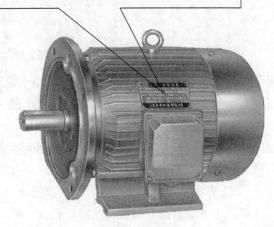

三相异步电动机			
型号	Y112-M4	编号	
4.0kW		8.8A	
380V	1440		LW 82 dB
接法 △	防护等级 IP44	50 Hz	45 kg
标准编号	工作制 SI	B 级绝缘	××年××月

×× 电机厂

图2-17　三相异步电动机的铭牌

产品代号、规格代号和特殊环境代号，型号的具体编制内容如图 2-18 所示。

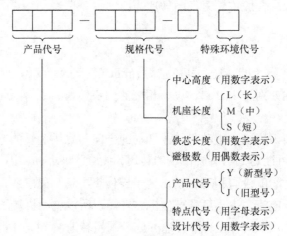

图2-18 三相异步电动机的型号构成

异步电动机产品代号意义见表 2-1。

表 2-1   异步电动机产品代号意义

产品名称	产品代号	
	新代号	旧代号
异步电动机	Y	J、JO
绕线转子异步电动机	YR	JR、JRO
防爆型异步电动机	YB	JB、JBS
高启动转矩异步电动机	YQ	JQ、JQO

中小型 Y 系列三相异步电动机的型号意义举例如图 2-19 所示。

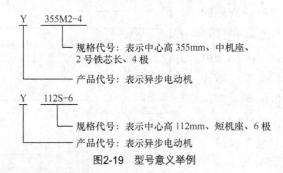

图2-19 型号意义举例

我国三相异步电动机主要有第二代产品 J2、JO2 系列和第三代产品 Y 系列及其派生产品，还有少量 20 世纪 90 年代生产的第四代产品 Y2 系列。

Y 系列三相异步电动机是一种新产品。其性能先进，具有启动转矩大、噪声低、振动小、防护性能好、安全可靠、维护方便和外形美观等优点，并且符合国际电工委员会（IEC）标准。目前，Y 系列三相异步电动机已逐步取代 J2、JO2 等旧型号三相异步电动机。

Y2 系列三相异步电动机是采用新技术、新工艺、新材料的又一代新产品，它是 Y 系列三相异步电动机的升级换代产品。目前，Y2 系列三相异步电动机已广泛应用于机床、风机、水泵、压缩机等各类机械设备上。

2. 额定功率

在额定运行情况下，电动机轴上所输出的机械功率为电动机的额定功率（P_N），单位一般为千瓦（kW）。

3. 额定电压

额定电压（U_N）是指电动机额定运行时，外加于定子绕组上的线电压，单位为伏（V）。一般规定电动机的工作电压不应高于或低于额定值的 5%。当工作电压高于额定值时，磁通将增大，将使励磁电流大大增加，电流大于额定电流，使绕组发热。同时，由于磁通的增大，铁损耗（与磁通平方成正比）也增大，使定子铁芯过热；当工作电压低于额定值时，引起输出转矩减小，转速下降，电流增加，也使绕组过热，这对电动机的运行也是不利的。

4. 额定电流

额定电流（I_N）是指电动机在额定电压和额定输出功率时，定子绕组的线电流，也称满载电流，单位为安（A）。若三相定子绕组有两种接法时，就标有两种相应的额定电流值。

当电动机空载时，转子转速接近于旋转磁场的同步转速，两者之间相对转速很小，所以转子电流近似为零，这时定子电流几乎全为建立旋转磁场的励磁电流。当输出功率增大时，转子电流和定子电流都相应增大。

5. 额定功率因数

电动机是电感性负载，定子相电流比相电压滞后一个 ϕ 角，一般用 $\cos\phi$ 表示异步电动机的功率因数。三相异步电动机的功率因数较低，在额定负载时，为 0.7～0.9；而在轻载和空载时更低，空载时只有 0.2～0.3。因此，必须正确选择电动机的容量，防止"大马拉小车"，并力求缩短空载的时间。

6. 额定效率

对电动机而言，输出功率与输入功率不等，其差值为电动机本身的损耗功率，包括铜损、铁损及机械损耗等。电动机在额定运行时，将输出功率与输入功率的比值称为额定效率，用 η_N 表示，即 $\eta_N = \dfrac{P_N}{P_{IN}} \times 100\%$。笼型异步电动机运行时，其额定效率 η_N 为 75%～92%。

7. 额定频率

我国电力网的频率为 50Hz，因此除外销产品外，国内用的异步电动机的额定频率 f_N 为 50Hz。

8. 额定转速

额定转速（n_N）是指电动机在额定电压、额定频率下，输出端有额定功率输出时，转子的转速，单位为 r/min。由于生产机械对转速的要求不同，需要生产不同磁极数的异步电动机，因此有不同的转速等级，最常用的是四个极的异步电动机（n_0=1500r/min）。

9. 绝缘等级

绝缘等级是按电动机绕组所用的绝缘材料在使用时所容许的极限温度来分级的。所谓极限温度，是指电动机绝缘结构中最热点的最高容许温度，其技术数据见表 2-2。

表 2-2　　　　　　　　　　　　　　　极限温度技术数据

绝缘等级	A	E	B	F	H
极限温度（℃）	105	120	130	155	180

我国生产的三相异步电动机中，J2、JO2 为 E 级绝缘，Y 系列为 B 级绝缘，Y2 系列为 F 级绝缘。在修理时要区别不同产品，选择相应耐热等级的导线及绝缘材料。

10. 防护等级

防护等级是指人体接触电动机转动部分、电动机带电部分和防止固体异物进入电动机内的防护等级，防护标志 IP44 的含义如下：

IP——特征标志，为"国际防护"的缩写。

44——四级防固体（防止大于 1mm 直径固体进入电动机），四级防水（任何方向溅水进入电动机应无影响）。

11. LW 值

LW 值是指电动机的总噪声等级，LW 值越小，表示电动机运行时的噪声越低。噪声单位为 dB（分贝）。

12. 工作制

工作制是指电动机的运行方式，根据发热条件可分为三种基本运行方式：连续运行（S1）、短时运行（S2）和断续运行（S3）。

（1）连续运行（S1）：按铭牌上规定的功率长期运行，如水泵、通风机和机床设备上电动机的使用方式都是连续运行方式。

（2）短时运行（S2）：每次只允许规定的时间内按额定功率运行，而且再次启动之前应有符合规定的停机冷却时间。

（3）断续运行（S3）：电动机以间歇方式运行，如吊车和起重机等设备使用的电动机就是断续运行方式。

13. 连接

连接是指定子三相绕组的连接。一般笼型异步电动机的接线盒中有六根引出线，如图 2-20 所示，上面的三个接线柱从左到右依次为 W_2、U_2、V_2（有些记为 D_6、D_4、D_5），下面的三个接线柱从左到右依次为 U_1、V_1、W_1（有些记为 D_1、D_2、D_3）。其中，U_1U_2（D_1D_4）是第一相绕组的两端；V_1V_2（D_2D_5）是第二相绕组的两端；W_1W_2（D_3D_6）是第三相绕组的两端。

定子绕组采用的是星形连接。

三相绕组的六个出线端引至机座上的接线盒内，与六个接线柱相连。定子绕组根据电源电压和电动机铭牌上标明的额定电压，可以连接成星形（Y）和三角形（△），如图 2-21 所示。

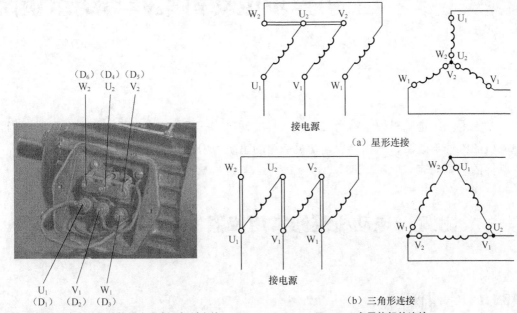

图2-20 笼型异步电动机的接线盒中有六根引出线

图2-21 定子绕组的连接

重点提示： 我国生产的 Y 系列中、小型异步电动机，其额定功率在 3kW 以上的，额定电压为 380V，绕组为三角形连接。额定功率在 3kW 及以下的，额定电压为 380V/220V，绕组为 Y/△ 连接，即电源线电压为 380V 时，电动机绕组为星形连接；电源线电压为 220V 时，电动机绕组为三角形连接。

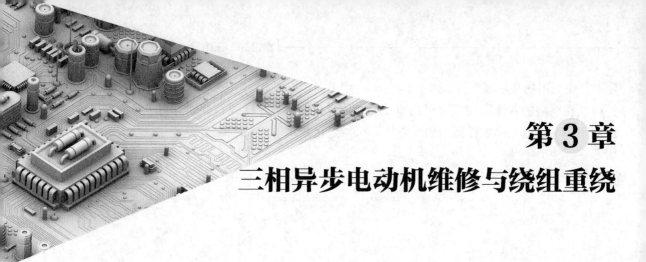

第3章
三相异步电动机维修与绕组重绕

本章主要介绍电动机维修常用仪器、工具及材料、三相异步电动机绕组展开图、三相异步电动机的维修与改装、三相异步电动机绕组的重绕等内容。这些知识，是电动机维修人员必须掌握的基本内容。

|3.1 电动机维修常用仪器、工具及材料|

3.1.1 常用仪表

1. 万用表

万用表是一种可以进行多种项目测量和便携式的仪表，除可以测量电流、电压、电阻外，还可以粗略测量和判断电容的好坏，是电动机维修人员的必备工具之一。

万用表有指针式和数字式两类。指针式万用表使用方便、价格便宜、性能稳定，不易受外界环境和被测信号的影响，可以直观形象地观察变化的趋势；而数字式万用表测试精度高，测量范围宽，显示清晰，读数准确，还能准确进行电容容量和小电阻值的测量。这两类万用表各有所长，在使用的过程中不能完全替代，要取长补短，配合使用。指针和数字万用表的具体使用方法不再详细介绍。

2. 绝缘电阻表

绝缘电阻表俗称摇表、高阻计、兆欧表等，是一种测量电气设备及电路绝缘电阻的仪表，在电动机维修中，常用绝缘电阻表测量电动机的绝缘电阻和绝缘材料的漏电电阻，绝缘电阻表的外形如图 3-1 所示。

绝缘电阻表的常用规格有 250V、500V、1000V、2500V 和 5000V 挡级。选用绝缘电阻表主要应考虑它的输出电压及其测量范围。一般高压电气设备和电路的检测需要使用电压高的绝缘电阻表，而低压电气设备和电路的检测使用电压低一些的就足够了。通常 500V 以下的电动机和电气设备选用 500～1000V 的绝缘电阻表，而瓷瓶、刀闸等应选 2500V 以上的绝缘电阻表。

（1）绝缘电阻表的组成

绝缘电阻表主要由三部分组成：手摇式直流发电机、双线圈磁电式流比计、测量线路接线柱（L、E、G）。其中，手摇式发电机靠手进行摇动时可发出数十伏至数千伏的直流电压，它是测量电路的电源，双线圈磁电式流比计是测量显示部分，测量线路是为了满足测量要求而设计的线路，三个接线柱分别与被测设备的不同部分连接。

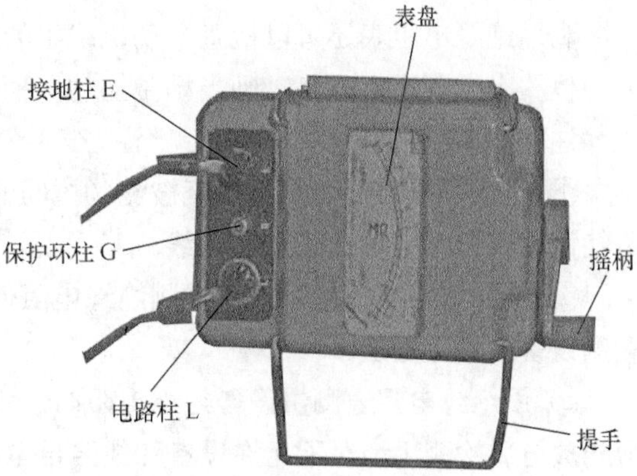

图3-1　绝缘电阻表外形

（2）绝缘电阻表使用前的试验

使用绝缘电阻表测量绝缘电阻前，应进行短路和开路试验。

首先，将连接绝缘电阻表 L、E 接线柱的导线短接，摇动手柄，此时表针应指向"0"，注意摇动时要慢，短接时间不要过长，以免损坏绝缘电阻表；再把 L、E 两接线柱的导线断开，摇动手柄，表针应指向无穷大，注意摇动速度要快。

如果进行短路和开路试验时不是按以上规律变化，说明绝缘电阻表线连接不良，或仪表内部有故障，应排除故障后再测量。

（3）绝缘电阻表的使用

绝缘电阻表有三个接线柱，即接地柱 E、电路柱 L、保护环柱 G，保护环柱的作用是消除 L 与 E 接线柱间的漏电和被测绝缘物表面漏电的影响。L、E 的接线方法依被测对象而定。测量电动机对外壳的绝缘时，将 L 柱引线接在需要测量的电动机绕组上，E 柱接在电动机的外壳上，如图 3-2 所示。

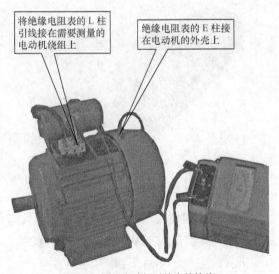

图3-2　测量电动机对外壳的绝缘

测量电动机的相间绝缘时，L 柱和 E 柱分别接于被测的两相绕组引线上；测量电缆芯线的绝缘电阻时，将芯线接于 L 柱上，电缆外皮接于 E 柱上，中间的绝缘包扎物接于 G 柱上；测量电动机对地绝缘时，被测电路接于 L 柱上，接地柱 E 接于地线上。

利用绝缘电阻表还可以检查电动机绕组的断路故障,若绕组中有断路,表针将指在无穷大的位置上;若没有断路,则当稍微摇动手柄时,表针便迅速偏转到"0"位。

注意事项:

① 绝缘电阻表三个接线柱至被测物体间的连接导线,必须使用绝缘良好的单股多芯线,不能使用双股并行导线或胶合导线。

② 绝缘电阻表的量程要与被测绝缘电阻值相适应,绝缘电阻表的电压值要接近或略大于被测设备的额定电压。

③ 用绝缘电阻表测量设备绝缘电阻时,必须先切断电源。对于有较大容量的电容器,必须先放电后检测,绝对不允许设备和线路带电时去测量,以免设备或线路的电容放电危及人身安全和损坏绝缘电阻表。

④ 测量绝缘电阻时,应使绝缘电阻表转速在 120r/min,允许有±20%的变化,通常都要摇动 1min 后,待指针稳定下来再读数。被测电路中有电容时,先持续摇动一段时间,让对电容充电,指针稳定后再读数,读数时要继续摇动手柄。若测量中发现指针指零,应立即停止摇动手柄,如果继续摇动手柄,则有可能损坏绝缘电阻表。

⑤ 绝缘电阻表在停止转动之前,输出端钮上有直流高压,所以切勿用手触及接线柱和设备的测量部分。

⑥ 测量完毕,应对设备充分放电,否则容易引起触电事故。

3. 钳形电流表

电动机检修工作中常用的钳形电流表,又称卡表,它可以在不断开电路的情况下测量交流电流,其外形如图 3-3 所示。

图3-3 钳形电流表的外形

测量时,选择合适的量程,用手握住胶木手柄,收拢四指,钳口打开,将被测导线放入铁芯钳口后松开四指,使铁芯钳口闭合,这时从表头中读出的数值,即为被测导线中的电流值。用钳形电流表测量电动机导线电流的示意图如图 3-4 所示。

若要测量较小的电流,则可将导线在钳形铁芯上绕几圈,这时,指针便停留在较大电流的数值上。把测得的电流值除以绕在钳形铁芯上的导线匝数,即为该导线的电流值。

钳形电流表不得用于测量高压线路的电流,被测线路的电压不能超过钳形电流表所规定的电压等级(一般不超过 500V),以防绝缘击穿,人身触电。

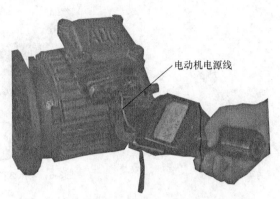

图3-4　用钳形电流表测量电动机导线电流的示意图

3.1.2　通用工具

通用电工工具是指电工维修的常用工具，主要包括试电笔、钢丝钳、改锥（又称起子、螺丝刀）、活扳手、电工刀和电烙铁等。这些工具的使用比较简单，这里不再介绍。

3.1.3　专用工具

专用电工工具是指电动机维修中的工具，包括嵌线工具、拆卸工具、拆线工具、绕线工具、测量工具、短路侦察器、转速表、试验灯等。

1.　嵌线工具

在嵌线过程中必须使用专用工具，才能保证嵌线质量。常用的嵌线工具有刮板、压线板等，其实物外形如图 3-5 所示。

（1）刮板

刮板又称划线板，长约 20cm，宽为 1～1.5cm，厚约 0.3cm，一端略尖，呈刺刀状。刮板一般用毛竹或压层塑料板削制而成，也可用不锈钢在砂轮上磨制而成。刮板的作用有两个：一是嵌线时将导线划入铁芯线槽；二是用来整理槽内的导线。

（2）压线板

压线板用来压紧嵌入槽内的线圈的边缘，把高于线圈槽口的绝缘材料平整地覆盖在线圈上部，以便穿入槽楔。压线板的压脚宽度一般比槽上部的宽度小 0.5mm 左右，而且表面光滑。

用于嵌线的工具还有整形锤、手术剪、打板等。

2.　拆卸工具

电动机的拆卸工具叫作拉具，又叫作拉拔、扒子或拉力器，通常用来拆卸电动机的皮带轮和轴承等紧固件。拉具按结构不同，又分为三爪式和两爪式，两爪式拉具实物外形如图 3-6 所示。使用拉具拆卸皮带轮和轴承时，拉不动时不要硬拉，可在工件连接处滴些煤油或用喷灯加热后趁热拉下。

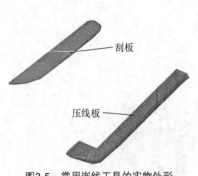

图3-5　常用嵌线工具的实物外形

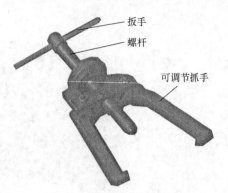

图3-6　两爪式拉具的实物外形

3. 拆线工具

（1）錾子

在拆除损坏的线圈绕组时，需要用锋利的錾子从线圈与铁芯端面处錾断，这就是錾子的作用。錾子的实物外形如图 3-7 所示。

（2）冲子

为了方便地冲出錾去了线圈端部后剩下的线圈，可以取直径为 6～14mm、长 200～400mm 的普通圆钢，将截面打制成椭圆形状，以便与电动机定子槽形配合将线圈冲出。

（3）钢丝刷

在冲出线圈后，定子槽内会残留部分绝缘物，要清除这些残留的绝缘物，常用的清理工具主要是钢丝刷，除此之外，还可使用砂纸、清槽片等工具进行清理。

钢丝刷的实物外形如图 3-8 所示。钢丝刷要根据电动机的线槽进行选择，清理大的电动机线槽，要选用大的钢丝刷；清理小的电动机线槽，要选用小的钢丝刷。

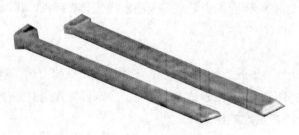

图3-7　錾子的实物外形

图3-8　钢丝刷的实物外形

4. 绕线工具

绕线机

绕线机是用于绕制绕组的专用工具。绕线机上配有计数盘、两个大齿轮和两个小齿轮，大齿轮可带动小齿轮转动，机轴上有两个锥形螺母，其中一个无螺纹，应放在里面，另一个有螺纹，应放在外边，用来夹紧绕组模。手摇式绕线机的实物外形如图 3-9 所示。

另外，目前市场上还有一种自动编程绕线机，通过键盘输入绕组及需绕线匝数，绕制时绕组及匝数自动显示，绕制到预置匝数时会自动停机，使用十分方便，但价格相对较高，如图 3-10 所示。特适用于变压器、电机线圈的大批量绕制。

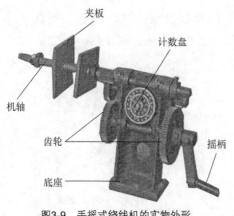

图3-9　手摇式绕线机的实物外形

图3-10　电脑编程绕线机

5. 测量工具

常用的测量工具主要是螺旋测微仪，俗称千分尺，用以测量绕组导线的线径。螺旋测微仪的外形如图 3-11 所示，通常采用右旋螺纹，螺距为 0.5mm，活动套管的锥面上的刻度为 50 格，每格表示 1/100mm。

螺旋测微仪的测量螺距为 0.5mm，所以活动套管右旋一周，轴螺杆便前进 0.5mm，即两测量面间的距离减小 0.5mm，该距离可由固定套管上的刻度读出。若旋转不足一周，则两测量面之间距离减小不足 0.5mm，这种小于 0.5mm 的尺寸只能由活动套管锥面的刻度上读出。因此，螺旋测微仪的读法为先读出固定套管上的刻度数，再读活动套管上的刻度数，二者相加即测得的尺寸，如图 3-12 所示。

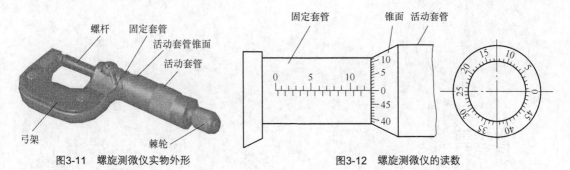

图3-11　螺旋测微仪实物外形　　　　　　　图3-12　螺旋测微仪的读数

目前，市场上有一种电子数显千分尺，测量的读数可通过显示屏自动显示，非常方便，如图 3-13 所示。

6. 短路侦察器

短路侦察器又称短路测试器、短路试验器、开口变压器。主要用来检查电动机定子绕组、电枢绕组的短路故障和转子笼型绕组的断条故障。短路侦察器可以自行制造，也可以从市场上购买，其实物外形如图 3-14 所示。

7. 转速表

转速表是用来测量电动机转子转速和其他电气设备转速的一种仪表，其外形如图 3-15 所示。测量时，要拿稳转速表，测量头与电动机被测量轴轻轻接触，两轴应在一条直线上，不要倾斜，然后逐渐增大接触力量，以保证测速准确，当转速表指针稳定时，指针所指的示数即为电动机转子的转速。

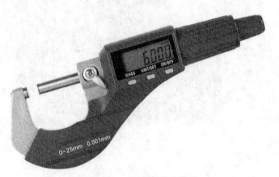

图3-13　电子数显千分尺

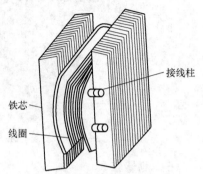

图3-14　短路侦察器的实物外形

8. 试验灯

试验灯是电器修理人员自己制作的一种简易、直观的试验工具。常用的有两种：一种使用市电电源，由一只灯头、一只灯泡、两根导线和两支测试笔组成，如图 3-16（a）所示。另一种以电池为电源，两支测试笔之间串接一节或几节干电池与小电珠，如图 3-16（b）所示。

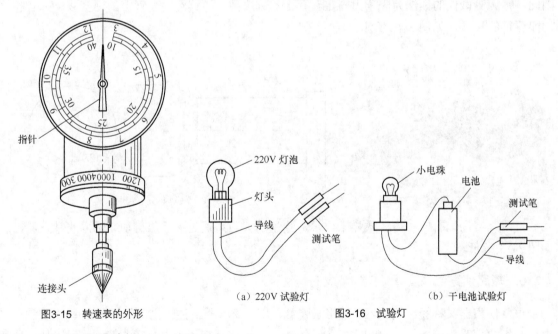

图3-15　转速表的外形

（a）220V 试验灯

（b）干电池试验灯

图3-16　试验灯

（1）220V 试验灯

220V 试验灯可用以检查 220V 电源电压、电路的通断、电气件内部电路的通断和电气件是否通地。为安全起见，一般将 220V 灯泡装上保护罩。检查时，将试验灯接入电源插座，若灯不亮，则是插座无电。若灯亮，从灯的发亮程度可以判断出电源电压高低，亮则表示电源电压充足；暗则表示电源电压不足。

在接通电源后，将试验灯接在电路的不同部位，可知电源线是否导通，电路接点是否正常，各种开关是否正常接通。

对于单体的电气件，将试验灯串接于一根引出线上，然后接于市电电源上，如图 3-17 所示，依灯泡的亮与不亮即可判断电气件内部电路是否导通。如串接于开关的试验灯的亮度变差，则开关接触不良；串接于电气负载件中（如绕组）的试验灯的亮度变差，则是正常的。

对于以市电为电源的电气件或电器，还可用试验灯来检查电气件或电器是否通地。检查方法是将试验灯接在外壳与大地之间，如图 3-18 所示。如果灯泡持续发亮，则是短路性漏电，即通地，灯泡越亮则通地越严重。

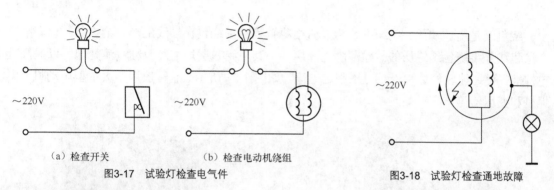

（a）检查开关　　　　　（b）检查电动机绕组

图3-17　试验灯检查电气件

图3-18　试验灯检查通地故障

（2）干电池试验灯

干电池试验灯可用以检查电路的通/断、电气件内部电路的通/断和负载件是否通地。使用时要把试验灯接成回路状态，如图 3-19 所示。若试验灯亮，则电路或电气件为通，或电气件通地。需要注意的是，使用干电池试验灯检查电路时，电路不可再接 220V 交流电。

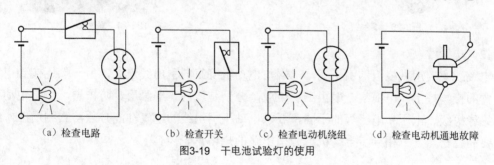

（a）检查电路　　　　（b）检查开关　　　　（c）检查电动机绕组　　　（d）检查电动机通地故障

图3-19　干电池试验灯的使用

3.1.4　常用材料

1. 导电材料

铜和铝是最常用的导电材料，铜的导电性能好，且化学性能稳定，除早期的电动机采用铝导电材料外，现在生产的电动机都使用铜导电材料。

下面介绍几种常用的导电材料。

（1）电磁线

电磁线是一种具有绝缘层的导电金属线，用以绕制电动机、变压器或其他电工产品等的线圈或绕组，目前多采用圆或扁的铜芯线。电磁线的绝缘层除部分采用天然材料（如绝缘纸等）外，主要采用有机合成高分子化合物和无机材料。由于用单一材料构成的绝缘层在性能上有一定的局限性，因此有的电磁线采用复合绝缘或组合绝缘，以提高绝缘层的综合性能。

按绝缘层的特点和用途不同，常用的电磁线可分为漆包线和绕包线两类。

① 漆包线

漆包线在导线外层涂覆一层绝缘漆，经烘干后形成一层漆膜。其特点是漆膜均匀、光滑，漆膜较薄，既有利于线圈的绕制，又可提高铁芯槽的利用率，因此广泛用于中小型电动机及各种电器中，如图 3-20 所示。

② 绕包线

绕包线是用玻璃丝、绝缘纸或合成树脂薄膜等紧密绕包在导线上形成绝缘层，也有的是在漆包线外再绕包绝缘层的。除薄膜绝缘层外，其他绝缘层均需经胶粘浸渍处理，以提高其电性能，使之能较好地承受过电压和过电流，如图 3-21 所示。它一般用于大中型电动机、电焊机和变压器等电工产品。

图3-20 漆包线

图3-21 绕包线

（2）电缆线

电缆线主要用做绕组的引出线，一端与电动机绕组的引出线连接，另一端连接到电动机接线盒的接线柱上。电缆线一般由三层组成，分别是线芯、绝缘层、防护层。由于电动机品种、绝缘等级、电压和电流等的不同，要求电动机引出线的电气性能必须与其相适应，绝缘电阻要高且稳定。三相异步电动机电源引出线的规格见表 3-1。

表 3-1　　　　　　　　　　　三相异步电动机电源引出线的规格

引出线截面积（mm²）	适应电流（A）	引出线截面积（mm²）	适应电流（A）	引出线截面积（mm²）	适应电流（A）
1	<6	1.5	6～10	2.5	11～20
4	21～30	6	31～45	10	46～60
16	61～90	25	91～120	35	121～150
50	151～191	70	191～240	95	241～290

2. 绝缘材料

绝缘材料的主要作用是把电动机不同部分的导电体隔离开来，使电流能按预定的方向流动。由于绝缘材料是电动机设备中最薄弱的环节，许多故障往往发生在绝缘部分，因此绝缘材料应具有良好的介电性能、较高的绝缘电阻和耐压强度，且耐热性要好，不至于因长期受热而引起性能变化，还应有良好的防潮、防雷电、防霉和较高的机械强度，以及易于加工等特点。常用绝缘材料耐热等级见表 3-2。

表 3-2　　　　　　　　　　　常用绝缘材料耐热等级

材　　料	耐热等级	极限温度（℃）
漆包线、漆布、漆丝的绝缘及沥青漆、油性漆，工作于矿物油中和用油或油树脂复合胶浸过的 Y 级材料	A	105
经合适树脂黏合式浸渍涂覆的云母、玻璃纤维、石棉、聚酯薄膜、聚酯漆、聚酯漆包线	B	130
不采用任何有机黏合剂及浸渍剂的无机物	C	<180
油性树脂漆、聚乙烯醇缩醛高强度漆包线、乙酸乙烯耐热漆包线、玻璃布、聚酯薄膜和 A 级材料重合	E	120
以无机材料做补强和石带补强的云母粉制品，以有机纤维材料补强和布带补强的云母片制品，玻璃丝和石棉，玻璃漆布，以玻璃丝布和石棉纤维为基础的层压制品，化学热稳定性较好的聚酰和醇酸类，复合硅有机聚酯漆	F	155
有机硅云母制品，硅有机漆，硅有机橡胶聚酰亚胺复合玻璃布，无补强以无机材料为补强的云母制品，硅有机橡胶聚酰亚胺复合玻璃布，加厚的 F 级材料，复合薄膜，聚酰亚胺漆等	H	180
天然的纺织品，易于热分解和熔化点较低的塑料、醋酸纤维和聚酰胺等纺织品	Y	90

电工常用的绝缘材料按其物理状态不同，可分为气体、液体、固体三大类。气体绝缘材料如空气、氮气、二氧化碳、六氟化硫等；液体绝缘材料如变压器油、电容器油、电缆油等矿物油，还有硅油、三氯联苯等合成油；固体绝缘材料按其应用或工艺特性不同，又可划分为六类，见表 3-3。

表 3-3　　　　　　　　　　　固体绝缘材料分类

分类代号	分类名称
1	漆、树脂和胶类
2	浸渍纤维制品类
3	层压制品类
4	压塑料类
5	云母制品类
6	薄膜、黏带和复合制品类

在电动机修理中，所使用的绝缘材料较多，常用的几种如图 3-22 所示。

（1）绝缘漆

电动机使用绝缘漆的目的主要是提高绕组的防潮性能、介质强度和散热性能，绝缘漆分为浸渍漆和覆盖漆两大类。

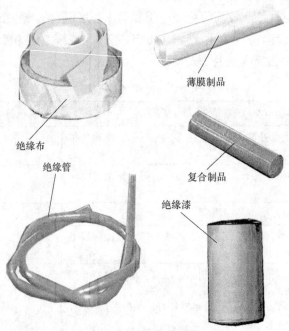

图3-22 常见的绝缘材料

浸渍漆主要用于浸渍电动机、电器的线圈和绝缘零部件，它又分为有溶剂和无溶剂两种。有溶剂浸渍漆的特点是渗透性好，储存期长，使用方便，但是浸渍和烘干时间长，固化慢，需要使用溶剂；无溶剂浸渍漆的特点是固化快，黏度随温度变化迅速，流动性和渗透性好，绝缘整体性好，固化过程挥发少等。常用浸渍漆型号、性能和用途见表 3-4。

表 3-4   常用浸渍漆型号、性能和用途

名称	型号	性能	耐热等级	用途
沥青漆	1010	耐潮、耐温度变化，但不耐油	A	适用于纤维物绝缘的绕组做介电绝缘充填及表面涂覆
	1011	耐潮、抗老化性能好		
	1012	耐潮、耐热		
	1210	耐油性能良好		
水乳漆	1013	耐湿性能好、干燥快、无毒	B	适用于绕组浸漆及覆盖
醇酸清漆	1030	有较好耐油及耐弧性能		适用于绕组滴浸
环氧聚酯快干无溶剂漆	1034	固化快，挥发性少，但耐霉性较差		适用于高压电动机整体浸渍
环氧无溶剂漆	594	黏度低、储存稳定性好		适用于浸渍转子绕组
无溶剂漆	515-1	耐潮、介电性好，机械强度高		适用于浸渍转子绕组
	515-2	固化快		
三聚氰胺醇酸漆	1032	内干性，耐油，漆膜光滑	E	适用于一般电动机绕组的浸渍
环氧酯漆	1033	耐潮性能较好，黏结力强		
环氧聚酯醛无溶剂漆	5152-2	黏度低，击穿强度高		
聚酯浸渍漆	155	电气性能好、耐热、黏结力强	F	适用于中、小型电动机、变压器浸渍
环氧聚酯无溶剂漆	EIV	黏度低，挥发物少，击穿强度高		
	EIU	黏度低，击穿强度高		

续表

名　称	型号	性　能	耐热等级	用　途
不饱和聚酯无溶剂漆	319-2	黏度低，电气性能好	F	适用于中、小型电动机、变压器浸渍
酚醛环氧硼胺无溶剂漆	9105	黏度低、体积电阻高，电气性能好		
聚酰胺酰亚胺浸渍漆	PAI-2	耐热性及电气性能好，耐辐射性好		适用于高温工作的电动机线圈浸渍
聚酯改性有机硅漆	931	黏结力较强，耐湿性和电气性能好		适用潮湿环境工作的绕组浸渍
有机硅浸渍漆	1050	耐热、耐油、防霉性能好	H	适用于高温电动机、电器线圈浸渍
	1052	耐热、耐油，且在常温下迅速干燥		适用于电器线圈局部补修
	1053	耐热良好，但烘干温度较高		适用于高湿电动机绕组浸渍
低温干燥有机硅漆	9111	耐热性比 1053 稍差，干燥快		适用于高湿电动机绕组浸渍

覆盖漆用于浸漆处理后线圈绝缘零部件表面的涂覆，以形成一层连续而厚度均匀的表面漆膜，作为绝缘保护层，可防止机械损伤及大气油污和化学物质的侵蚀，提高绝缘能力。另外，还可作为电动机修理中用于加强局部绝缘能力使用。常用覆盖漆型号、性能和用途见表 3-5。

表 3-5　　　　　　　　　　常用覆盖漆型号、性能和用途

名　称	型　号	性　能	耐热等级	用　途
黑绝缘漆	1211	耐潮、但耐油性能较差	A	用于一般电动机绕组表面修饰
环氧聚酯红瓷漆	162	漆膜光滑、强度高、色泽鲜艳，具有较高的介电性能	B	适用于电动机绕组、电器线圈表面修饰
环氧聚酯灰瓷漆	H31-4			
	H31-2			
环氧酯铁红瓷漆	H13-7	耐潮、耐霉、耐油性好，漆膜硬度高	B	适用于湿热带地区电动机、电器线圈表面修饰
环氧聚酯灰瓷漆	8363			
环氧酯瓷漆	C31-3	干燥快、耐潮、耐油、耐气候性好，漆膜附着力好、有弹性	F	适用于电动机绕组表面修饰
醇酸漆	C31-1			
醇酸灰瓷漆	C32-9			
	C32-81322			
有机硅红瓷漆	167	漆膜耐热性好，并具有较好的电气性能	F	适用于覆盖 H 级电动机、电器线圈和绝缘零部件表面修饰
	W32-3		H	

（2）浸渍纤维制品

浸渍纤维制品是以棉布、棉纤维管、薄绸玻璃纤维布（管），以及玻璃纤维与合成纤维交织物为底材浸以绝缘漆制成的。其类型主要有绝缘漆布、绝缘漆管和绑扎带等。

绝缘漆布主要用做电动机绕组的对地绝缘、槽绝缘和衬垫绝缘，常用的绝缘漆布名称、型号、性能和用途见表 3-6。

表 3-6   常用的绝缘漆布名称、型号、性能和用途

漆布名称	型号	耐热等级	性　能	用　途
油性漆布	2010	A	不耐油	适用于一般电动机绕组绝缘
	2012	A	耐油性能较好	适用于一般电动机绕组或衬垫绝缘
沥青漆布	2110	A	介电性能较好	适用于一般低压电动机、电器线圈或补垫绝缘
油性漆绸	2210	A	柔软性及介电性能良好	适用于电动机、电器和薄层衬垫或线圈绝缘
	2212	A	耐油性较好	适用于矿物油侵蚀环境中工作的电动机,电器的薄层衬垫或线圈绝缘
沥青醇酸玻璃漆布	2430	B	耐潮性较好,耐汽油,变压器油性差	适用于一般电动机、电器设备的衬垫或线圈绝缘
醇酸玻璃漆布	2432	B	耐油性较好,并有一定防霉性	适用于较高温度下使用的电动机、电器的衬垫或变压器的线圈绝缘
环氧玻璃漆布	2433	B	电气性能、力学性能、耐湿热性能较高	适用于耐化学腐蚀的电动机、电器的槽绝缘、衬垫绝缘和线圈绝缘
聚酰亚胺玻璃漆布	2560	C	防潮性、耐辐射性和耐溶剂性良好,且有高耐热性及介电性能	适用于工作于220℃以上温度的电动机槽绝缘和端部衬垫绝缘
有机硅玻璃漆布	2450	H	耐热性、耐寒性、耐霉性及耐油性较高	适用于 H 级电动机、电器的包扎绝缘
硅橡胶玻璃漆布	2550	H	耐热性、耐寒性较高,且有良好的柔软性	适用于特种用途的低压电动机导线端部绝缘
有机硅防电晕玻璃漆布	2650	H	且有稳定的低电阻率	适用于高压定子绕组槽口处的防电晕材料

　　绝缘漆管是用纤维管和底材浸以不同的绝缘漆,经烘干制成的棉漆管、涤纶漆管和玻璃丝管。它适用于电动机绕组的引出线和绕组连接线的绝缘套管。常用的绝缘漆管名称、型号、性能及用途见表 3-7。

表 3-7   常用的绝缘漆管名称、型号、性能及用途

漆管名称	型号	耐热等级	性　能	用　途
油性棉漆管	2710	A	电性能和弹性较好,但耐热性、耐潮性差	适用于电动机、电器仪表等设备引出线和连接线的绝缘
醇酸玻璃漆管	2730	B	电气性能、力学性能、耐化学性能均良好,弹性也较好	适用于做电动机、电器和仪表等设备引出线和连接线的绝缘
聚氯烯玻璃漆管	2731	B	耐热性、耐潮性,且弹性也较好	适用于电动机、电器设备的引出线和连接线的绝缘
油性玻璃漆管	2724	E	电性能和力学性能良好,且耐热、耐油性好,但弹性差	适用于电动机、电器和仪表等设备引出线和连接线的绝缘
有机玻璃漆管	2750	H	耐热性、耐潮性均良好,且电气性也较好	适用于 H 级电动机、电器设备的引出线和连接线的绝缘
硅橡胶玻璃漆管	2751	H	耐寒性、耐热性及弹性均良好,电气和机械性能也良好	适用于在−60～180℃温度下工作的电动机、电器和仪表的引出线的绝缘

　　绑扎带是由长玻璃纤维经过硅烷处理和整纱后,再浸以热固性树脂制成的 B 级或全固化的带状材料。按所用浸渍液或树脂种类不同,可分为聚酯型载纬带、环氧型无纬带和聚胺型

无纬带等。目前应用最广的是环氧型无纬带，主要用来绑扎电动机转子绕组的端部，替代无磁性合金钢丝、钢带等金属。

（3）绝缘低压板

绝缘低压板又称积层板或积层塑料。是以有机纤维、无机纤维或布做底材，浸涂不同的胶粘剂，经热压而制成的层状结构的绝缘材料。采用不同的底材、胶粘剂和胶含量、成型工艺，可制成不同耐热等级、不同性能的制品。低压板制品分为层压板、棒、管等。电动机中使用的低压板主要用做绝缘结构件，如绕组的支架、垫条、垫块、槽楔等。

（4）薄膜及复合制品

电动机用薄膜是指合成树脂制成的薄膜，如聚丙烯薄膜等，其厚度为 0.006～0.5mm。它可用于电动机绕组的绝缘，具有质地柔软、耐潮和良好的机电性能。

复合制品是在薄膜的一面或两面黏合一层纤维材料（如绝缘纸、漆布等）组成的一种复合材料。纤维材料的主要作用是加强薄膜的机械性能，提高抗拉强度和表面平整度。它主要用于中小型电动机的槽绝缘、绕组的端部绝缘等。

注意事项：电动机修理时，一般应选用与原来相同的绝缘材料。如果没有合适的绝缘材料，则可选用与原来材料相似的绝缘材料或根据电动机铭牌上注明的绝缘等级进行选择。

3. 润滑脂

润滑脂是保证轴承正常运行和延长寿命的关键物质，电动机常用的润滑脂有钙基润滑脂、钠基润滑脂、钙钠基润滑脂、复合钙基润滑脂、锂基润滑脂、二硫化钼润滑脂等，如图 3-23 所示。

钙基润滑脂是由动物脂肪与石灰制成的钙皂稠化矿物润滑油，并以水作为胶溶剂。它是一种低档润滑脂，使用温度范围仅为 -10～60℃。它虽然具有良好的抗水性，遇水不易变质，但使用温度超过 60°时，易引起流失，造成磨损。

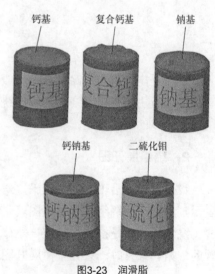

图3-23　润滑脂

钠基润滑脂是以动物脂肪酸钠与皂稠化矿物润滑油制得的耐高温但不耐水的普通润滑脂。由于钠皂熔点很高，耐热性好，可在 120℃ 条件下长时间工作，并有较好的承压抗磨性，可适应大的负荷；但钠皂遇水容易乳化变质，不适用于潮湿和与水接触的部件使用。

钙钠基润滑脂是一种钙钠混合皂基润滑脂，最高使用温度分别为 80℃ 和 120℃，其耐热性和耐水性介于钙基和钠基润滑脂之间，但不适合于低温时使用。

复合钙基润滑脂是以钙钠复合的脂肪酸钙皂稠化矿物油制成的润滑脂。具有较好的机械安定性和胶体安定性，适用于较高温度及潮湿条件。它适用于水泵轴承润滑。有的地区把 3% 的二硫化钼加到复合钙基润滑脂里，使之更适合南方炎热、潮湿的地区使用。

锂基润滑脂是用天然脂肪酸锂皂稠化低凝点润滑油，并加抗氧化、防锈蚀剂。它具有良好的机械安定性、胶体安定性、抗水性、防锈剂、氧化安全性和高低温性能。

|3.2 三相异步电动机绕组展开图|

3.2.1 绕组展开图术语

1. 线圈和绕组

线圈由绝缘导线按一定形状、尺寸在线模上绕制而成，可由一匝或多匝组成。单匝线圈、多匝线圈及其简化图如图 3-24 所示。线圈放在铁芯槽内的部分称为有效边，槽外部分为端部，为节省材料，在嵌线工艺允许的情况下，线圈的端部应尽可能短。

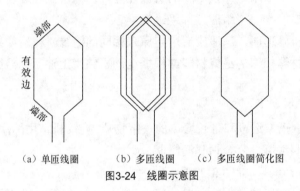

（a）单匝线圈　　　（b）多匝线圈　　　（c）多匝线圈简化图
图3-24　线圈示意图

绕组是电动机的电路部分，一般由多个线圈按一定的方式连接起来构成的。三相异步电动机的绕组主要有单层绕组、双层绕组、单双层混合绕组等多种形式。在本章中，只简单介绍应用较多的单层绕组。

2. 绕组展开图

设想把定子沿轴向切开拉平，略去定子铁芯部分，并把定子槽中的绕组用简化图的形式表示，所绘出的绕组平面原理图就是绕组展开图，如图 3-25 所示。

绕组展开图是指绕组的连接规律，即电动机原绕组情况的记录，它是线圈重绕后嵌放位置的依据。维修时，只有看懂展开图，才能保证正确的嵌线和接线。

3. 槽数 Z、极对数 p 和极数 $2p$

槽数就是铁芯上线槽的总数，用字母 Z 表示。极数就是旋转磁场的极数。若每相绕组只有一个线圈，绕组的始端之间相差 120°，则产生的旋转磁场具有一对极，即 $p=1$，p 就是极对数。若定子每相绕组有两个线圈串联，绕组的始端之间只相差 60°角，则产生的旋转磁场具有两对极，即 $p=2$。

由于电动机的极数总是成对出现的，所以，电动机的极数就是 $2p$。

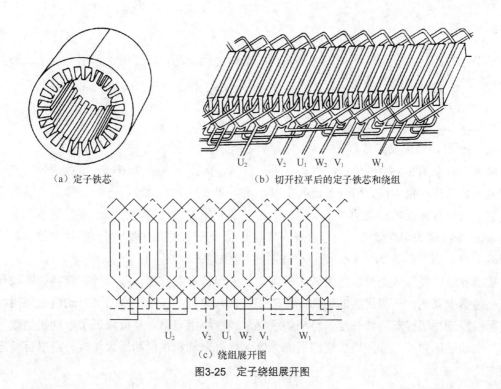

（a）定子铁芯　　　　　（b）切开拉平后的定子铁芯和绕组

（c）绕组展开图

图3-25　定子绕组展开图

4. 极距 τ

极距是指沿定子铁芯内圆，每个磁极（N 极或 S 极）所占的范围，其符号为τ。极距的大小既可用槽数表示，也可用圆周长度表示，用槽数表示比较方便。若极距用槽数表示，则它等于定子铁芯中的总槽数（Z）除以电动机磁极数（$2p$），即：

$$\tau = \frac{Z}{2p}$$

若极距τ用长度表示，其公式为：

$$\tau = \frac{\pi D_i}{2p}$$

式中，D_i 为定子铁芯内径（cm）。

例如，图 3-26 所示是一台 24 槽 4 极（$p=2$）电动机截面展开图（局部），极距τ=24÷4=6。

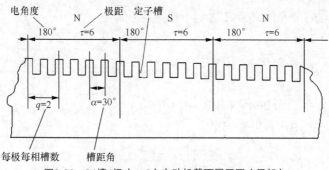

图3-26　24槽4极（$p=2$）电动机截面展开图（局部）

5. 节距 *y*

节距也称跨距，是指一组线圈在铁芯内的两边之间所跨占的槽数，常用 *y* 表示。根据它与极距 *τ* 的大小，线圈可分为三种：

当 *y*=*τ* 时，称为整距线圈。

当 *y*<*τ* 时，称为短距线圈。

当 *y*>*τ* 时，称为长距线圈。

例如，对于图 3-26 所示的 24 槽 4 极（*p*=2）电动机，其极距为 6 槽。嵌线时，若把一只线圈的一条边嵌在第 1 槽，另一条边嵌在第 7 槽，则节距 *y*=6，此时，*y*= *τ*，称这个线圈为整距线圈。若一只线圈的一条边在第 1 槽，另一条边在第 6 槽，中间相隔 5 槽，则节距 *y*=5，*y*<*τ*，则这个线圈为短距线圈。同理，若一只线圈的一条边在第 1 槽，另一条边在第 8 槽，中间相隔 7 槽，则节距 *y*=7，*y*>*τ*，则这个线圈为长距线圈。

重点提示： 整距线圈可以产生较大的电动势，但存在温升高、效率低、材料费等缺点，因而一般很少采用；长距线圈的端部连线较长，材料较费，仅在一些特殊电动机上采用；短距线圈相应缩短了端部连线长度，可节约线材，减少绕组电阻，从而降低了电动机的温升，提高了电动机的效率，并能增加绕组机械强度，改善电动机性能和增大转矩，所以目前应用比较广泛。

6. 机械角度与电角度

一个圆周所对应的几何角度为 360°，称为机械角度。而从电磁方面来看，导体每经过一对磁极 N、S，电动势就完成一个交变周期。若磁场在空间按正弦波分布，则经过 N、S 一对磁极，恰好相当于正弦曲线的一个周期，如有导体去切割这种磁场，经过 N、S 一对磁极，导体中所感生的正弦电动势的变化也为一个周期，变化一个周期即经过 360°电角度，一对磁极占有的空间是 360°电角度。若电动机有 *p* 对磁极，电动机圆周按电角度计算就为 *p*×360°，而机械角度总是 360°，因此有：

$$p \text{ 对磁极电角度} = p \times \text{机械角度}$$

如图 3-27 所示为电角度与机械角度的关系图。

7. 槽距角 *α*

槽距角 *α* 是指相邻槽之间的电角度。由于定子槽在定子内圆上是均匀分布的，若 *Z* 为定子槽数，*p* 为极对数，则槽距角为：

$$\alpha = \frac{p \cdot 360°}{Z}$$

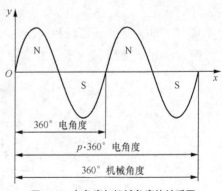

图3-27　电角度与机械角度的关系图

例如，图 3-26 所示的为 24 槽 4 极（*p*=2）电动机截止展开图（局部）中，可以看出：

$$\alpha = \frac{p \cdot 360°}{Z} = \frac{2 \times 360°}{24} = 30°$$

重点提示：对于三相电动机，由于三相电流在相位上彼此相差 120° 的电角度，故布线时三相首尾应彼此相隔 $\dfrac{120°}{\alpha}$ 槽。如 36 槽 4 极电动机，槽距角为 20°，故布线时三相首尾应彼此隔 6 槽。同理，可以算出其他三相电动机的布线方法。

8．每极每相槽数

在三相电动机中，每个磁极所占的槽数要均等地分配给三个绕组，每个极下每相所占的槽数称为每极每相槽数，用字母 q 表示，用公式表示为：

$$q = \frac{Z}{2pm}$$

式中，m 为相数；p 为极对数。

例如，对于图 3-26 所示的 24 槽 4 极（$p=2$）电动机，有 $q = \dfrac{24}{2 \times 2 \times 3} = 2$。

9．相带

每个磁极下每相绕组所占的区域称为相带，在三相绕组中，每个极距内分属 U、W、V 三相，每个极距为 180° 电角度，故每个相带为 60°。三相异步电动机一般都采用 60° 相带的三相对称绕组。

10．极相组

一个磁极下属于同一相的 q 个绕组元件按一定方式连接而成的线圈组称为极相组。同一个极相组中所有线圈的电流方向相同。

11．显极式接线和隐极式接线

电动机的定子绕组的连接方式分为显极式与隐极式（又称庶极式）两种。

（1）显极式接线

同相相邻极相组按"尾接尾"、"头接头"相连接称为显极式连接。其特点是相邻磁极的极相组里的电流方向相反，每相绕组的极组数等于磁极数，如图 3-28 所示。

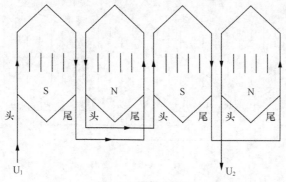

图3-28　显极式接线

（2）隐极式接线

同相相邻极相组按"尾接头"、"头接尾"相连接称为隐极式接线。其特点是所有极相组里的电流方向相同。隐极连接法每组线圈组不但各自形成磁极，而且相邻两组线圈组之间还形成磁极。可见这种接法的极相组数为磁极数的一半，即每相绕组的极相组数等于磁极对数，如图 3-29 所示。由于采用隐极接法的绕组电气性能较差，现在已很少采用。

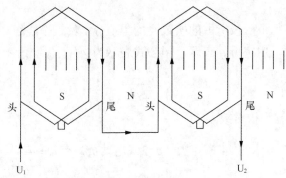

图3-29 隐极式接线

12. 并联支路数

图 3-30（a）是 24 槽 4 极三相异步电动机 U 相绕组的一种连接方法，U 相的四个线圈采用显极法进行反串联连接，此时，称该绕组是一路串联的，并联支路数为 $a=1$。

如果将四个线圈反串联连接改为两路并联，如图 3-30（b）所示。此时，说该绕组的并联支路数为 $a=2$。应注意的是，槽内电流方向应该与一路串联完全一致，并且每槽导线根数为一路串联时的 2 倍，而导线截面积则减小为一路串联时的 1/2，以使总的电气性能保持不变。

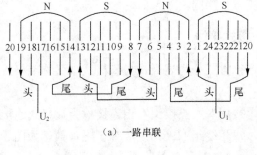

（a）一路串联

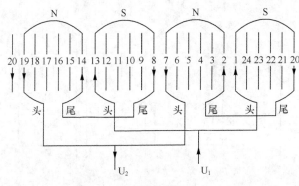

（b）两路串联

图3-30 串联与并联支路数

13. 三相绕组的基本要求

三相异步电动机绕组的构成主要从设计制造和运行两方面考虑，绕组的形式多种多样，具体要求为：

（1）三相绕组的波形应尽可能为正弦波，在数值上尽可能大，绕组的损耗要小，用量要省。

（2）三相绕组各相的电动势要求对称，各相的电阻和电抗要相同。为此必须保证各绕组所用材料、形状、尺寸及匝数都相同，且各相绕组在空间的分布应彼此相差 120°电角度。

（3）绕组的绝缘和机械强度要可靠，散热条件要好。

（4）制造、安装、检修要方便。

三相交流绕组在槽内嵌放完毕后，共有六个出线端引到电动机机座上的接线盒内，高压大、中型容量的异步电动机三相绕组一般采用星形连接，小容量的异步电动机三相绕组一般采用三角形连接。

14. 三相交流绕组的分布、排列与连接要求

三相异步电动机绕组的作用是产生旋转磁场，要求绕组是对称的三相绕组，其分布、排列与连接应按下列要求进行：

（1）各相绕组在每个磁极下应均匀分布，以达到磁场的对称。为此，先将定子槽数按极数均分（称为分极），每一等分代表 180°电角度；再把每极下的槽数分为三个区段（相带），每个相带占 60°电角度（称为分相）。

（2）各相绕组在每对极下的排列顺序按 U_1、W_2、V_1、U_2、W_1、V_2 分布，这样，各相绕组所在的相带 U_1、V_1、W_1 或 U_2、V_2、W_2 的中心线恰好相差 120°电角度。如槽距角为 α，则相邻两相绕组错开的槽数为 $120°/\alpha$。

（3）同一相绕组的各个有效边在同性磁极下的电流方向应相同，而在异性磁极下的电流方向相反。

（4）把属于各相导体顺着电流方向连接起来，以便得到三相对称绕组。

3.2.2　单层绕组展开图的画法与嵌线技巧

每个槽内仅嵌入一个线圈边的绕组称为单层绕组，如图 3-31 所示。

这种绕组槽内无须层间绝缘，且不存在相间短路的可能性，整个绕组的绕组数只有槽数的一半，每个槽中只嵌放线圈的一个有效边，线圈数量少，嵌线方便，工艺简单，因此，广泛应用于 10kW 以下的小型三相异步电动机中。单层绕组的主要缺点是电气性能较差，不适用于大型电动机。

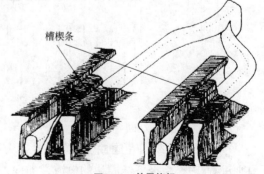

图3-31　单层绕组

单层绕组按线圈的形状和端接部分排列方法的不同，可分为链式、同心和交叉链式等几种形式。

1. 单层链式绕组

单层链式绕组是由相同节距的线圈组成，其结构特点是绕组线圈一环套一环，形如长链，故而得名。

对于三相单层链式绕组，其线圈端部彼此重叠，并且绕组各线圈宽度相同，因而制作绕线模和绕制线圈都比较方便。此外，绕组是对称的，相与相平衡，可构成并联支路。

单层链式绕组在 4 极或 6 极小型异步电动机中得到了广泛应用。下面以国产 Y90L-4 型三相异步电动机（4 极 24 槽）为例进行说明，国产 JO2-21-4 型、JO2-22-4 型、Y802-4 型等三相异步电动机的定子绕组也采用这种链式绕组。

（1）计算绕组数据

根据 $\tau = \dfrac{Z}{2p}$，可求出极距 $\tau = \dfrac{24}{2 \times 2} = 6$。

根据 $q = \dfrac{Z}{2pm}$，可求出每极每相槽数 $q = \dfrac{24}{2 \times 2 \times 3} = 2$。

根据 $\alpha = \dfrac{p \cdot 360°}{Z}$，可求出槽距角 $\alpha = \dfrac{2 \times 360°}{24} = 30°$。

（2）分极和分相

① 分极

如图 3-32 所示，将定子全部槽数按极数均分，则每极下分有 6 槽，磁极按 S、N、S、N 排列。

② 分相

将每个磁极（N 或 S）下的槽数按相数均分为三个相带，则每个相带占有 2 槽。因一个磁极（N 或 S）下有三个相带，则每对磁极（N 和 S）共有六个相带，将这六个相带按 U_1、W_2、V_1、U_2、W_1、V_2 的顺序排列。

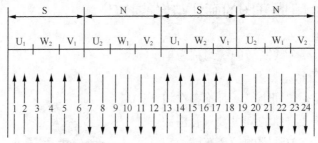

图3-32　分极和分相示意图

（3）标出电流方向

按"同一相绕组在同性磁极下的电流方向应相同，而在异性磁极下的电流方向相反"的原则进行，设 S 极下线圈边的电流方向向上，则 N 极下线圈边的电流方向向下，如图 3-32 中箭头方向所示。

（4）绘制 U 相链式绕组展开图

绘制 U 相链式绕组展开图的基本方法是：按绕组节距的要求，把相邻异极下 U 相槽中的线圈边连成线圈。

由图 3-33 可知，U 相绕组包含第 1、2、7、8、13、14、19、20 共 8 个槽中的线圈边。线圈边 1、2 与 7、8 分别处于 S 极与 N 极下面，它们的电流方向相反，故线圈边 1、2 中的任意一个与线圈边 7、8 中的任意一个都可组成一个线圈；同样 13、14 中任意一个与 19、20 中任一个也都可组成一个线圈。

这里选取节距 $y=5$，故可将 U 相带下 8 个槽中的导体组成以下四个线圈：2—7、8—13、14—19、20—1，并按照"头接头，尾接尾的"规律连接好，可得到 U 相绕组的展开图，如图 3-33 所示。

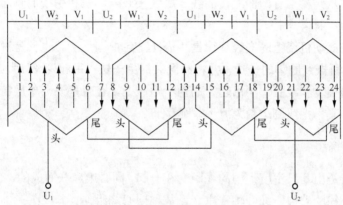

图3-33　U相绕组的展开图

（5）绘制三相链式绕组展开图

第二相引出线 V_1 应与 U_1 相差 120°电角度，由于槽距角 $\alpha = 30°$，所以，V_1 应与 U_1 相隔 $\dfrac{120°}{30°} = 4$ 槽，V_1 应放在第 6 号槽（因 U_1 在第 2 号槽）。同理，W_1 与 V_1 相隔 $\dfrac{120°}{30°} = 4$ 槽，W_1 应放在第 10 号槽。将 V、W 两相绕组的线圈与 U 相线圈进行相同的排列和连接，就可以得到三相链式绕组展开图，如图 3-34 所示。

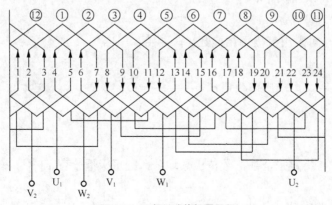

图3-34　三相链式绕组展开图

（6）单层链式绕组嵌线技巧

为便于说明，将图中的端部标以线圈号①～⑫。

① 设定任一槽号为 1 号槽，将线圈①一边（下边）嵌入 7 号槽，因另一边（上边）要压着线圈⑪及⑫，要等线圈⑪及⑫的下边嵌入 3 号槽及 5 号槽后，线圈①的上边才能嵌入 2 号槽中，所以要把线圈①的上边用白布带暂时"吊起"，俗称"吊把线圈"。

② 空一个槽（8 号槽），将线圈②的下边嵌入 9 号槽，其上边也要等线圈⑫嵌入 5 号槽后才能嵌入 4 号槽中，所以也要暂时"吊起"。

③ 再空一个槽（10 号槽），将线圈③的下边嵌入 11 号槽，因 7、9 号槽已嵌入线圈①、②，所以可将线圈③的上边嵌入 6 号槽中。

④ 按照线圈③的嵌法，依次把所有线圈嵌完，然后将各相的 4 个极相组按"头接头，尾接尾"连接起来。从结构上看即面线接面线，底线接底线。三相引线的首端（或末端）在空间互隔 120°电角度，即 4 个槽。

重点提示：该电动机绕组的嵌线规律是"嵌 1、空 1、吊 2"。也就是说，先嵌线圈①的一边，空一个槽，再嵌线圈②的一边，并将线圈②的另一边"吊起"；然后，再嵌其他线圈的两边；最后，将线圈①和线圈②"吊起"的两个边嵌上。也就是说，单层链式绕组的嵌线特点是隔槽嵌线法，其吊把线圈边数为 q（本例等于 2）。

2. 单层同心绕组

单层同心绕组是由几只宽度不同的线圈套在一起，同心地串联而成的，有大小线圈之分，大线圈总是套在小线圈外边，线圈轴线重合，故称同心绕组。

同心绕组的特点是线圈组中各线圈节距（y）不等，优点是端接部分互相错开，重叠层数较小，便于布置，散热较好；缺点是线圈大小不等，绕线不便。单层同心式绕组主要用于每极每相槽数较多的 2 极小型电动机。

下面以国产 Y100L-2 型三相异步电动机（24 槽 2 极）为例进行说明，国产 JO2-12-2 型、JO2-31-2 型、Y112M-2 型等三相异步电动机的定子绕组也采用这种同心绕组。

（1）计算绕组数据

根据 $\tau = \dfrac{Z}{2p}$，可求出极距 $\tau = \dfrac{24}{2 \times 1} = 12$。

根据 $q = \dfrac{Z}{2pm}$，可求出每极每相槽数 $q = \dfrac{24}{2 \times 1 \times 3} = 4$。

根据 $\alpha = \dfrac{p \cdot 360°}{Z}$，可求出槽距角 $\alpha = \dfrac{1 \times 360°}{24} = 15°$。

（2）分极和分相

① 分极

如图 3-35 所示，将定子全部槽数按极数均分，则每极下分有 12 槽。磁极按 S、N 排列。

② 分相

将每个磁极（N 或 S）下的槽数按相数均分为三个相带，则每个相带占有 4 槽。因一个磁极（N 或 S）下有三个相带，所以每对磁极（N 和 S）共有六个相带，将这六个相按 U_1、W_2、

V_1、U_2、W_1、V_2 的顺序排列。

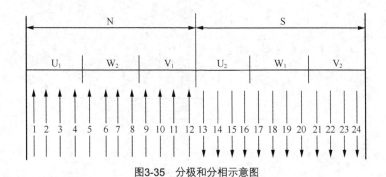

图3-35　分极和分相示意图

（3）标出电流方向

按"同一相绕组在同性磁极下的电流方向应相同，而在异性磁极下的电流方向相反"的原则进行，设 N 极下线圈边的电流方向向上，则 S 极下线圈边的电流方向向下，如图 3-35 中箭头方向所示。

（4）绘出 U 相同心绕组展开图

选取大线圈边节距 $y1=11$，小线圈边节距 $y2=9$，则对 U 相绕组来说，可将线圈边 3 与 14 组成一个大线圈，4 与 13 组成一个小线圈，大小线圈相套形成一个同心式极相组。同理，线圈边 15 与 2 组成大线圈，16 与 1 组成小线圈，形成另一个同心式极相组，按照"头接头、尾接尾"的方法，将 U 相两个线圈沿电流方向连接起来，便形成 U 相绕组的展开图，如图 3-36 所示。

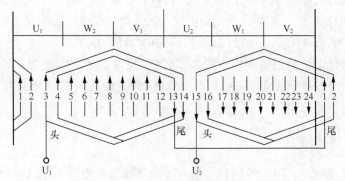

图3-36　U相同心绕组展开图

（5）绘出三相同心绕组展开图

第二相引出线 V_1 应与 U_1 相差 120°电角度，由于槽距角 $\alpha = 15°$，所以，V_1 应与 U_1 相隔 $\dfrac{120°}{15°} = 8$ 槽，V_1 应放在第 11 号槽（因 U_1 在第 3 号槽）。同理，W_1 与 V_1 相隔 $\dfrac{120°}{15°} = 8$ 槽，W_1 应放在第 19 号槽。

按照"头接头、尾接尾"的方法，将 V 相两个线圈沿电流方向连接起来，便形成 V 相绕组。同理，将 W 相两个线圈沿电流方向连接起来，便形成 W 相绕组。最终可得到图 3-37 所示的三相同心绕组展开图。

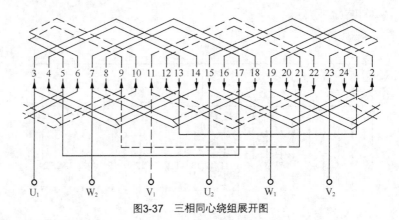

图3-37 三相同心绕组展开图

（6）单层同心绕组嵌线技巧

对照同心绕组展开图，在实际操作时，可按下述方法进行嵌线：

① 设定铁芯上某槽为 1 号，将 U 相第一组小线圈的一边（下边）嵌入 13 号槽中，另一边（上边）不嵌，紧接着将大线圈的下边嵌入 14 号槽，上边不嵌，用白布带"吊起"。

② 空出两个槽（15、16 号槽），把第二组线圈的两条边（先小后大）嵌入 17、18 号槽，另两条边"吊起"。

③ 再空出两个槽（19、20 号槽），将第三组线圈的两条边嵌入 21、22 号槽，将另两边嵌入 12、11 号槽中。

④ 按空两槽嵌两槽的规则，依次将所有线圈边嵌完，最后将第一及第二组线圈的"吊把线圈"的一边嵌入 4、3 号槽及 8、7 号槽中。

⑤ 按照"头接头、尾接尾"的方法，将 U、V、W 各相的两个线圈连接好。例如，U 相第一极相组的尾（13 号槽）与第二极相组的尾（1 号槽）相连，第一极相组的头（3 号槽）与第二极相组的头（15 号槽）引出为 U 相的头与尾（U_1、U_2）。

重点提示： 该电动机绕组的嵌线规律是"嵌 2、空 2、吊 4"。也就是说，先嵌两个线圈的一边，再空两个槽嵌两个线圈的一边，并将这四个线圈的另一边"吊起"，然后，再嵌其他线圈的两边，最后，将"吊起"的边嵌上。

3. 单层交叉链式绕组

单层交叉链式绕组主要用于每极每相槽数 q 为奇数的 4 极或 2 极三相异步电动机定子绕组中，下面以国产 Y132S-4 型三相异步电动机（4 极 36 槽）为例进行说明，国产 JOZ-31-4 型、JOZ-32-4 型、Y132M-4 型等三相异步电动机的定子绕组也采用这种单层交叉链式绕组。

（1）计算绕组数据

根据 $\tau = \dfrac{Z}{2p}$，可求出极距 $\tau = \dfrac{36}{2 \times 2} = 9$。

根据 $q = \dfrac{Z}{2pm}$，可求出每极每相槽数 $q = \dfrac{36}{2 \times 2 \times 3} = 3$。

根据 $\alpha = \dfrac{p \cdot 360°}{Z}$，可求出槽距角 $\alpha = \dfrac{2 \times 360°}{36} = 20°$。

（2）分极和分相

① 分极

如图 3-38 所示，将定子全部槽数按极数均分，则每极下分有 9 槽。磁极按 S、N、S、N 排列。

② 分相

将每个磁极（N 或 S）下的槽数按相数均分为三个相带，则每个相带占有 3 槽。因一个磁极（N 或 S）下有三个相带，则每对磁极（N 和 S）共有六个相带，将这六个相带按 U_1、W_2、V_1、U_2、W_1、V_2 的顺序排列。

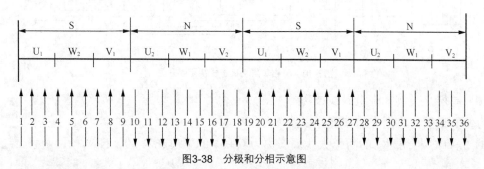

图3-38 分极和分相示意图

（3）标出电流方向

按"同一相绕组在同性磁极下的电流方向应相同，而在异性磁极下的电流方向相反"的原则进行，设 S 极下线圈边的电流方向向上，则 N 极下线圈边的电流方向向下。

（4）绘出 U 相绕组展开图

根据 U 相各相带电流方向，连接 U 相绕组，U_1 相带任何一槽线圈边与 U_2 相带任何一槽的线圈边都可组成一个线圈，但考虑到节距应尽可能短，故可将线圈边 2—10 和 3—11 组成两个连接在一起的大线圈，节距 $y1=8$；线圈边 12—19 组成一个小线圈，节距 $y2=7$；再将线圈边 20—28 和 21—29 组成两个连接在一起的大线圈，30—1 组成另一小线圈。将 U 相四个大小不同的线圈沿电流方向串联起来，便得 U 相绕组展开图，如图 3-39 所示。

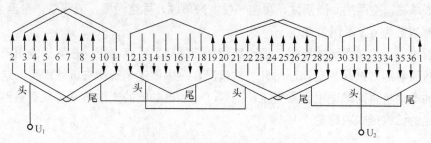

图3-39 交叉链式U相绕组展开图

从图可见，线圈间采用的是"头接头，尾接尾"的连接规律，但它又是大小线圈交叉连接，故称交叉链式绕组。

（5）绘出三相绕组展开图

V 相、W 相绕组的连接规律与 U 相相同，不过三相绕组首端 U_1、V_1、W_1（或末端 U_2、V_2、W_2）引出线应依次间隔 120° 电角度，根据每槽距角 20°，则三相首端依次间隔 120°/20°=6 槽。U 相首端 U_1 从 2 号槽引出，则 V 相首端 V_1 应从 8（即 2+6）号槽引出，W 相首端 W_1 应从 14（即

8+6）号槽引出，尾端照此类推，便得三相单层交叉链式绕组展开图，如图3-40所示。

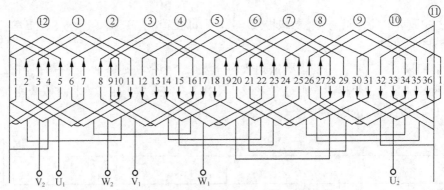

图3-40　三相单层交叉链式绕组展开图

（6）单层交叉链式绕组嵌线技巧

为便于说明，将图中的端部标以线圈号①～⑫。

① 先将 U 相线圈①的两个大线圈（称为双联）的下边嵌入 10、11 号槽，两条上边暂时"吊起"不嵌。

② 空一个槽（12 号槽），将单线圈②（单联）的下边嵌入 13 号槽，上边"吊起"不嵌。

③ 空两个槽（14、15 号槽），将双联线圈③的两条下边嵌入 16、17 号槽，并按 $y=8$ 将它的两条上边嵌入 8、9 号槽中。

④ 再空一个槽（18 号槽），将单联线圈④的下边嵌入 19 号槽，然后按小线圈节距 $y=7$ 将上边嵌入 12 号槽中。

⑤ 再空两个槽（20、21 号槽），将双联线圈⑤的两条下边嵌入 22、23 号槽，两条上边嵌入 14、15 号槽中。

⑥ 按照嵌双联线圈后空一槽，嵌单联线圈后空两槽的规则嵌下去，直至全部嵌完为止。

重点提示：该电动机绕组的嵌线规律是"嵌 2、空 1、嵌 1、空 2、吊 3"。即先嵌双联，空一槽，嵌单联，空两槽，嵌双联，再空一槽，嵌单联，再空两槽，嵌双联，直至全部嵌完。其吊把线圈边数为 q（本例为 3）。

可以看出，无论单层链式绕组、同心绕组，还是交叉链式绕组，在更换绕组前，一定要查看电动机原绕组"嵌几、空几、吊几"的情况，然后按这个规律去嵌线即可，这种方法对其他槽数的电动机也同样适用。需要说明的是，一台电动机的嵌线方法可能有多种，这是由电动机绕组的结构形式决定的。

3.3　三相异步电动机的维修与改装

3.3.1　定子绕组故障维修

定子绕组是电动机的组成部分，老化、受潮、受热、受侵蚀、异物侵入、外力的冲击都会对定子绕组造成伤害，电动机过载、欠电压、过电压、缺相运行也能引起定子绕组故障。定子绕组故障一般分为接地、短路、绝缘电阻偏低、断路、接线错误等几种情况。

1. 接地

所谓定子绕组接地，是指定子绕组与机壳直接接通。绕组接地后，会引起电流增大，绕组发热烧坏绝缘，严重时会造成相间短路，使电动机不能正常工作，还常伴有振动和响声。

绕组是否接地，可采用以下方法进行判断：

（1）用试电笔法检查：给电动机通电，用试电笔测试电动机的外壳，若试电笔氖管发亮，一般说明绕组有接地现象。

（2）用万用表法检查：将万用表旋至 R×10k 挡，把一支表笔接到电动机的外壳上，另一支表笔分别触碰三相绕组的接线端，碰触哪相绕组偏转到"0"时，说明该绕组对地短路。

（3）用绝缘电阻表法检查：将绝缘电阻表接在电动机外壳与绕组组成的电路中，测量其绝缘电阻（电动机不要通电），如图 3-41 所示。观察绝缘电阻表的示数，若示数为零，说明绕组接地；若示数大于零而小于 0.5MΩ，说明绕组受潮，将绕组烘干后再测量，观察绝缘电阻是否上升，若不上升，说明绝缘或绕组损坏。测量时，绝缘电阻表应根据电动机的电压等级来选，一般 300V 的电动机应用 500V 的绝缘电阻表。

（4）灯泡法：将隔离变压器二次侧的一端接电动机外壳，另一端经 220V、100W 灯泡分别与每相绕组的接线端相连（电动机需要通电），如图 3-42 所示。若绕组绝缘良好，则灯泡不亮；否则，灯泡亮。操作时要注意安全，防止触电。

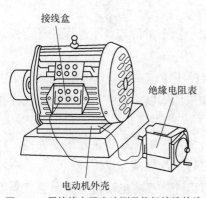

图3-41　用绝缘电阻表法测量绕组接地故障

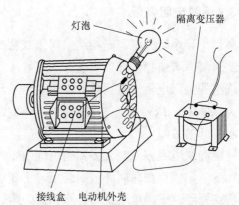

图3-42　用灯泡法测量绕组接地故障

维修时，若接地点在槽的附近，且没有严重烧损，只需在接地处的导线和铁芯之间插入绝缘材料后，涂上绝缘漆就行了，不必拆出绕组。若绕组轻微受潮，需将绕组进行预烘干（60～80℃），然后浇上绝缘漆并烘干（120℃左右），直到绕组对地绝缘电阻大于 0.5MΩ。若绕组严重受潮，绝缘因老化而脱落且接地点较多，或接点在槽内时，一般应更换绕组。

2. 短路

定子绕组短路是指绕组导线绝缘损坏，使相邻的线匝直接相通，造成电动机电流大、绕组发热等故障。若只有几匝短路，电动机还可以启动、运转，但这时电流增大，三相电流不平衡，启动力矩降低；若短路匝数过多，会烧坏电动机，不能启动。

绕组是否短路，可采用以下方法进行判断：

（1）用绝缘电阻表检查：用绝缘电阻表可检查相间是否短路。检查时，将电动机接线盒上的短路板（片）拆开，然后用绝缘电阻表测量 U、V、W 相间的电阻，若阻值很小或为零，即为短路。

（2）电阻测量法：用万用表或电桥分别测量三相绕组的电阻值并与正常电阻值相比较，电阻小的绕组有短路故障。需要注意的是，测量时，被测绕组接头的绝缘漆必须清理干净，否则会有很大误差。

重点提示：判断绕组短路故障时，为便于测量，需要打开电动机的接线盒，拆开三相绕组短接板，如图 3-43 所示。

匝间短路点易发生于绕组的端部、相邻的两个绕组之间，上下两层绕组之间，以及定子槽外的绕组部分。如绕组是因漆皮碰破造成匝间短路，或者是局部绕组因电流过大而烧焦形成短路，短路点在绕组表层，对这点故障可作局部修补。方法是：用 40%的丙

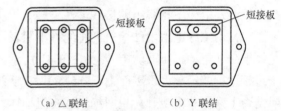

（a）△联结　　　　（b）Y联结

图3-43　拆开电动机接线盒的短接板

酮、35%的甲苯、25%的酒精混合液，涂刷在短路处，待绕组软化后，垫上绝缘材料或套上套管后再放回原处，整理绑扎后再涂以绝缘漆烘干即可。

对于有些短路故障用局部修补有困难或短路匝数较多的故障，需要进行重嵌绕组。

3. 绝缘电阻偏低

所谓绝缘电阻偏低，是指绕组对地或相间绝缘电阻小于正常值。若不进行处理而投入运行，绕组就有被击穿烧坏的可能。

绕组的绝缘电阻一般用绝缘电阻表测量。绝缘电阻的正常值，对额定电压 1kV 以下的电动机为 0.5MΩ；1kV 以上的电动机为 1MΩ（热态）。如果低于以上数值，说明电动机存在绝缘电阻偏低的故障。

绕组绝缘电阻偏低，大多数是由绕组受潮造成的，绕组受潮一般要进行干燥处理，对于绝缘轻度老化或存在薄弱环节的绕组，干燥后还要再进行一次浸漆与烘干。

重点提示：干燥电动机时，除保留必需的通风排气口外，应将电动机与周围空气隔绝起来，以减少热量损失。干燥时要用温度计测量绕组温度，升温速度一般不大于 10℃/h，绕组的最高加热温度控制在 100～110℃。在干燥过程中，每隔一定时间要测量并记录一次温度及绝缘电阻。开始时，由于绕组温度的提高及潮气的大量扩散，绝缘电阻呈下降状态，降到某最低值后，便逐渐回升，当绝缘电阻达到 5MΩ（380V 电动机）以上时，干燥即可结束。

4. 断路

定子绕组断路是指导线、连接线、引出线等断开或接线头脱落。定子绕组断路故障主要有：绕组导线断路、一相断路、并绕导线中有一根或几根断路、并联支路断路等。

绕组一相断路后，对星形连接的电动机，通电后不能自行启动，断路相电流为零；对三角形连接的电动机，虽能自行启动，但三相电流极不平衡，其中一相电流比另外两相约大 70%，且转速低于额定值。采用多根并绕或多支路并联绕组的电动机，其中一根导线断线或一条支路断路并不造成一相断路，这时用电桥可测得断股（或断支路）相的电阻比另外两相大。

单路绕组电动机断路时，可采用万用表检查。如果绕组为星形连接，可分别测量每相绕组，断路绕组表不通，如图 3-44（a）所示；若绕组为三角形连接，需将三相绕组的接头拆开再分别测量，如图 3-44（b）所示。

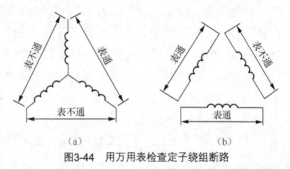

图3-44　用万用表检查定子绕组断路

对于功率较大的电动机，其绕组大多采用多根导线并绕或多路并联，有时只有一根导线或一条支路断路，这时应采用三相电流平衡法检查。若电动机绕组为 Y 连接，如图 3-45（a）所示，使其空载运行，用电流表分别测出三相空载电流，若三相电流不平衡，又无短路现象，那么电流较小的一相就是存在部分断路的一相。若绕组为△连接，如图 3-45（b）所示，可先将接头拆开一个，用电流表测各相电流，电流小的一相就是存在断路的一相。

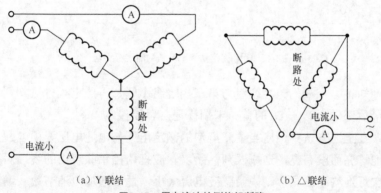

（a）Y 联结　　　　　　　　　（b）△联结

图3-45　用电流法检测绕组断路

若绕组断路发生在端部，只需将断线处的绕组适当加热软化，然后把断线焊好并包上绝缘即可；若绕组断路是由连接线头松脱或接触不良引起的，可重新焊牢，包好绝缘；若绕组断路在槽内，且断路严重，须更换绕组。

5. 接线错误

定子绕组接线错误将造成不完整的旋转磁场，致使产生启动困难、三相电流不平衡、振动剧烈、噪声大等症状，严重时若不及时处理会烧坏绕组。

一般电动机定子的绕组首、末端均引到出线板上，并采用符号 D_1、D_2、D_3（或 U_1、V_1、W_1）表示首端，D_4、D_5、D_6（或 U_2、V_2、W_2）表示末端。电动机定子绕组的六个线头可以按其铭牌上的规定连接成"Y"形或"△"形。但实际工作中，常会遇到电动机三组定子绕组引出线的标记遗失或首、末端不明的情况，此时可采用以下方法予以判定：

（1）先判断同一相绕组的两线端。用两节干电池和一小灯泡串联，一头接在定子绕组引出的任一根线头上，然后将另一头分别与其他五根线头相接触，如果接触某一引出线端时灯泡亮了，则说明与电池和灯泡相连的两根线端属于同一组。按此法再找出另外两相绕组的两根同相线端，并一一做好标记。

（2）将任意两相绕组与小灯泡三者串联成一个回路，将第三相绕组的一端串联一电池和开关，将开关合上后断开，如果灯泡发亮（根据变压器原理，串联两相绕组的瞬间感应电动势是相叠加的，所以灯泡发亮），则表明两相绕组是首末串联的，即与灯泡相连的两根线端，一根是第一相的首端 D_1，另一根线端是第二相的末端 D_5，如图 3-46（a）所示；若灯泡不亮，则说明两相串联绕组所产生的瞬间感应电动势是相减的，其大小相等、方向相反，使总感应电动势为零，故灯泡不亮。这表明与灯泡相连的两根线端都分别是两相绕组的首端 D_1 和 D_2（或者认为是末端 D_4 与 D_5 也可以），如图（b）所示，做好首、末端的标记。

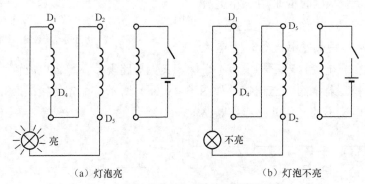

（a）灯泡亮   （b）灯泡不亮

图3-46　用小灯泡法和电池法判断绕组头尾

（3）将已判知首、末端的一相绕组与第三相绕组串联，再照上述方法判别出第三相绕组的首、末端，最后都做上 $D_1 \sim D_6$ 的首、末端标记，以便接线。

注意事项： 在上述方法中，应当注意灯泡的额定电压与电池电压要相匹配，否则会因电流太小，使灯泡该亮而没有亮，造成误判，所以，应把两相串联绕组的线端对调一下，再测试一次，若两次灯泡均不发亮，则说明感应电流太小，适当增加电池节数（增高电压）或更换一只额定电压更小的灯泡即可。

维修时，若发现接线错误，重新按正确的接线接好即可。

3.3.2　定子铁芯故障的修理

三相异步电动机的定子铁芯是电动机磁路的组成部分。为了减小铁芯的损耗，保证电动机高效、平稳地运行，定子铁芯是用 0.35～0.5mm 的硅钢片叠压而成，并有片间绝缘。大中型电动机的定子铁芯还有风道，以改善铁芯的散热，降低铁芯表面的温度。铁芯内外圆的同轴度允许误差为 0.05mm，因此冲片毛刺应在 0.05mm 以内。在组装时，硅钢片要理齐、压紧，铁芯齿部弹开度不能过大。

若电动机长期处于潮湿、有腐蚀气体的环境中，会使电动机铁芯表面锈蚀、铁芯压装扣片开焊、铁芯与机壳配合松动、铁芯冲片高低不齐等。另外，若拆卸旧绕组时没有加热软化绕组，会造成铁芯齿部弹开度过大。如果铁芯外圆不齐，会造成铁芯与机壳接触不良，影响封闭式电动机的热传导，使电动机温升过高。如果铁芯内圆不齐，有可能使定子、转子相擦。如果铁芯槽壁不齐，则会造成嵌线困难，并且容易损坏绝缘槽。另外，若铁芯压装扣片开焊，铁芯齿部弹开度过大，就相当于气隙有效长度增大，会使电动机励磁电流增加，功率因数降低，铁耗增加，温升过高。

对于表面有锈迹或毛刺的铁芯，可去除锈迹或毛刺后再浸渍绝缘漆。如果定子铁芯与机壳配合不紧，可以在机壳上增加电焊点数，或者在机壳外部向定子铁芯钻螺孔，加固定螺栓。如果铁芯齿部弹开度过大，可以用碗形压板压紧铁芯两端，并与扣片焊牢。对于内圆不齐的铁芯，可以机壳端盖止口为基准精磨铁芯内圆，但必须注意磨量，否则会使铁耗过大。若转子与定子相擦，定子铁芯严重损坏无法修理，则只能做报废处理。

3.3.3 轴承的修理

1. 轴承损坏的故障原因及现象

在小型电动机中，一般前后轴承均采用滚珠轴承；在中型电动机中，传动端采用滚柱轴承，另一端采用滚珠轴承；大型电动机中，一般采用滑动轴承。

电动机经过一段时间的使用后，会因润滑脂变质、渗漏等造成轴承磨损、间隙增大。此时轴承温度升高，运转噪声增大，严重时还可能使定子与转子互相摩擦。

2. 轴承的拆卸方法

常用的轴承拆卸方法有以下几种：

（1）用拉具拆卸

使用大小适宜的拉具，将拉具的脚爪扣在轴承的内圈上，拉具的丝杠顶点应对准轴端中心，扳转丝杠，慢慢向外拉出轴承，如图 3-47 所示。需要注意的是，拉具的脚爪不能放在轴承的外圈上，否则会损坏轴承；另外，在拉动轴承时用力要均匀，不要用力过大。

（2）用铜棒拆卸

将铜棒对准轴承的内圈，用锤子敲打铜棒，把轴承敲出，如图 3-48 所示。敲打时要沿轴承内圈四周轮流均匀地敲打，不可偏敲一边，用力不应过猛。

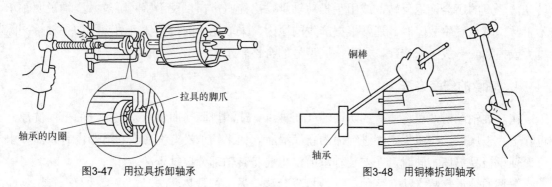

图3-47 用拉具拆卸轴承　　图3-48 用铜棒拆卸轴承

（3）放在圆筒上拆卸

如图 3-49 所示，在轴承的内圈下面用两块铁板夹住，搁在一只圆筒上面（圆筒内径略大于转子的外径），在轴的端面上垫放铝块（或铜块），对准轴中心用手锤敲打着力点；圆筒内放一些棉丝，以防轴承脱下时转子和转轴摔坏；当敲到轴承逐渐松动时，用力要减弱。

（4）加热拆卸

如果轴承装配边较紧，或者轴承因锈蚀等原因不易拆卸时，可将轴承内圈加热，使其膨胀而松脱；加热前用湿布包好转轴，防止热量扩散，用 100℃左右的机油淋浇在轴承的内圈上，再用前面介绍的方法拆卸。

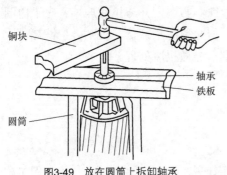

图3-49　放在圆筒上拆卸轴承

图3-50　轴承旋转检查法

3. 轴承的检查方法

（1）运行中检查

在电动机运行时，用手触摸前轴承外盖，其温度应与电动机机壳温度大致相同，无明显的温差（前轴承是电动机的载荷端，最容易损坏）。另外，也可以听电动机的声音有无异常。将旋具或听诊棒的一头顶在轴承外盖上，另一头贴到耳边，仔细听轴承滚珠或滚柱沿轴承滚道滚动的声音，正常时声音是单一、均匀的，若有异常应将轴承拆卸下来检查。

（2）拆卸后的检查

要进一步检查滚动轴承的损坏情况，应将滚动轴承从转轴上卸下来，用汽油或煤油清洗净后仔细检查。首先应察看轴承的滚动体、夹持器及内外滚道等部分是否有裂纹、划痕或锈斑等。然后按图 3-50 所示的方法，用手指捏住或支住轴承内圈，并把轴承摆平，用另一只手轻轻用力推动外钢圈，使它旋转。如果轴承良好，外钢圈应转动平稳、无杂音，转动中没有振动和明显的停滞现象，停转后外钢圈没有倒退现象。如果转动时有杂音和振动，突然停止转动，严重的还会倒退反转，或用手推动轴承发出撞击声，以及手感间隙过大，均说明轴承不正常。轴承发生故障时，通常根据产生的原因，采取相应的措施便可消除。如果轴承间隙过大或损坏，一般无法修理，须更换同型号的合格轴承。

4. 轴承的安装方法

在安装轴承前，要将原有的防锈油（新轴承）或润滑脂（旧轴承）放到汽油槽内洗净，再吹干；干燥后，按照规定加进纯净的新润滑脂。如果轴承没有洗净或润滑脂内有杂质、水分，轴承极易损坏。同时，在安装轴承前，也要将转轴部分擦拭干净。

常见的轴承安装方法有两种：一种是冷套法；另一种是热套法。

（1）冷套法

把轴承套好，对准轴颈，用一段铁管，内径略大于转轴直径、外径略小于轴承内圈的外径的铁管，一端顶在轴承内圈上，用锤敲打铁管另一端，把轴承敲进，如图 3-51 所示。

（2）热套法

将待安装的轴承放在变压器油中加热，温度为 80～100℃，加热时间为 20～40min。注意温度不能太高，时间不宜过长，以免轴承退火。加热时，轴承应放在网孔架上，不与箱底或箱壁接触，油面淹没轴承，油应能对流，使轴承加热均匀，如图 3-52 所示。

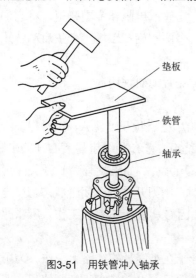

垫板
铁管
轴承

图3-51　用铁管冲入轴承

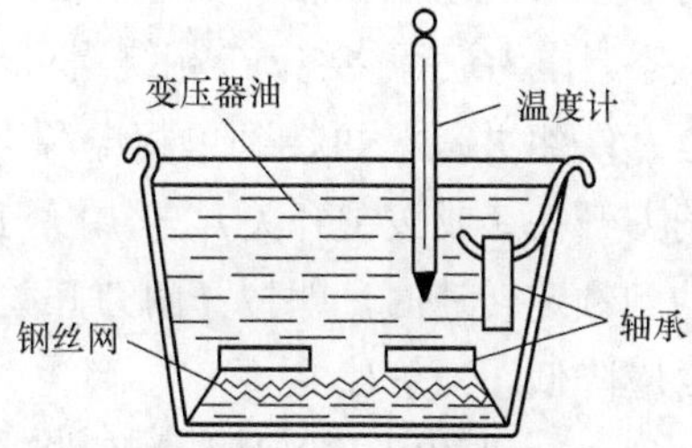

变压器油
温度计
钢丝网
轴承

图3-52　给轴承加热

热套时，要趁热迅速把轴承推到轴肩，如图 3-53 所示，如果套不进，应检查原因，如果无外因，可用套筒顶住内圈，用手锤轻轻地敲入；轴承套好后，吹去轴承内的变压器油，并擦拭干净。

5. 轴承的润滑

在轴承内、外圈里塞装的润滑脂应洁净，塞装应均匀，不要全装满，两极电动机装满 1/3～1/2 空腔容积，两极以上的电动机装满 2/3 空腔容积即可。注意润滑脂过多或过少都会引起轴承发热。因为过多时会增大滚动的阻力，产生高热，使润滑脂熔化而流入绕组；过少则会加快轴承磨损。轴承两侧的轴承

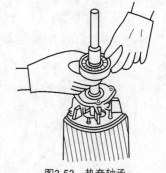

图3-53　热套轴承

盖内的润滑脂一般为盖内容积的 1/2～1/3。电动机滚动轴承中所使用的润滑脂有钙基润滑脂、钠基润滑脂、复合钙基润滑脂、锂基润滑脂等，不管采用哪种润滑脂，在加装时应拌入一定比例润滑油（俗称车油）；润滑脂与润滑油的比例，一般在 6:1～5:1。

3.3.4　三相异步电动机的改装

1. 三相异步电动机改单相使用

在某些只有单相电源的地方，可以将小功率三相异步电动机的接线方式加以改变，作为单相电动机使用。三相异步电动机做单相运行时，这时电动机本身没有启动转矩，因而需要采取适当的措施，使电动机定子形成旋转磁场，从而产生启动转矩。同时还要尽可能提高电

动机功率的利用率，并使电动机有较好的工作特性和较高的功率因数。

根据单相异步电动机的工作原理（关于单相异步电动机将在第 5 章进行介绍）可知，在空间互差 90°电角度的两套绕组中通以电流时，它们所产生的磁场轴线在空间也互差 90°电角度。如通过这两套绕组的电流也具有一定的相位差，这时就能在定子铁芯上形成一个两相旋转磁场，继而产生启动转矩，使电动机转动起来。因此，若将三相异步电动机中的任意两相绕组串接起来作为主绕组，另一相绕组串以适当的电容、电感或电阻作为副绕组，将它们接到同一单相电源上，就会和单相异步电动机一样，形成一个两相旋转磁场，产生启动转矩，使电动机启动并正常运行。

三相异步电动机改单相电动机运行有多种接法，下面进行简要说明：

（1）内改接法

对于星形绕组的三相异步电动机，将 C 相绕组的尾端从星点断开，使 A、B 两相绕组呈串联状态，作为运行绕组，C 相绕组可直接用来作为启动绕组。将 C 相绕组与离心开关串联，并与运行绕组并联，再接到单相电源上去，如图 3-54（a）所示。如果没有离心开关，可用单掷闸刀开关（或按钮开关），采用人工控制启动。启动时，闸刀开关处于闭合状态，待电动机启动到额定转速时，即拉开闸刀开关，完成启动工作。因 C 相绕组不参加工作，所以改后的容量应降低 1/3 左右。

这种电动机的电压降太大，不能满载启动，也不适合于在小容量的线路上工作。为了减小启动电流，可以在启动绕组上串联电阻，如图 3-54（b）所示。R 值应大于运行绕组（即 A 相加 B 相）阻值的 5～10 倍。

对于三角形绕组的三相异步电动机，可以将 A 相绕组两端接单相电源，用做运行绕组。将 B、C 相绕组间的接点拆开，串接入按钮开关，B、C 绕组用做启动绕组，如图 3-55 所示。

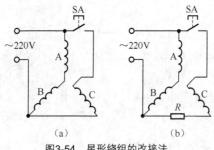

图3-54 星形绕组的改接法

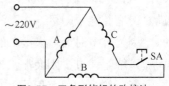

图3-55 三角形绕组的改接法

内改接法比较麻烦，实际改装中应用较少。

（2）外接电容法

外接电容法的接线方法如图 3-56 所示。

这种接线方法不需要改变三相电动机的任何结构和绕组参数，即可接在单相电源上运行。如三相电动机的连接为星形，可将电容器并联在绕组引出线的任意两个端点上（见图 3-56（a）中 2、3 两个接线端），然后将单相交流电压接至 1、2 两端。如将电源改接在 1、3 两个端点，即可改变电动机旋转方向。

对于三角形连接的三相电动机，可不改变电动机原来绕组的接线，将电容器直接并联到电动机的任意两个接线端子上，然后将单相电源的一端接在电动机未接电容器的接线端子上，单相电源的另一端接在其余两端的任意一个接线端子上，如图3-56（b）所示。改变电源线的位置由2到3，即可改变电动机的旋转方向。

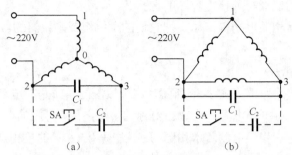

图3-56　外接电容法的接线方法

采用直接并联加入电容器的方法，不但能使电动机顺利地启动和正常的运行，而且还可以提高电路的功率因数。

在图中，电容器 C_1 的容量按下式计算：

$$C_1 = \frac{1950I}{U\cos\varphi} \quad（单位为 \mu F）$$

式中，I、U、$\cos\varphi$ 为电动机原来铭牌上的额定电流（A）、额定电压（V）及功率因数。

为了提高电动机的启动转矩，除了加接工作电容 C_1 外，最好再并入一个启动电容 C_2。C_2 的容量大小可根据电动机启动时的负载大小来选择，通常为 C_1 的1～4倍。在实际应用中，1kW以下的电动机可以不加接启动电容器，只把工作电容的容量加大一些即可。一般每0.1kW配用工作电容 6.5μF。

当电动机启动并达到额定转速时，应立即断开启动电容器，否则因电容量增大，启动力矩增大，定子会发热，甚至烧坏电动机。

经此改接后的电动机容量，约为原功率的 55%～90%，具体容量大小与电动机本身的功率因数有关。

（3）拉开式电容移相

拉开式电容移相的接线原理如图 3-57 所示。

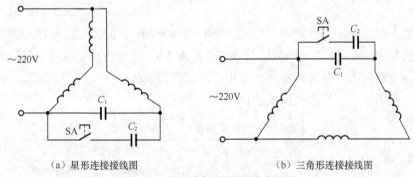

（a）星形连接接线图　　　　　　（b）三角形连接接线图

图3-57　拉开式电容移相的接线原理

拉开式电容移相是将三相电动机绕组中的任意两相串联起来，作为主绕组，另一相串以适当的电容（也可是电阻或电感，一般以电容为好）作为副绕组，将它们并联后接到单相电源上。为了提高电动机的启动转矩，可在工作电容的两端并联一个带有开关的启动电容器 C_2，当电动机启动至接近额定转速时，应立即断开开关，将电容器 C_2 切除，仅留下电容器 C_1 参与运行。电容器容量的选择与外接电容法的选择相同。

对于拉开式电容移相的电动机，如果把它们的主绕组或副绕组的线端对调，就可改变电动机的转向。

（4）电感电容移相法

电感电容移相法接线原理如图3-58所示。这种接法的实质是在电动机的外面通过电感 L 和电容 C 的移相作用，将单相电源变为三相对称的电源之后，再施加在三相电动机上。因此，电动机的运转原理就与三相供电制基本相同，只不过是用 220V 的单相电源替代了 380V 的三相对称电源而已。

此外，电感电容移相法还可用于 380V 的两相电源。合理地选择电感 L 和电容 C 的参数，可相应提高电动机的效率和功率因数。

2. 三相电动机改发电机

应用三相异步电动机和电容相接可以用来发电，接线图如图3-59所示。三相电动机的三个绕组无论是星形连接还是三角形连接，在它的三个引线端，两两之间接入三只相同的电容器，然后用柴油机、水轮机做动力拖动这台电动机，当达到额定转速时，引线端电压会升至电动机运转的原额定电压。

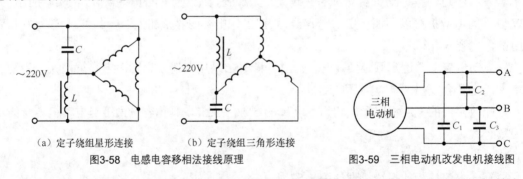

（a）定子绕组星形连接　（b）定子绕组三角形连接

图3-58　电感电容移相法接线原理

图3-59　三相电动机改发电机接线图

实验表明，用三相电动机发电主要用于照明、广播等电阻性负载，不宜带电焊机等电感性负载。

根据经验，额定电压为 380V、转速为 750～1500r/min 的异步电动机改做发电机时，空载和满载时所需的三相总电容量 $C=C_1+C_2+C_3$，见表3-8。发出三相交流电的稳定性取决于负载是否稳定和发电机的转速是否稳定。使用时，三相负载的对称与否对电压无影响，为安全稳定起见，负载的总值不应超过原电动机功率值的80%。

表 3-8　　　　　　　　　三相电动机发电时需接的三相总电容量

发电机容量（kW）	空载电容量（μF）	满载电容量（μF）	
		阻性负载（$\cos\phi=1$）	感性负载（$\cos\phi=0.8$）
1	16	20	32
5	60	75	138
7	74	98	182
10	92	130	25

电容器 C_1、C_2、C_3 的耐压值应高于原电动机的额定电压，若额定电压为 220V，电容耐压应为 400V 左右；若额定电压为 380V，电容耐压应为 600V 左右。

应用上述电路发电时应注意两点：一是转子要有剩磁，若用新电动机或停用已久的电动机发电，可用干电池向任何一相绕组通电一下即可；二是不要带负载启动，因为这样会使励磁电流的建立更加困难。

3.4　三相异步电动机绕组的重绕

3.4.1　重绕前的准备工作

绕组重绕前，需要准备的工作有以下几项。

1. 记录电动机原始数据

绕组重绕前，需详细记录电动机有关数据，否则，会给重换新绕组造成困难。电动机的原始数据包括铭牌数据、定子铁芯数据和绕组数据等。

（1）铭牌数据

铭牌提供了电动机的额定功率、额定电压、额定电流和转速等基本数据，以及电动机的型号、连接和绝缘等级等内容，因此，应认真记录下来。若不涉及铭牌损坏处理，这些数据也可以不记，需要时直接查取。

（2）定子铁芯数据

定子铁芯数据包括定子铁芯内径、外径，定子铁芯长度，定子铁芯槽数，定子铁芯槽尺寸（如图 3-60 所示）等。

（3）绕组尺寸

在绕组拆下前，应先记下绕组端部伸出铁芯的长度，如图 3-61 所示，并保留一个较完整的线圈，根据线圈的形式，测量、记录线圈各部分尺寸，最后，还应称出拆下绕组的全部质量，以备重绕时参考。

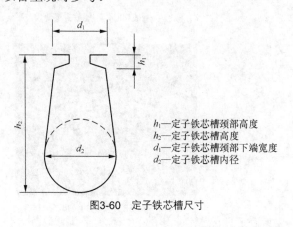

h_1—定子铁芯槽颈部高度
h_2—定子铁芯槽高度
d_1—定子铁芯槽颈部下端宽度
d_2—定子铁芯槽内径

图3-60　定子铁芯槽尺寸

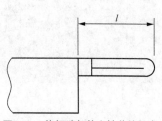

图3-61　绕组端部伸出铁芯的长度

2. 拆除旧绕组

在电动机的生产和维修过程中，绕组经过浸漆、烘干后，已成为一个质地坚硬的整体，拆除比较困难。通常对旧绕组的拆除可采用冷拆、热拆、溶剂溶解等几种方法。冷拆和溶剂溶解法可保护铁芯的电磁性能不变，但拆线比较困难。热拆法较为容易，但在一定程度上会破坏铁芯绝缘，影响电磁性能。

（1）通电加热法

拆开绕组端部的连接线，在一个极相组内通入单相低电压、大电流（可用变压器或电焊机做电源）进行加热，当绝缘软化、绕组开始冒烟后，切断电源，迅速退出槽楔，拆除绕组。这种方法适用于大、中型电动机。但如果绕组中有断路或短路的线圈，则不能应用此法。

（2）热烘法

用电烘箱对定子加热，温度控制在 100℃左右，一般需通电 1h 左右，待绝缘软化后，趁热拆除旧绕组。

需要说明的是，拆卸时不要用火烧，因为这样容易破坏铁芯的绝缘，使电磁性能下降。

（3）溶剂溶解法

溶剂溶解法适用于一般小型电动机和微型电动机绕组的拆除，对于普通小型电动机，可把定子绕组浸入 9%的氢氧化钠溶液中，浸泡 2～3h 后取出，用清水冲净，抽出线圈即可。拆除绝缘漆未老化的 0.5kW 以下的电动机时，可用丙酮 25%、酒精 20%、苯 55%配成的溶剂浸泡，待绝缘物软化后拆除旧绕组。对于 3kW 以下的小型电动机，为了节约，也可用丙酮 50%、甲苯 45%、石蜡 5%配成的溶液刷浸绕组，使绝缘软化后拆除旧绕组。由于这种溶剂有毒且易挥发，使用时应注意保护人身安全。

（4）冷拆法

冷拆法适用于全部烧坏或槽满率不高的电动机，在日常维修时应用最多，下面重点介绍。

拆卸时，需要用不同规格的錾子和手锤，拆卸大的电动机需要比较大的錾子，拆卸小型的电动机需要小型的錾子，如图 3-62 所示。

拆卸时，先用錾子錾切线圈一端绕组，一般选择有接线一边的绕组进行拆除。錾切时，应注意錾子的放置角度，不能放置得过陡，以防损坏定子铁芯；也不可太平，易使錾切的线端不平整，给冲线带来困难，如图 3-63 所示。

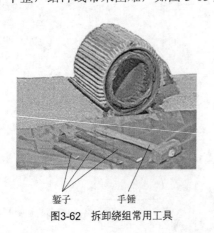

图3-62 拆卸绕组常用工具

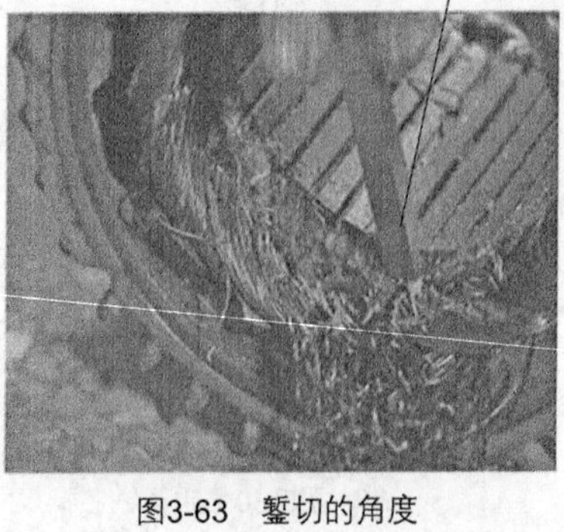

錾切时，不能放置过陡或过平

图3-63 錾切的角度

鏨切后的定子绕组鏨切面如图 3-64 所示，对于鏨切不平整的地方，应加以清理。

鏨切好之后，就可以进行冲线了。冲线时需要根据线槽的形状来选择冲子，线槽有圆形和矩形两种，对于圆形线槽，需要选择圆形冲子；对于矩形线槽，需要选择方形冲子。选择好冲子之后，用锤头对准鏨切面锤击冲子。冲线时，不要急于一次性拆卸某槽的线圈，应该依次地循环，逐步冲出线圈，操作方法如图 3-65 所示。

图3-64　鏨切后的定子绕组鏨切面

图3-65　冲线圈

在冲线圈的过程中，不可用力过猛，以免损坏槽口或使铁芯翘起，另外，还应保留一个完整的旧线圈，作为绕制新线圈时的样品，冲出全部线圈的定子铁芯如图 3-66 所示。

在绕组拆完后，在线槽里面有一些残留物，需要对它进行清理，如果不进行清理，会给下面的嵌线带来麻烦，而且也会影响电动机的绝缘性能。清理电动机定子槽常用的工具是钢丝刷、清槽片、砂布等。选择这些工具时应根据定子槽的大小来决定，比较大的定子槽应选择比较大的钢丝刷，比较小的定子槽应选择比较小的钢丝刷。然后，将钢丝刷插入定子槽中，上下插动，依次将所有定子槽中的残留物、铜线、漆锈斑等清除干净，如图 3-67 所示。在清理时还要注意检查铁芯硅钢片是否受损。若有缺口、弯片时，应予以修整。

图3-66　冲出全部线圈的定子铁芯

图3-67　清理定子槽

3. 准备漆包线

从拆下的旧绕组中剪取一段未损坏的铜线，放到火上烧一下，将外圈的绝缘皮擦除，并将其拉直，然后，就可以利用螺旋测微仪进行测量了，如图 3-68 所示。

在选择漆包线时，应尽可能地选择与原漆包线直径大小相等或稍大一点的导线。测量新漆包线直径与上述方法相同，即将新漆包线的绝缘漆用火烧一下，再用螺旋测微仪测量。

当选择不到与原来一样的漆包线时，就需要对原来的漆包线进行替换。为了不影响电动机原有性能，替换时，可用两根较细的导线代替原来的一根导线，并使两根细导线的截面积之和与原导线的截面积相等，但在实际应用过程中，不可能绝对相等。为了保持电动机的性能不产生明显的变化，最好是两根细导线的总截面积比原导线的截面积略大。绕线时最好先绕一组嵌线试一试，不能让槽满率比原装的大得多。所选用的两根导线直径应尽量相近，不要一根过粗，另一根过细。导线相差太大，会由于各根导线电阻不对称而造成电流密度不平衡，引起绕组过热。

4. 选择模具

（1）确定绕线模尺寸

线圈的大小对嵌线的质量与电动机性能关系很大，线圈绕得过小，则不好嵌线，不便于端部整形；线圈绕得过大，则浪费材料，增加成本，修理后的端部太长顶住外壳端盖，影响绝缘。而线圈的大小完全是由绕线模的尺寸决定的。因此，一定要认真设计绕线模的尺寸。由于国家对各系列电动机线模数均作了统一的规定，因此，维修人员只需查阅有关资料，参照数据制作即可。

如果手头没有资料，可根据拆下来的旧线圈制作线模，但应注意旧线圈存在着内圈匝与外圈匝的误差，最好选用内圈匝作为标准尺寸。制作的方法是：将线圈放在线模板上，用铅笔顺着线圈的内圈画出一个椭圆，然后，根据画出的椭圆即可制作成所需的线模，如图3-69所示。

测量铜线线径

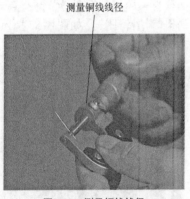

用铅笔顺线圈内圈画出一个椭圆

图3-68　测量铜线线径　　　　　　　　图3-69　制作线模

在取得一定经验后也可以取一根新漆包线，按绕组的组合形式，在铁芯上绕一匝，便是线模的周长了。为了使制作精确一些，可用下面的方法来计算。

菱形模的计算

菱形模如图3-70所示。设定子铁芯内径为 D_i（单位为 mm），线圈节距为 y（单位为槽），定子槽为 Z（单位为槽），铁芯长度为 h（单位为 mm），则：

模宽

$$A = \frac{\pi D_i y}{Z}$$

模直线长度　　　　　　　　　　　　　　$L=h+2a$

式中的 a 为线圈直线部分伸出铁芯的单边长度，对于中心高在 132～250mm 的电动机，a 可取 10～15mm；对于中心高在 132mm 以上的电动机，a 可取 15～20mm。

模斜边长　　　　　　　　　　　　　　$C=\dfrac{A}{t}$

式中的 t 为经验因数，对于 2 极电动机，t 可取 1.49；对于 4 极电动机，t 可取 1.53；对于 6 极电动机和 8 极电动机，t 可取 1.58。

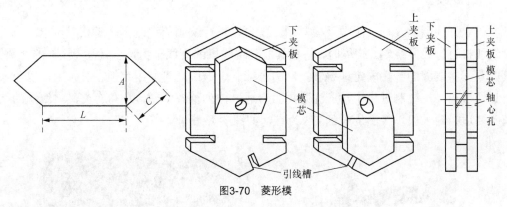

图3-70　菱形模

腰圆形模的计算

腰圆形模如图 3-71 所示。

模宽　　　　　　　　　　　　　　　　$A=\dfrac{\pi D_{i} y}{Z}$

模直线长度　　　　　　　　　　　　　$L=h+2a$

圆弧半径　　　　　　　　　　　　　　$R=\dfrac{A}{t}$

式中的 t 为经验因数，对于同心式绕组，t 可取 2.0；对于交叉式绕组，t 可取 1.8；对于链式绕组，t 可取 1.6。

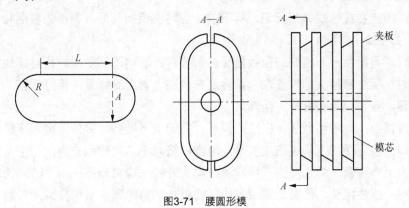

图3-71　腰圆形模

（2）绕线模的制作与选择

模芯做成后，通常在其轴心处倾斜地锯开，半块固定在上夹板，半块固定在下夹板，以使绕成的线圈易于脱模。为便于取下线圈，通常将模芯的外周设计为有一定的斜度。

夹板和模芯是一个隔一个组合起来的，最外面都是夹板，靠中心的轴孔穿入螺钉或绕线机的螺杆，用螺母拧紧而固定。夹板上还要开一些槽，用来通过两线圈之间连线的跨接线或用来埋放绑扎带。在组装绕线模时一定要注意到这些槽的作用及其走向。

常用的模具除了菱形模具和腰圆形模具外，还有活动模具，如图 3-72 所示。活动模具的模芯中穿有两个长螺钉，这两个螺钉可以独立在夹板的两个直孔中移动，调节线模的周长，当位置调整好后将两个螺钉拧紧。可见，活动模具绕制线圈比较方便。

5. 绕制线圈

在确定好线圈的线径、匝数及模具后，就可以进行线圈的绕制了。三相异步电动机一般采用绕线机进行线圈绕制。绕线时，将模具放到绕线机的绕线轴上，并调整绕线机的计数器，使其归零。将线圈的一端固定在绕轴上，另一端套上一段套管，用手抓在套管上，以免在绕线时划伤手指，在绕制过程中，应注意用力合适，排列整齐紧密，不得有交叉，线圈的始末端留头要适当，一般以线圈周长的 1/3 为宜，如图 3-73 所示。

图3-72　活动模具

左手抓住套管　　　　右手摇手柄

图3-73　绕制线圈

注意事项：在绕制过程中，应注意以下几个问题。

在绕制同心式绕组时，应从小绕组绕起。

绕好的绕组应在首尾端做好标记，拆下前，应将绕组捆扎好（需事先将捆扎带放到模具的模芯上），如图 3-74 所示。

在绕制时，需要看一下绕制的匝数是否达到要求，若达不到要求，再继续绕制，若遇到导线需接头时，要注意接头的位置，一定要放在端部，套上绝缘管，接好焊牢，多根并绕的导线接头位置，应当相互错开一定距离。

在绕制过程中，如不慎断线，应立即停绕，并记录下圈数，并按下列顺序接好断头：拿住线头的线端，在酒精灯上烧去表皮漆膜，用细砂纸或小刀轻轻刮去炭灰，把两线头扭紧连接在一起，涂上焊锡膏，焊上焊锡。焊牢后在焊头处衬一块黄蜡布，用手转动绕线模一周，再折起黄蜡布，盖住接头，使第二圈漆包线压住折起的黄蜡布，然后拉紧漆包线，继续绕制未绕完的圈数，也可以在接线头之前，先套上一段蜡管，待线头焊好后把蜡管套住接头。

绕完后，退出模具，将绕制好的线圈按顺序放好，以方便使用。图 3-75 所示为绕制好的线圈。

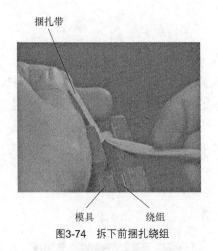

捆扎带

模具　　　　　绕组

图3-74　拆下前捆扎绕组　　　　　　　　　　图3-75　绕制好的线圈

6. 准备绝缘材料和制作槽楔

（1）准备绝缘材料

电动机所用的绝缘材料应根据电动机的工作温度来确定，一般有绝缘纸和绝缘套管两种。剪切绝缘纸时，要根据铁芯的长度来进行。一般情况下，要求绝缘纸的长度比铁芯的长度长约 20～30mm，绝缘纸的宽度大约为铁芯槽高度的 3～4 倍。对于双层绕组，在上下层之间要垫以层间绝缘，层间绝缘的长度要比铁芯长 20～30mm，而宽度则要比槽宽 5mm 左右。绕组端部相与相之间也要垫一层相间绝缘，以防止发生相间击穿。

（2）槽楔的制作

槽楔是用来压住槽内导线，防止绝缘和导线松动的，一般用竹、玻璃层布板做材料，横截面成梯形。槽楔的形状和大小要与槽口内侧相吻合，长度一般比槽绝缘短 2～3mm，厚度为 3mm 左右，底面要削薄且成斜口状，以利于插入线槽，以免损坏槽绝缘。

3.4.2　绕组的重嵌

线圈绕完以后，开始嵌线工作，嵌线是拆换电动机绕组的关键步骤之一，嵌线质量的好坏，将直接影响电动机的电气性能和使用寿命。一般电动机的嵌线工艺流程是：准备嵌线工具→放置槽绝缘纸→嵌线→放置相间绝缘和端部整形。

1. 准备嵌线工具

在嵌线前，除按前面讲的方法准备好槽绝缘、层间绝缘、端部绝缘、盖槽绝缘及槽楔外，还应准备好嵌线工具：压线板、划线板、剪刀、打板及橡皮锤等。划线板的作用是将漆包线顺利地下到定子槽中；压线板的作用是使已经下到定子槽中的漆包线下整齐，选择压线板时，应该根据定子槽的大小来选择；剪刀的作用是将多余的绝缘纸剪掉；打板一般用一块长的方木制作；打板一般和橡皮锤配合使用，其作用是将线圈的两端整理整齐。

2. 放置槽绝缘纸

将剪好的绝缘纸放到定子槽中，如图 3-76 所示。

3. 嵌线

嵌线是一项细致的工作，须小心谨慎，其关键是保证绕组的位置和次序的正确，以及良好的绝缘性。为了防止嵌线时发生错误，习惯上把定子机座有出线扎的一侧放在操作者的右边。

（1）嵌线时，首先拿一只线圈，将线圈的引线套上一只套管，并打个折，防止漆包线头弹回伤人。然后，将线圈的一边的扎线取下，用右手把线圈一边捏扁，用左手捏住线圈的一端向相反方向扭转，使线圈的槽外部分略带绞形，一是防止线圈松散，二是嵌放时比较方便，如图 3-77 所示。

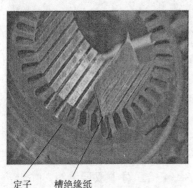

定子　槽绝缘纸
图3-76　将剪好的绝缘纸放到定子槽中

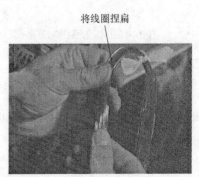

将线圈捏扁
图3-77　将线圈捏扁

（2）将线圈捏扁后，放在定子槽口的绝缘纸中间，左手捏住线圈朝里拉入槽内，左右手要配合好进行操作，如图 3-78 所示。

（3）如果线圈边捏造得好，一次即可把大部分线拉入槽内，剩余少数导线分成几部分用手指按入或用划线板划入槽内，一次划入根数不要太多。

（4）导线全部入槽后应顺着槽向来回拉动几次，然后用压线板来回按压导线，使槽内的导线平整。导线进槽时不能相互交叉错乱，线圈两端槽外部分虽然略带扭绞形，但槽内部分一定要整齐平行。否则，不仅会影响导线的全部嵌入，而且还会造成导线绝缘的损坏。嵌线时还应注意勿将槽内绝缘纸偏移到一侧或是绝缘端部被挤压折断，防止导线与铁芯相碰。

（5）用剪刀将高出定子槽口 1～2mm 的多余绝缘纸剪去，注意不要剪断导线，如图 3-79 所示。

线圈　槽绝缘纸
图3-78　将线圈放入定子槽内

高出的　剪刀
槽绝缘纸
图3-79　用剪刀剪去多余的绝缘纸

（6）用划线板将槽绝缘纸两边向槽内对折，包好线圈，如图 3-80 所示。

（7）一只手用划线板按住线圈，同时，另一只手用准备好的槽楔从槽的一端插进槽里，压住导线和绝缘纸，如图 3-81 所示。

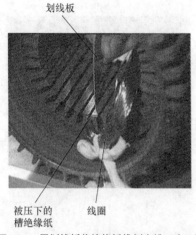

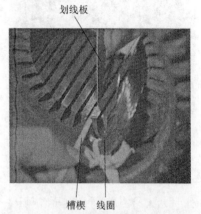

图3-80　用划线板将绝缘纸推倒在槽口内压平　　　图3-81　用准备好的槽楔从槽的一端插进槽里

（8）下好一个槽的线圈，如图 3-82 所示，注意嵌放的方向要正确。

（9）用同样的方法再将线圈下到另一个槽中，如图 3-83 所示。

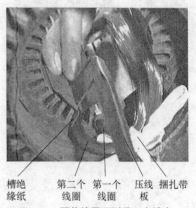

图3-82　下好一个槽的线圈　　　　　　　图3-83　再将线圈下到另一个槽中

（10）嵌好两个线圈的效果，如图 3-84 所示。

（11）在嵌放线圈时，还需要考虑"吊把线圈"的问题。关于"吊把线圈"，我们在前面.已做了详细说明，这里不再重复。对于本例，该电动机为 36 槽 6 极电动机，采用单层链式绕组，根据计算可知（计算方法可考虑前面内容），其嵌线规律为"嵌 1、空 1、吊 2"，"吊把线圈"为两个。因此，在嵌放好两个线圈的一边后，需要将这两个线圈的另一边"吊起"，如图 3-85 所示，直到全部线圈都嵌入槽中时，才能将"吊起"的线圈的边放下。

（12）前两个线圈嵌放好后，再开始嵌放第三个线圈，嵌放时，第三个线圈不用"吊把"，需要将两个边都嵌入槽内，嵌好后，加入槽楔，如图 3-86 所示。

（13）全部线圈嵌放完成后，再将"吊把线圈"的捆扎带解开，如图 3-87 所示，把"吊把"边嵌入到定子槽中，其嵌放的方法与嵌放其他线圈相同。

槽楔

槽绝 第二个 第一个 捆扎带
缘纸 线圈 线圈

图3-84 嵌好两个线圈的效果图

将两个线圈的另一边"吊起"

图3-85 "吊起"两个线圈的另一边

前两个线圈的吊把线圈

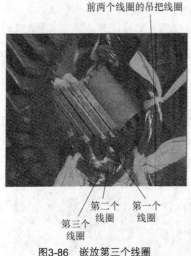

第二个 第一个
  线圈 线圈
第三个
线圈

图3-86 嵌放第三个线圈

吊把线圈的捆扎带

吊把线圈

图3-87 解开吊把线圈的捆扎带

（14）吊把线圈嵌放完成后，再把绕组的捆扎带解开，如图 3-88 所示。

（15）嵌好线圈的电动机定子如图 3-89 所示。

绕组捆扎带

图3-88 解开绕组的捆扎带

嵌好的线圈 定子

图3-89 嵌好线圈的电动机定子

4. 放置相间绝缘与端部整形

（1）绕组全部嵌放好后，为防止绕组在端部产生短路，应在每个极相绕组之间加入长条状的相间绝缘纸，进行绝缘处理，如图 3-90 所示。极相组间绝缘纸与槽绝缘纸相同，一般采用薄膜型绝缘纸，放置时，位置要合适，应能起到相间绝缘的作用。

（2）相间绝缘纸放置好后，剪去多余的相绝缘纸，根据绕组端部的形状，剪切成形，如图 3-91 所示。剪切时，应注意不可剪断线圈导线。

图3-90　加入相间绝缘纸

图3-91　剪去多余的相绝缘纸

（3）全部相间绝缘纸剪切后的效果如图 3-92 所示。

（4）剪切好相间绝缘纸后，需要对绕组端部进行整形。整形时，将木块或木棍作为垫板，放到线圈端部，用橡皮锤或木槌轻轻敲打，如图 3-93 所示。

图3-92　相间绝缘纸剪切后的效果

图3-93　对线圈端部进行整形

注意事项：整形时注意以下三点：一是不要使线圈的端部与定子铁芯外壳相碰，以免造成线圈短路；二是使线圈内径大于定子铁芯的内径，以免使转子和线圈相触；三是向下按压线圈端部，防止线圈端部与电动机端盖相触。整形后的线圈端部应排列整齐，向外成喇叭口状，注意喇叭口的大小要适宜，以保证运行时通风良好，最后再检查一下相间绝缘，如有损坏应及时给予修补。

5. 接线与焊接

（1）接线前弄清电动机的并联支路数、连接及出线方向，确定出线位置，然后整理好线圈接头，留足所需的引线长度，再将多余部分剪去。用刮漆刀刮去线头上的绝缘漆，将绝缘套管套在引线上，如图 3-94 所示。

（2）套上绝缘管后，再将两线圈的出线头进行连接（绞合），如图 3-95 所示，连接时，按照"头接头、尾接尾"的方法进行。需要注意的是，连接时一定要仔细，以免以后产生不必要的麻烦。

绝缘套管　线圈导线
图3-94　套上绝缘套管

线圈出线头　连接的部位　另一线圈出线头

绝缘套管
图3-95　连接线圈出线头

（3）所有线圈的出线头套上绝缘管并连接好后，应将连接部位进行焊接，若线头仅是绞合而不焊接，在长期高温下接触面易氧化，使接触电阻变大，电流通过时就会产生高温，加速该处氧化，使接触电阻更大，这样恶性循环，久而久之，必然会烧坏接头。因此，导线的接头必须进行焊接，才能保证电动机不因线圈接头损坏而影响整机工作。焊接时，在下部要垫一张绝缘纸，以防焊锡掉在绕组上造成短路，如图 3-96 所示。

注意事项： 在焊接中，锡焊因其操作方便，接点牢固，导电性好而应用最广。在锡焊时，电烙铁不可过热，否则会造成过热氧化而搪不上锡。

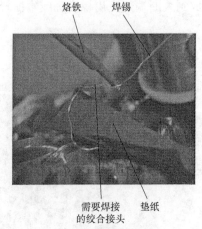

烙铁　焊锡

需要焊接　垫纸
的绞合接头
图3-96　焊接出线头

另外，对于漆包线比较粗的电动机，一般采用氧焊的方法。这种焊接方法最大的优点是焊接时不需要刮漆包线的绝缘皮。焊接时，要控制好火力，防止火苗烧坏绕组。

（4）出线头焊好并冷却后，用套管将焊接点套上，如图 3-97 所示。

（5）焊接外引线（共六根，通过出线孔接到接线盒）时，应注意外引线的位置和长度，应尽量靠近接线盒，以方便接线，如图 3-98 所示。连线焊好后，从电动机的出线孔将三相绕组的三个头和三个尾引出。

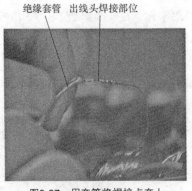

绝缘套管　出线头焊接部位

图3-97　用套管将焊接点套上

绝缘套管　　　　出线孔

外引线（共六根）

图3-98　焊接外引线

6. 扎线

（1）焊接后，应用绑扎带把连接线等一并绑扎在绕组端部，穿扎时应将顶端线匝带上几根，使绕组端部形成一个紧密的整体。绑扎时，应尽量使外引线的接头免受拉力，如图 3-99 所示。

（2）用同样的方法，将端部全部包扎完毕，如图 3-100 所示。

绑扎带

图3-99　扎线

图3-100　包扎整个绕组端部

3.4.3　重嵌后的浸漆与烘干

绕组重嵌后，要对定子绕组进行浸漆和烘干处理，其目的有以下几点。

（1）提高绕组的耐潮性。目前所采用的槽绝缘，如青壳纸复合绝缘，在潮湿的空气中会不同程度地吸收潮气，从而使绝缘性能变坏。绝缘材料经过浸漆烘干处理后，能够将吸潮的毛孔塞满，在表面形成光滑的漆膜，可起到密封的作用，从而提高防潮的能力。

（2）延缓老化速度，提高导热性及散热效果。电动机工作时要产生热量，大部分是经槽绝缘传给铁芯的，再经过铁芯传导给机壳，最后由散热片经风扇吹冷散发出去。由于绝缘体传导热量的能力比空气大得多，经过绝缘处理后，可使槽绝缘和导线间的隙缝内充满了绝缘漆，大大改善电动机的散热条件，从而降低老化的速度。

（3）提高机械性能。由于导体通过电流时会产生电动力，尤其是笼型异步电动机，在启动时电流很大，导线会产生强烈的振动，时间长了导线绝缘可能被摩擦破损，将有可能产生短路和接地等故障。经浸漆处理后，可使松散的导线胶合为一股结实的整体，加固了端部的机械强度，使导线不能振动。

（4）提高化学稳定性。经过浸漆处理后，漆膜能防止绝缘材料与有害化学介质接触而损害绝缘性能，以及提高绕组防霉、防电晕、防油污等能力。

（5）保护绕组的端部。经过浸漆之后，电动机绕组的端部比较光滑，使外表的杂物不能进入端部的内部，便于维修。

浸漆和烘干分为以下几个步骤。

图3-101　烤箱

1. 预烘

预烘的目的是把绕组间隙及绝缘内部的潮气烘出来，同时预热工件，以便浸漆时漆有较好的流动性和渗透性。预烘的方法是将定子放到烤箱（如图 3-101 所示）中，按照预设的温度进行加热，预烘温度要逐渐增加，如果加热太快，绕组内外温差大，在表面水分蒸发时，有一部分潮气将往绕组内部扩散，影响预烘效果，一般温升速度以不大于 20～30℃/h 为宜。预烘的温度，A 级绝缘保持在 105～115℃，E 级与 B 级绝缘保持在 115～125℃，时间一般为 4～7h。烘干后的绕组绝缘电阻达到 30～50MΩ后，就可以进行第一次浸漆了。

2. 第一次浸漆

预烘后绕组要冷却到 60～80℃才能浸漆。因为如果绕组温度过高，会使绝缘漆快速挥发，在绕组表面形成漆膜，阻碍后面进入的漆浸透绕组；如果绕组温度过低，又会吸入潮气，而且这时绝缘黏度大，流动性和渗透能力都差，不易渗透。

浸漆时，应根据被浸电动机的绝缘耐热等级、是否要耐油等条件，选择相应的绝缘漆。常用的绝缘漆可分为黑漆（沥青漆）和清漆两大类。建议选用国产 1032 醇酸绝缘漆。这种漆的特点是：漆膜平滑光泽，有良好的耐油性、耐电弧性，内层附着力较好，适用于浸渍 E、B 级电动机及电器线圈。若黏度过稠，加稀释剂、甲苯或二甲苯稀释即可。

根据电动机大小和电动机数量，浸漆时可采用以下方法：

（1）浇漆

浇漆在日常维修中应用最多。浇漆时，将电动机垂直放在漆盘上，用漆壶浇绕组的一端，经过 20～30min，将电动机倒过来浇另一端，一直将电动机浇透为止，如图 3-102 所示。

（2）沉浸

当维修量较大时，可采用沉浸的方法。沉浸时，将电动机吊浸到漆罐中，漆面高于绕组约 20cm，直到不冒气泡为止。

3. 第一次滴漆

取出定子绕组后，在常温下放置 30min，滴去多余的漆（可回收再用）。

4. 第一次烘干

烘干的目的是使漆中的溶剂和水分挥发掉，使绕组表面形成较坚固的漆膜。常用的烘干方法有以下几种。

（1）烤箱烘干法

如果不考虑价格因素，采用烤箱进行烘烤是最好的一种方法。烤箱具有烘烤方便，温度可控等优点，如果选用较大的烤箱，还可以同时烘干多台电动机。采用烤箱进行第一次烘干的方法是：打开箱门，将待烘的电动机放入烤箱，关上箱门，先将箱内温度调到 60℃，烤干 4h，再根据要求，调整好烤箱的温度（烘干时 A 级绝缘温度控制在 115～125℃，E、B 级绝缘温度控制在 125～135℃），烤干 5h。烤干后测量定子绕组的热态绝缘电阻，稳定在 3MΩ 以上时，烘干结束。

（2）灯泡烘干法

灯泡烘干法工艺、设备简单方便，耗电少，适于小型电动机，也是日常维修中常用的方法。具体操作过程是：将电动机定子竖放，把灯泡放在定子绕组中间的位置，如图 3-103 所示。灯泡可选用红外灯泡或普通的白炽灯泡。烘干时，注意用温度计监测定子内的温度，不得超过规定的温度，灯泡也不要过于靠近绕组，以免烤焦。

图3-102　浇漆

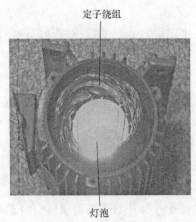

图3-103　采用灯泡烘干法

（3）煤炉干燥法

将定子放于两条板凳中间，在定子下面放一只煤炉，煤炉上用薄铁板隔开间接加热，定子上端放一只端盖，再用麻袋覆盖保温。调节电动机与煤炉的距离，就可以改变干燥的温度。在干燥过程中要注意防火。

（4）电炉干燥法

将定子架空放于一个较大铁桶中间，铁桶上盖上铁板并留有通风口，将电炉放在铁桶中间地面上通电加热。铁桶用砖头垫起，调整垫起的高度可调节温度。用此法干燥时，如果铁桶较小，要注意防止温度过高。

（5）电流烘干法

将定子绕组接在低压电源上，靠绕组自身发热进行干燥。烘干过程中，须经常监测绕组温度，若温度过高要暂时停止通电，以调节温度；还要不断测量电动机的绝缘电阻，符合要求后就停止通电。

5. 第二次浸漆

第二次浸漆的目的是增加漆膜厚度，提高绕组的防潮能力。定子绕组冷却到 60～70℃时，即可进行第二次浸漆。漆的黏度要略高些，浸漆时间可短些，10～15min 即可，时间过长会将已形成的漆膜熔坏。

6. 第二次滴漆

取出定子绕组后，常温下放置 30min 以上，滴去多余的漆。

7. 第二次烘干

烘干时 A 级绝缘温度控制在 115～125℃，E、B 级绝缘温度控制在 125～135℃，时间在 10h 以上。烘干过程中，每隔 1h 用绝缘电阻表测量一次绝缘电阻，若连续三次测出的数值基本不变，即可停止烘干。

3.4.4　重绕后的检验

为了确保电动机的重绕质量，使电动机达到技术标准，在对电动机进行重绕后，必须进行检验。三相异步电动机的重绕试验的项目主要有测定绝缘电阻、测定直流电阻、耐压试验、空载试验等。一般重绕后只要做以上试验就可以了，但对于工作环境恶劣或关键设备所用的电动机，还需做匝间绝缘试验和短路试验。

1. 检验前的准备

在试验前，要将电动机擦拭干净，组装好各部件，检查电动机的接线是否与铭牌相符，前后端盖的螺钉或螺栓是否拧紧，转子转动是否灵活，机轴有无窜动或跳动情况，风扇是否与风罩相摩擦等。如果电动机装有滑动轴承，还要检查油位是否正常，转轴的轴向窜动和径向晃动是否过大等。如果以上检查一切正常，可进行以下项目的检验。

2. 检验的项目

（1）测定绝缘电阻

通常是测量定子绕组相与相之间及相对地之间的冷态（常温）绝缘电阻。对于额定电压 500V 以下的电动机，一般用 500V 绝缘电阻表进行测量；额定电压 500～3000V 的电动机，可用 1000V 绝缘电阻表进行测量。

使用绝缘电阻表时，必须放平稳，以免影响测量机构的自由转动。连接线必须用绝缘良好的单根导线，两根连接线不能绞缠在一起，也不要与电动机或地面接触。摇测前，应分别对表做一次开路及短路试验：将连接线开路，摇动手柄，表针应指向"∞"处；然后将两根连接线碰接，轻摇手柄，表针应指向"0"处，否则说明绝缘电阻表有问题，需检修好才能使用。

首先测量每个绕组之间的绝缘程度。将绝缘电阻表的 E 接线夹接到电动机接线盒的一个引出线，L 接线夹接到电动机绕组的一个引出线上，用手摇动绝缘电阻表，转速要均匀稳定，约 120r/min，待表针稳定后再读数，如图 3-104 所示。注意测量时不要用手触摸表的接线柱，以免触电。测量完各个绕组之间的绝缘电阻后，再将绝缘电阻表的接地端 E 接到电动机的外壳上，线路端 L 接到接线盒绕组的接线端，继续测量各绕组的对地绝缘电阻。正常情况下，对于额定电压 500V 以下的电动机，其绝缘电阻不得低于 0.5 MΩ；若绕组已全部更新，则不应低于 5MΩ，如果阻值偏小，说明绕组绝缘不良，应进行检修。

对于大型电动机，可以通过测量其绝缘电阻来判断电动机是否受潮，具体方法是：绝缘电阻表开始旋转时，读取第 15s 的绝缘电阻 R_{15} 和第 60s 的绝缘电阻 R_{60}，则吸收因数 K 为 $\dfrac{R_{15}}{R_{60}}$，K 应不小于 1.3。

（2）测定直流电阻

绕组的直流电阻一般在冷态下测量，所用的测量仪器是电桥，如果绕组的直流电阻小于 1Ω，应用双臂电桥；若直流电阻大于 1Ω，则用单臂电桥。各相绕组直流电阻之间的误差与三相绕组直流电阻的平均值之比不得大于 5%。

（3）耐压试验

绕组相与相之间、相与机壳之间都有绝缘材料，能承受一定的电压而不被击穿。为了保证操作人员的安全和电动机的可靠性，有必要对电动机进行耐压试验。

耐压试验需要试验台，试验时，先将电动机接线盒的短路片取下，如图 3-105 所示。

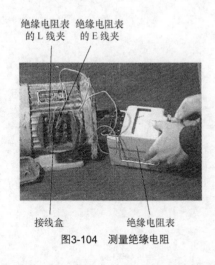

图3-104　测量绝缘电阻

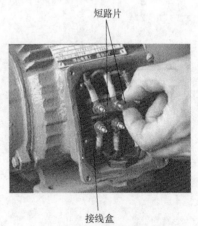

图3-105　取下接线盒的短路片

然后将耐压试验台的电压输出端接到电动机的一个绕组的接线端，耐压试验台的接地端和电动机的外壳相连，合上耐压试验台电源，即可进行耐压试验。

试验电压与电动机的额定功率和额定电压有关。1kW 以下和额定电压不超过 380V 的电动机，其耐压试验的电压有效值为 500V 加两倍额定电压；1kW 以上的电动机，其耐压试验的电压有效值为 1000V 加两倍额定电压，并且不能低于 1500V。

当耐压试验台输出电压升到试验电压一半以后，应慢慢升至全电压，升压时间一般不少于 10s，以免冲击电压损伤电动机。在全电压下保持 1min 后，先慢慢降至试验电压一半以下，再切断电源。若试验过程中，耐压试验台不报警，说明电动机耐压合格。

最后，再用上述方法对另外两个绕组进行耐压试验。

（4）匝间绝缘试验

匝间绝缘试验是检查绕组线匝之间的绝缘性能。试验电压为电动机额定电压的 130%，持续空载运转 1min，无异常即为合格。

如果条件允许，还要进行空载和短路试验，这里不再具体介绍。

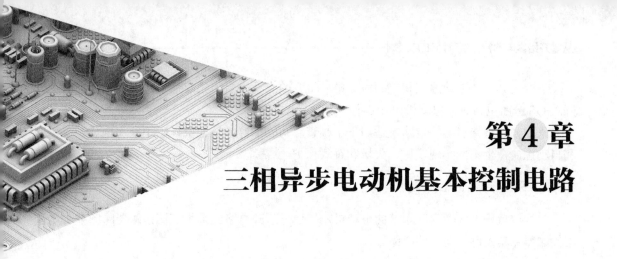

第4章
三相异步电动机基本控制电路

各种生产机械设备如车床、铣床、磨床、刨床、钻床、风机、水泵、起重机等，一般是由电动机来拖动的，为了使电动机按照生产要求进行启动、制动、正反转和调速等，必须配备一定的控制线路对电动机进行控制才能达到目的，因此，掌握好电动机基本控制电路具有重要的意义。

|4.1 三相异步电动机的启动控制|

4.1.1 三相异步电动机直接启动控制

电动机从接通电源开始转动，转速逐渐上升直到稳定运转状态，这一过程称为启动。

三相异步电动机的直接启动也称全压启动，它是一种简单、可靠、经济的启动方法。由于电动机在刚接通电源瞬间，旋转磁场和转子的相对速度最大，此时启动电流也最大。一般中小型三相异步电动机的启动电流约为额定电流的5～7倍。电动机不频繁启动时，启动电流对电机本身影响不大。因为启动电流虽大，但启动时间很短（1～3秒），从发热角度考虑没有问题；并且一经启动后，转速很快升高，电流便很快减小了。但当启动频繁时，由于热量的积累，会导致电机过热。因此，在实际操作时，应尽可能不让电动机频繁启动。例如，在车削加工时，一般只是用摩擦离合器或电磁离合器将主轴与电机轴脱开，而不将电动机停下来。

电动机的启动电流对线路是有影响的。过大的启动电流在短时间内会在线路上造成较大的电压损失，而使负载端的电压降低，影响邻近负载的正常工作。例如对邻近的异步电动机，电压的降低不仅会影响它们的转速（下降）和电流（增大），甚至可能使它们的最大转矩降到小于负载转矩，以致使电动机停下来。因此，直接启动电动机的容量受到一定限制，可根据启动次数、电动机容量、供电变压器容量和机械设备是否允许来分析。一般容量小于 10kW的电动机可直接启动。

1. 采用开关直接启动

采用闸刀开关、转换开关或铁壳开关控制电动机直接启动和停止的线路如图 4-1 所示。

当合上开关 QS 接通三相电源时，电动机开始启动，启动结束后进入稳定运行；当拉开开关 QS 分断电路时，电动机停止运行。

采用开关直接启动的电路仅适用于不频繁启动的小容量电动机，它不能实现远距离控制和自动控制，也不能实现零压、欠压和过载保护。

2. 采用接触器点动控制

对于容量稍大或者启动频繁的电动机，接通与断开电路应采用交流接触器。图 4-2 是采用接触器点动控制电动机的线路。

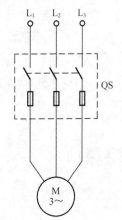

图4-1　采用开关直接启动线路

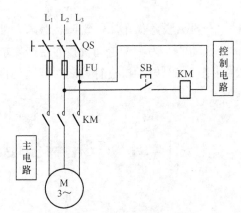

图4-2　点动控制线路

整个控制线路可分成主电路和控制电路两部分。主电路是从电源 L_1、L_2、L_3 经电源开关 QS、熔断器 FU、接触器 KM 的主触点到电动机 M 的电路，它流过的电流较大。控制电路由按钮 SB、接触器 KM 线圈组成。

线路的工作原理如下：合上电路总开关 QS，按下电动机 M 的点动按钮 SB，接触器 KM 线圈通电，主电路中接触器 KM 主触点闭合，接通电动机 M 的三相电源，电动机启动运转。松开按钮 SB，接触器 KM 线圈失电释放，其在主电路中的主触点断开，切断电动机的三相电源，电动机 M 停转。

从以上分析可知，当按下按钮 SB，电动机 M 启动单向运转，松开按钮 SB，电动机 M 就停止，从而实现"一点就动，松开不动"的功能。

注意事项：接触器一定要看线圈额定电压是不是 380V，如果是 220V 额定电压的线圈，接上容易烧毁！因为接触器的线圈接三相电源两根火线上，两火线的电压是交流 380V。

重点提示：读图时，先读主电路，再读控制（辅助）电路。

主电路是指给电动机供电的那部分电器，以传递能量为主，电流较大。控制电路是由接触器线圈、辅助触点、继电器、按钮及其他控制电器组成的电路，用来完成信号传递及逻辑控制，并按一定规律来控制主电路工作，电流较小。读主电路时，可以自下而上，也可以自上而下；读控制电路时，应注意其电源是如何引入的，借助于控制电器的原理，了解各控制电器之间的逻辑关系。

3. 采用接触器长动控制

采用接触器长动（连续）运转控制线路如图 4-3 所示。

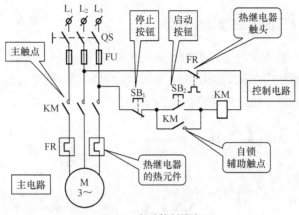

图4-3　长动控制线路

主电路由转换开关 QS、熔断器 FU、接触器 KM 主触点、电动机 M 组成；控制电路由熔断器 Fu、停止按钮 SB$_1$、启动按钮 SB$_2$、接触器 KM 线圈和动合辅助触点组成。

线路的工作原理如下：合上电源总开关 QS，按下启动按钮 SB$_2$，接触器 KM 线圈得电，KM 线圈得电后，其主电路中接触器 KM 主触点闭合，接通电动机 M 的三相电源，电动机启动运转。同时接触器 KM 的辅助触点闭合，并形成自锁。

当松开启动按钮 SB$_2$ 时，由于 KM 的辅助常开触点闭合自锁，接触器 KM 线圈持续得电，接触器 KM 主触点持续闭合。此时电动机 M 保持连续运行。

当需要电动机 M 停止时，按下停止按钮 SB$_1$，接触器 KM 线圈回路电源被切断失电，电动机 M 停转。

电动机在运行过程中，如果负载过大，电动机的电流将超过它的额定值，若持续时间较长，电机的温升就会超过允许的温升值，将使电动机的绝缘损坏，甚至烧坏电动机。所以，电路中需要采取保护措施。

图中，主要采取以下几点保护措施：

（1）短路保护：熔断器 FU 起短路保护。一旦发生短路事故，熔丝立即熔断，电动机立即停车。

（2）过载保护：热继电器 FR 起过载保护，FR 的辅助常闭触点串接在控制电路，当电动机过载运行时，电路中的电流增大，通过热继电器 FR 热元件的电流增大，热元件发热量增大，使热继电器中的双金属片弯曲的程度增大，从而推动机械装置使串接在控制电路中的 FR 的辅助常闭触点断开，切断接触器 KM 线圈回路的电源，起到对电动机 M 的过载保护。

重点提示：由于热惯性，热继电器不能做短路保护，因为发生短路事故时，要求电路立即断开，而热继电器是不能立即动作的。

（3）零压保护：也称失压保护，是指当电源暂时断电或电压严重下降时，电动机自动从电源切除。交流接触器 KM 起零压保护。因为此时电磁吸力小于弹簧释放力，接触器的动铁芯释放而使主触点断开。当电源电压恢复正常时，如不重按启动按钮，电动机就不能自行启动，因为自锁触点已断开。

注意事项：若直接用组合开关启动和停止电动机时，由于停电时未及时断开开关，当电源电压恢复时，电动机即自行启动，可能造成事故。

4. 长动与点动混合的接触器控制线路

如果电动机有时既要点动控制，有时又要连续运转（长动）控制，那么可以把前面介绍的点动与长动控制电路结合起来，采用三个按钮和自锁触点，就可分别实现点动控制与长动运转控制。图 4-4 所示为长动与点动混合控制线路

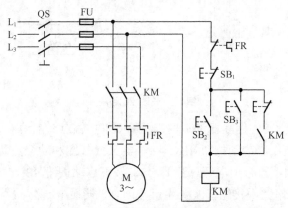

图4-4　长动与点动混合控制线路

线路中，SB_1 为连续运转的停止按钮，SB_2 为连续运转的启动按钮，SB_3 为点动控制的复合按钮。

需要点动控制时，合上电源开关 QS，按下点动复合按钮 SB_3，它的动合触头闭合，使接触器 KM 线圈通电吸合，接触器 KM 主触点闭合，电动机 M 启动运转，与此同时复合按钮 SB_3 的动断触头断开，使接触器 KM 的动合辅助触点起不了自锁作用。松开点动复合按钮 SB_3 时，接触器线圈断电释放，接触器 KM 主触点断开，电动机 M 停止运转。

需要连续运转时，合上电源开关 QS，按下连续运转的启动按钮 SB_2，接触器 KM 线圈通电吸合，接触器 KM 主触点闭合，电动机 M 启动运转，与此同时接触器 KM 动合触点闭合，而此时复合按钮 SB_3 的动断触头闭合着，这时接触器的动合触点起了自锁的作用，当连续运转的启动按钮 SB_2 松开后仍保持接触器 KM 线圈继续通电，从而使电动机 M 继续运转。

当按下连续运转的停止按钮 SB_1 时，接触器 KM 因线圈断电而释放，接触器 KM 主触点和自锁触点断开，电动机 M 断电而停止运转。

4.1.2　三相异步电动机降压启动控制

三相异步电动机直接启动的启动电流大，对供电变压器影响较大，容量较大的鼠笼异步电动机一般都采用降压启动。降压启动就是将电源电压适当降低后，再加到电动机的定子绕组上进行启动，待电动机启动结束或将要结束时，再使电动机的电压恢复到额定值。

降压启动的目的是为了减少启动电流，但电动机的启动转矩也将降低。因此，降压启动

仅适用于空载或轻载下的启动。降压启动常用方法有：定子绕组串电抗器（或电阻）降压启动、星形—三角形降压启动和自耦变压器降压启动。下面分别介绍其控制线路。

1．定子绕组串电阻（电抗器）降压启动

电动机启动时在三相定子电路中串入电阻（电抗器），使电动机定子绕组电压降低，限制了启动电流，待电动机转速上升到一定值时，将电阻（电抗器）切除，使电动机在额定电压下稳定运行。图 4-5 所示是定子串电阻降压启动控制线路。

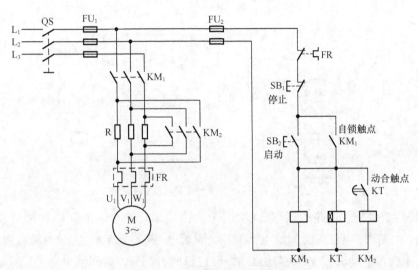

图4-5　定子串电阻降压启动线路

串电阻降压启动的工作原理如下：合上电源开关 QS，按启动按钮 SB_2，接触器 KM_1 的线圈通电，接触器 KM_1 的自锁触点和主触点闭合，电动机串电阻启动。在接触器 KM_1 的线圈通电的同时，通电延时的时间继电器 KT 的线圈也通电，经过所延时时间后，KT 的动合触点闭合，接触器 KM_2 的线圈通电，接触器 KM_2 的主触点闭合，将串接电阻切除，电动机接入正常电压，并进入正常稳定运行。

定子串电阻（电抗器）降压启动虽然降低了启动电流，但启动转矩也降低了，因此，这种启动方法只适用于空载或轻载启动。另外，采用这种启动方法启动，在电动机进入正常运行后，KM_1、KT 始终通电工作，不但消耗了电能，而且增加了出现故障的概率。若发生时间继电器触点不动作的故障，将使电动机长期在减压下运行，造成电动机无法正常工作，甚至烧毁电动机。

2．星形—三角形（Y—△）降压启动

星形—三角形降压启动是指电动机启动时，把定子绕组接成星形，以降低启动电压，限制启动电流；待电动机启动后，再把定子绕组改接成三角形，使电动机全压运行。凡是在正常运行时定子绕组做三角形连接的异步电动机，均可采用这种降压启动方法。

电动机启动时，接成星形，加在每相定子绕组上的启动电压只有三角形接法的 $\dfrac{1}{\sqrt{3}}$，启

动电流为三角形接法的 $\frac{1}{3}$，启动转矩也只有三角形接法的 $\frac{1}{3}$。所以这种降压启动方法，只适用于轻载或空载下启动。图 4-6 所示为 Y—△降压启动控制线路。

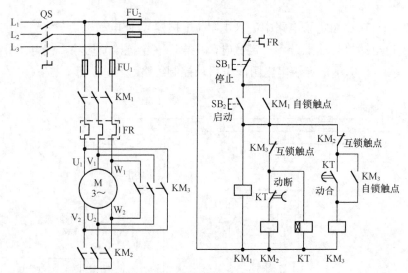

图4-6　星形—三角形降压启动控制线路

Y—△降压启动控制线路的工作原理如下：合上电源开关 QS，按下启动按钮 SB₂，这时，接触器 KM₁、KM₂、通电延时时间继电器 KT 线圈通电，接触器 KM₁ 主触点和自锁触点闭合，KM₂ 主触点闭合，电动机按 Y 形接法启动。经过延时时间后，时间继电器 KT 的动合触点闭合和动断触点断开，使接触器 KM₂ 线圈断电，接触器 KM₂ 主触点断开，电动机暂时断电，同时接触器 KM₂ 互锁触点闭合，使得接触器 KM₃ 线圈通电，接触器 KM₃ 主触点和自锁触点闭合，电动机改为△形连接，然后进入稳定运行，同时接触器 KM₃ 互锁触点断开，使时间继电器 KT 线圈断电。

重点提示：对于以上星形—三角形降压启动控制线路，在设计时要保证接触器 KM₂ 和 KM₃ 主触点不能同时闭合，这是因为开关 QS 合上电源，若接触器 KM₂ 和 KM₃ 同时闭合，意味着电源将被短路，这是不允许的。因此，设计时必须保证一个接触器吸合时，另一个接触器不能吸合，也就是说 KM₂ 和 KM₃ 两个接触器需要互锁。通常的方法是在控制线路中，接触器 KM₂ 与 KM₃ 线圈的支路里分别串联对方的一个动断辅助触点。这样，每个接触器线圈能否被接通，将取决于另一个接触器是否处于释放状态，如接触器 KM₂ 已接通，KM₂ 的动断辅助触点把 KM₃ 线圈的电路断开，如接触器 KM₃ 已接通，KM₃ 的动断辅助触点把 KM₂ 线圈的电路断开，从而保证 KM₂ 和 KM₃ 两个接触器不会同时吸合。这一对动断触点就叫作互锁触点。

以上介绍的星形—三角形降压启动控制线路，有相应产品出售，只需与电动机进行简单的连接即可使用。

3. 自耦变压器降压启动控制线路

自耦变压器降压启动是利用自耦变压器来降低启动时加在电动机定子绕组上的电压，达到限制启动电流的目的。启动时，电源电压加自耦变压器的原边绕组上，电动机的定子绕组与自耦变压器的副边绕组连接，当电动机的转速达到一定值时，将自耦变压器切除，电动机直接与电源相接，在正常电压下运行。自耦变压器降压控制电路如图4-7所示。

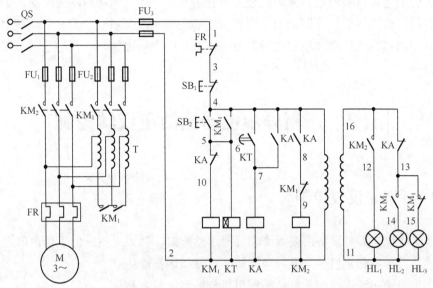

图4-7　自耦变压器降压控制电路

电动机自耦变压器降压启动是将自耦变压器原边接在电网上，副边接电动机定子绕组上。这样电动机定子绕组上得到的电压是自耦变压器的副边电压 U_2，自耦变压器的电压比 $K=U_1/U_2>1$。

由电动机原理可知，当利用自耦变压器启动时的电压为电动机额定电压的 $1/K$ 时，电网供给的启动电流减小为直接启动时的 $1/K^2$。由于启动转矩正比于 U_2，因此启动转矩降为直接启动时 $1/K^2$。待电动机转速接近其额定转速时，再将自耦变压器切除，将电动机定子绕组接在电网上进入正常运转。

由此可见，自耦变压器降压启动常用于电动机的空载或轻载启动。在自耦变压器的副边绕组上有多个抽头以获得不同电压比 K，从而满足不同的启动场合。

上图中，KM_1 为降压启动接触器，KM_2 为运行接触器，KA 为中间继电器，KT 为降压启动通电延时时间继电器，而转换由 KT 通过 KA 使 KM_2 失电、KM_1 得电来实现。

自耦变压器降压启动控制线路工作原理如下：合上开关 QS，指示灯 HL_3 亮，表明电源正常。按下启动按钮 SB_2，KM_1 和通电延时时间继电器 KT 同时得电吸合并自锁，将自耦变压器 T 接入，电动机定子绕组经自耦变压器 T 供电作降压启动，同时指示灯 HL_2 亮、HL_3 灭，显示电动机正在进行降压启动。KM_1 的辅助动断触头 KM_1（8、9）断开，使 KM_2 不能得电，实现互锁。当电动机接近额定转速时，KT 的通电延时闭合的动合触头 KT（4、7）闭合，使 KA 得电吸合并自锁。KA 的动断触头 KA（5、10）断开，使 KM_1 失电释放，将自耦变压器切除，KM_1 已断开的动断触头 KM_1（8、9）复位闭合，为 KM_2 得电创造条件；同时 KA 的动合触头 KA（4、8）闭合，使 KM_2 得电吸合，电源电压全部加在电动机定子绕组上进入正常运转，此时指示灯 HL_2 灭、HL_1 亮，表示电动机降压启动结束，进入正常运行。

自耦变压器降压启动适用于负载容量较大，正常运行时定子绕组连接成 Y 形而不能采用 Y—△启动方式的笼形异步电动机。但这种启动方式设备费用大，通常用于启动大型的和特殊用途的电动机。

需要说明的是，自耦变压器降压的抽头位置不同，启动电流和启动转矩的大小也不同。因此，可以通过改变抽头位置即调节自耦变压器的变比来改变启动电流和启动转矩的大小。

以上介绍的自耦变压器降压启动控制电路，有相应产品出售，只需与电动机进行简单的连接即可使用。

|4.2 三相异步电动机的正反转控制|

4.2.1 手动正反转控制

在生产实践中，很多设备需要两个相反的运动方向，例如：机床的工作台前进与后退、主轴的正转与反转、起重机的上升与下降等。这就要求拖动生产机械的电动机能够实现正反转控制。根据电机学原理，只要把接到三相异步电动机的三相电源线中任意两相对调，即可实现反转。下面将介绍几种常见的电动机正反转的控制线路。

手动正反转控制线路如图 4-8 所示。

图中，刀开关 QS_1 为电路的总开关，熔断器 FU 为电路的短路保护，转换开关 QS_2 为电源的换相开关。转换开关 QS_2 有三挡位置，分别为"顺"、"停"、"反"转。

当合上电源开关 QS_1，将转换开关 QS_2 扳至左边"顺"挡位置时，三相电源通过以下途径进入电动机 M 三相绕组：$L_1 \rightarrow QS_1 \rightarrow FU \rightarrow QS_2 \rightarrow U_1 \rightarrow U$ 相绕组；$L_2 \rightarrow QS_1 \rightarrow FU \rightarrow QS_2 \rightarrow V_1 \rightarrow V$ 相绕组；$L_3 \rightarrow QS_1 \rightarrow FU \rightarrow QS_2 \rightarrow W_1 \rightarrow W$ 相绕组；此时电动机 M 通电正转。

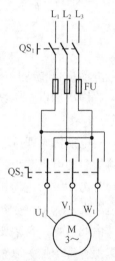

图4-8 手动正反转控制线路

当需要电动机 M 反转时，将转换开关 QS_2 扳至"停"挡位置，待电动机 M 完全停止后再将转换开关扳至右边"反"挡位置，三相电源通过以下途径进入电动机三相绕组：$L_1 \rightarrow QS_1 \rightarrow FU \rightarrow QS_2 \rightarrow W_1 \rightarrow W$ 相绕组；$L_2 \rightarrow QS_1 \rightarrow FU \rightarrow QS_2 \rightarrow V_1 \rightarrow V$ 相绕组；$L_3 \rightarrow QS_1 \rightarrow FU \rightarrow QS_2 \rightarrow U_1 \rightarrow U$ 相绕组；此时电动机反转。

比较以上电动机 M 正转和反转时三相电源 L_1、L_2、L_3 分别进入电动机 U、V、W 三相的情况可知，电动机 M 正转时，L_1 相电源进入 U 相绕组，L_2 相电源进入 V 相绕组，L_3 相电源进入 W 相绕组，电动机 M 按 U→V→W 相序产生顺向旋转磁场；而当电动机反转时，L_1 相电源进入 W 相绕组，L_2 相电源进入 V 相绕组，L_3 相电源进入 U 相绕组，电动机 M 按 W→V→U 相序产生反向旋转磁场。

从以上分析可知，若将电动机从正转运行状态转换为反转运行状态，只需将电动机的任意两相绕组调换相序即可。

4.2.2　接触器互锁的正反转控制

接触器互锁的正反转控制线路如图 4-9 所示。

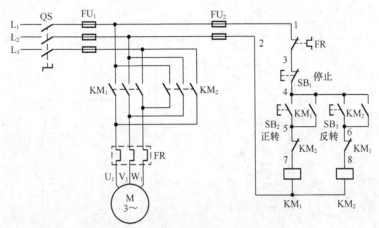

图4-9　接触器互锁的正反转控制线路

图中主电路采用了两个接触器，其中接触器 KM_1 用于正转，接触器 KM_2 用于反转。当接触器 KM_1 主触点闭合时，接到电动机接线端 U、V、W 的三相电源相序是 L_1、L_2、L_3；而当接触器 KM_2 主触点闭合时，接到电动机接线端 U、V、W 的三相电源相序是 L_3、L_2、L_1，其中 L_1 和 L_3 两相对调了，所以，电动机旋转方向相反。从线路可以看出，用于正反转的两个接触器 KM_1 和 KM_2 不能同时通电，否则会造成 L_1 和 L_3 两相电源短路。所以，正反转的两个接触器需要互锁。

接触器互锁的正反转控制线路的工作原理为：合上电源开关 QS，当需要电动机正转时，按下电动机 M 的正转启动按钮 SB_2，接触器 KM_1 线圈得电，其主触点接通电动机 M 的正转电源，电动机 M 启动正转。同时，接触器 KM_1 的辅助动合触点（4、5）闭合自锁，使得松开按钮 SB_2 时，接触器 KM_1 线圈仍然能够保持通电吸合，而接触器 KM_1 辅助动断触点（6、8）断开，切断接触器 KM_2 线圈回路的电源，使得在接触器 KM_1 得电吸合时，接触器 KM_2 不能得电，实现了 KM_1、KM_2 的互锁。

当需要电动机 M 停止时，按下按钮 SB_1，接触器 KM_1 线圈失电释放，所有常开、常闭触点复位，电路恢复常态。

同理，当需要电动机 M 反转时，按下反转启动按钮 SB_3，接触器 KM_2 线圈得电，其主触点接通电动机 M 的反转电源，电动机 M 启动反转。同时，接触器 KM_2 的辅助动合触点（4、6）闭合自锁，使得松开按钮 SB_3 时，接触器 KM_2 线圈仍然能够保持通电吸合，而接触器 KM_2 辅助动断触点（5、7）断开，切断接触器 KM_1 线圈回路的电源，使得在接触器 KM_2 得电吸合时，接触器 KM_1 不能得电，从而实现了 KM_1、KM_2 的互锁。当按下停止按钮 SB_1 时，接触器 KM_2 线圈失电，电动机 M 断电停转。

这种控制线路在改变电动机转向时，需要先按停止按钮，然后再按启动按钮，才能使电动机改变转向，这在实际操作中不够方便。

4.2.3　按钮互锁正反转控制

按钮互锁的正反转控制线路如图 4-10 所示。

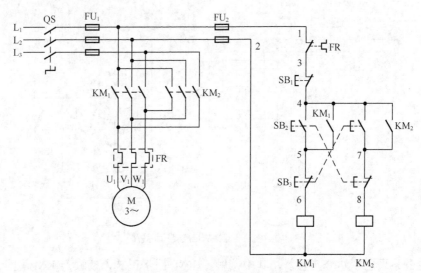

图4-10　按钮互锁正反转控制线路

从图中可以看出，按钮互锁的正反转控制线路实际上是把上图中两个接触器的动断触点去掉，换上复合按钮的动断触点，来实现正反转控制的。复合按钮的动作特点是先断后通，即动断触点先断开，动合触点再闭合。

按钮互锁正反转控制线路的工作原理是：合上 QS，按下正转启动按钮 SB_2，接触器 KM_1 线圈通电，其主触点和自锁触点（4、5）闭合，电动机正转。

电动机需反转时，直接按下反转启动按钮 SB_3，这时按钮 SB_3 的动断触点（5、6）是先断开，即先使接触器 KM_1 线圈断开，然后其动合触点（4、7）闭合，即再使接触器 KM_2 线圈通电，接触器 KM_2 的主触点和自锁触点（4、7）闭合，电动机反转。

按下停止按钮 SB_1，电动机停转。

这种控制线路的优点是操作方便，当需要改变电动机转向时，不必再先按停止按钮了，但是这种线路有一个明显的缺点，就是当主电路中电动机严重过载或出现某种意外的情况，有一个触点熔焊后粘在一起，且操作人员并无察觉，再去按另一个启动按钮，就会发生短路事故。例如假设电动机 M 正转，接触器 KM_1 的触点熔焊，动触点与静触点粘在一起不能分开，这时如果需要电动机反转，直接按下反转启动按钮 SB_3，SB_3 的常闭触点（5、6）虽然切断了接触器 KM_1 线圈回路的电源，但接触器 KM_1 的主触点在主电路中由于熔焊粘在一起并未断开，其结果是按钮 SB_3 的常开触点（4、7）接通接触器 KM_2 线圈的电源，接触器 KM_2 得电闭合，其主触点接通电动机 M 的反转电源，这样电源 L_1 相和 L_3 相发生短路。可见，这种线路不够安全。

4.2.4   接触器按钮双重互锁正反转控制

接触器按钮双重互锁的正反转控制线如图 4-11 所示。

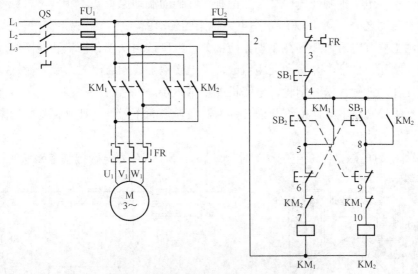

图4-11   接触器按钮双重互锁的正反转控制线

接触器按钮双重互锁正反转控制电路的控制原理与接触器互锁及按钮互锁正反转控制电路的控制原理相同，它是结合了两者的优点组合而成的电路。从图中我们可以看到，在接触器 KM_1 和 KM_2 的线圈回路中，各自串接了对方接触器及启动按钮的常闭触点，这样即主电路中电动机严重过载，有一个触点熔焊粘在一起，再去按另一个启动按钮，欲使电动机向相反的方向运动时，也不会发生短路事故。例如，电动机 M 处在正转状态，接触器 KM_1 通电闭合，KM_1 辅助动合触点（4、5）闭合自锁，KM_1 动断触点（9、10）断开，使接触器 KM_2 在电动机正转时不能得电闭合。假如电路中由于严重过载或某种意外，使接触器 KM_1 主触点熔焊并使动静触点粘在一起，操作人员再去按下反转启动按钮 SB_3 欲使电动机 M 反转，当按下 SB_3 时，SB_3 在接触器 KM_1 线圈回路中的常闭触点（5、6）断开，切断了接触器 KM_1 线圈回路的电源，但是由于接触器 KM_1 的主触点熔焊，动静触点不能分开，故所有的常开触点及常闭触点不能复位，电动机 M 仍然正向运转。同时，SB_3 在接触器 KM_2 线圈回路的常开触点（4、8）被压合，但由于接触器 KM_1 的动断触点（9、10）未复位，仍然处于断开状态，故接触器 KM_2 线圈不能得电闭合，从而保证了电路不会因接触器触点熔焊粘在一起而造成电路短路故障。

|4.3   三相异步电动机的制动控制|

4.3.1   机械制动控制

三相异步电动机切断电源后，由于惯性，总要经过一段时间才能完全停止，有些生产机械要迅速停车，有些生产机械要求准确停车，所以常常需要采用一些使电动机在切断电源后就迅速停车的措施，这种措施称为电动机的制动。

电动机切断电源之后，利用机械装置使电动机迅速停止转动的方法称为机械制动。常用的机械制动装置有电磁抱闸和电磁离合器两种，它们的制动原理基本相同。机械制动又有断电制动和通电制动之分。图 4-12 所示是电磁抱闸的外形图。

电磁抱闸主要有电磁铁和闸瓦制动器两部分，电磁铁由铁芯、衔铁和线圈组成，闸瓦制动器由闸轮、闸瓦、扛杆、弹簧和支座组成，当电磁抱闸线圈通电时，吸合衔铁动作，克服弹簧力推动扛杆，使闸瓦松开闸轮，电动机能正常运转。

当电磁抱闸线圈断电时，衔铁与铁芯分离，在弹簧的作用下，使闸瓦与闸轮紧紧抱住，电动机被迅速制动而停转。

图 4-13 所示为电磁抱闸断电制动的控制线路，图中 YA 为电磁抱闸电磁铁的线圈。

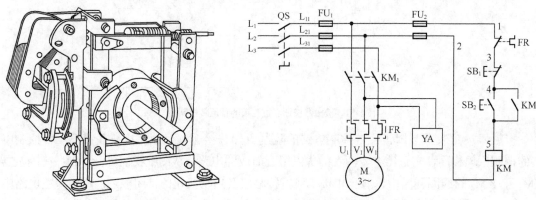

图4-12 电磁抱闸的外形图   图4-13 电磁抱闸断电制动的控制线路

从图中可以看出，它实际上是一个电动机的正转控制线路加上一个电磁抱闸电磁铁 YA 构成。在常态时，闸瓦在弹簧力的作用下，将电动机转轴紧紧抱住，使电动机处于制动状态。当需要电动机 M 转动时，按下电动机 M 启动按钮 SB_2，接触器 KM 线圈通电吸合并自锁，KM 主触点闭合，接通电动机 M 绕组和电磁铁 YA 线圈的电源。YA 线圈通电后，电磁铁动作，带动轴瓦松开抱闸，电动机 M 启动运转。当需要电动机 M 停止时，按下停止按钮 SB_1，接触器 KM 线圈失电释放，其主触点断开，切断电动机 M 绕组及电磁铁 YA 线圈电源，电动机 M 制动停车，图 4-14 所示为电磁抱闸通电制动控制电路原理图。

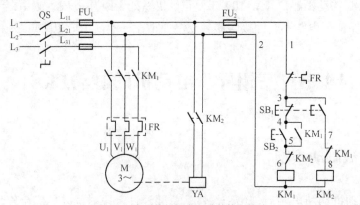

图4-14 电磁抱闸通电制动的控制线路

该电路的制动原理同断电抱闸的原理恰好相反。它是当电磁铁 YA 线圈通电后，闸瓦通过机械装置的带动对电动机 M 转轴进行制动。其控制过程如下：按下电动机 M 启动按钮 SB_2，接触器 KM_1 线圈通电吸合并自锁，其主触点接通电动机 M 电源，电动机 M 启动运转。而接触器 KM_1 的常闭触点（7、8）断开，使得在接触器 KM_1 得电（电动机 M 运转）时，接触器 KM_2 线圈不能得电。当需要电动机 M 停止时，按下停止按钮 SB_1，SB_1 的常闭触点（3、4）首先断开，切断接触器 KM_1 线圈回路的电源，KM_1 失电释放，其主触点断开，切断电动机 M 电源；然后按钮 SB_1 常开触点（3、7）闭合，接通接触器 KM_2 线圈回路电源，接触器 KM_2 通电闭合，其主触点接通电磁铁 YA 线圈电源，YA 通电对断电后的电动机 M 进行抱闸制动，使电动机 M 迅速停转。松开 SB_1，完成抱闸制动。

4.3.2　电气制动

1．反接制动控制线路

反接制动是将运动中的电动机电源反接（即将任意两根相线接法交换）以改变电动机定子绕组中的电源相序，从而使定子绕组的旋转磁场反向，转子受到与原旋转方向相反的制动力矩而迅速停转。其基本原理如图 4-15 所示。

图中要使正在以 n 方向旋转的电动机迅速停转，可先拉开正转接法的电源开关 QS，使电动机与三相电源脱离，转子由于惯性仍按原方向旋转，然后将开关 QS 投向反接制动侧，这时由于 U、V 两相电源对调了，产生的旋转磁场方向与先前的相反。因此，在电动机转子中产生了与原来相反的电磁转矩，即制动转矩。依靠这个转矩，使电动机转速迅速下降而实现制动。

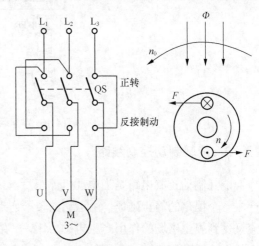

图4-15　反接制动基本原理图

在上述制动过程中，当制动到转子转速接近零值时，如不及时切断电源，则电动机将会反向旋转。为此，必须在反接制动中采取一定的措施，保证当电动机的转速被制动到接近零值时迅速切断电源，防止反向旋转。在一般的反接制动控制线路中常利用速度继电器进行自动控制，一般的速度继电器有两对常开触点和两对常闭触点，可分别用于正、反运转的反接制动。当电动机启动运转后，转速达到 120r/min 时，常开触点断开，常闭触点闭合。停止时，当电动机转速小于 100r/min 时，常开、常闭触点复位。反接制动控制电路有单向运转反接制动控制电路和双向运转反接制动控制电路。下面以单向运转反接制动控制线路为例进行分析，其线路如图 4-16 所示。

图中，速度继电器 KS 的转轴与电动机 M 的转轴同轴相连。当需要电动机 M 运转时，按下电动机 M 的启动按钮 SB_2，接触器 KM_1 线圈通电闭合，其主触点接通电动机 M 电源，电动机 M 启动运行。而接触器 KM 常闭触点（8、9）断开，使得在接触器 KM_1 闭合时，接触器 KM_2 不能闭合。电动机 M 启动后，其转速上升到 120r/min 时，速度继电器 KS 的常开触点（7、8）闭合，为接触器 KM₂ 线圈电源的接通做好了准备。当需要电动机 M 停止时，按下停止按钮 SB₁，SB₁ 的常闭触点（3、4）首先断开，切断接触器 KM₁ 线圈的电源，接触器 KM₁ 失电释放，电动机 M 断电。接触器 KM₁ 的常闭触点（8、9）复位闭合，但由于惯性作用，电动机 M 不能立即停止。然后，按钮 SB₁ 常开触点（3、7）闭合，接通接触器 KM₂ 线圈回路的电源，KM₂ 通电闭合并自锁，其主触点接通电动机 M 的反转电源，使电动机 M 产生一个反向旋转力矩。这个反向旋转力矩与电动机原惯性转动方向相反，故使电动机 M 的转速迅速下降。当电动机 M 转速下降为 100r/min 时，速度继电器 KS 的常开触点（7、8）复位断开，切断接触器 KM₂ 线圈的电源，KM₂ 失电释放，完成单向反接制动控制过程。

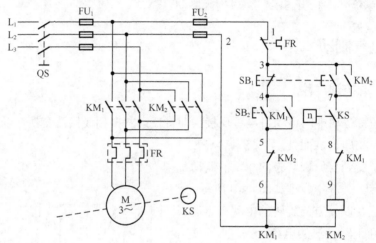

图4-16　单向运转反接制动控制线路

2. 能耗制动控制线路

能耗制动控制电路是当电动机停车后，立即在电动机定子绕组中通入两相直流电源，使之产生一个恒定的静止磁场，由运动的转子切割该磁场后，在转子绕组中产生感应电流。这个电流又受到静止磁场的作用产生电磁力矩，产生的电磁力矩的方向正好与电动机的转向相反，从而使电动机迅速停转。应用较多的有变压器桥式整流单向运转能耗制动，如图 4-17 所示。

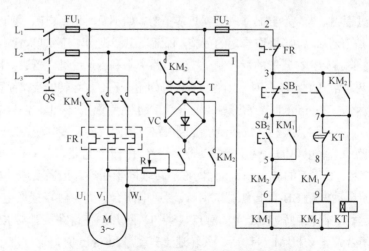

图4-17　变压器桥式整流单向运转能耗制动控制线路

从图中可以看出，主电路中除了单向运转电路的结构外，主要增加了降压变压器 T、桥式整流器 VC 和制动限流电阻 R。该线路的工作原理是：把电源开关 QS 合上，按启动按钮 SB$_2$，接触器 KM$_1$ 通电吸合，电动机启动后稳定运转。停车制动时，按停止按钮 SB$_1$，接触器 KM$_1$ 断电释放，接触器 KM$_2$ 通电吸合并自锁，电动机定子绕组通入直流电，同时因时间继电器 KT 线圈通电，经过一段延时时间，时间继电器 KT 的延时动断触点（7、8）断开，接触器 KM$_2$ 断电释放，切断直流电源，电动机制动结束。

能耗制动的优点是制动准确、能量消耗小、冲击小；缺点是需附加直流电源，制动转矩小。

|4.4　三相异步电动机的调速|

4.4.1　变频调速

所谓调速，就是指电动机在同一负载下能得到不同的转速，以满足实际需要。由转速公式 $n=(1-s)n_0=(1-s)\dfrac{60f}{p}$，表明改变电动机转速的三种可能：一是变频调速——改变电源频率 f，二是变极调速——改变极对数 p，三是变转差率调速——改变转差率 s。下面分别进行介绍。

变频调速是通过改变鼠笼式异步电动机定子绕组的供电频率 f 来改变同步转速 n_0 而实现调速的。如能均匀地改变供电频率 f，则电动机的同步转速 n_0 及电动机的转速 n 均可以平滑地改变。但由于我国电网的频率已标准化，工频为 50Hz，若要采用这种调速方法，需增加专门的变频电源，这套变频电源设备比较复杂，投资大，不易操作维护。近年来，变频调速技术发展很快，市场上有多种系列的通用变频器问世，由于调速范围大、稳定性好、运行效率高、使用方便等优点，得到了广泛的应用。有关变频器的详细内容，我们将在本书第 7 章进行专门介绍。

4.4.2　变极调速

由式 $n_0=\dfrac{60f}{p}$ 可知，如果磁极对数 p 减小一半，则旋转磁场的转速 n_0 将提高一倍，转子转速 n 差不多也提高一倍。因此改变 p 可以得到不同的转速。如何改变磁极对数，取决于定子绕组的布置和联接方式。

图 4-18 所示的是定子绕组的两种接法，把每相绕组分成两半，图（a）中是两种线圈串联，得出 $p=2$，图（b）中是两个线圈反并联（头尾相串），得出 $p=1$，在换极时，一个线圈中的电流不变，而另一个线圈中的电流必须改变方向。

图 4-19 所示是单绕组双速电动机的接线图，在适当的位置引出六个接线端，将接线端 1、

2、3 接电源（4、5、6 空着），则为三角形连接，每相两个线圈串联，得出四个极，转速低，如将接线圈端 4、5、6 接电源，而 1、2、3 被短接，则为双星形连接，每相两个线圈并联，得出两个极，转速高。

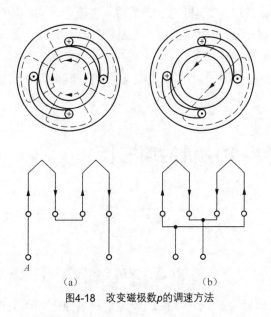

图4-18　改变磁极数 p 的调速方法　　　　　　　　图4-19　单绕组双速电动机的接线图

4.4.3　改变转差率调速（用于绕线式电动机）

只要在绕线式电动机的转子电路中接入一个调速电阻 R（和启动电阻一样接入），改变电阻 R 的大小，就可得到平滑调速。譬如增大调速电阻 R 时，转差率 s 上升，而转速 n 下降。

这种调速方法的优点是设备简单、投资少，缺点是功率损耗较大，运行效率较低，这种调速方法主要应用于起重设备中。

需要说明的是，调速电阻与启动电阻不同，调速电阻允许长时间通过较大的电流，则启动电阻则没有这方面的要求。

|4.5　电动机控制系统的保护|

下面我们将介绍电动机控制系统的保护。可靠的保护装置应能防止或减轻对电动机、其他电气设备和人身安全的损害。用于电动机的安全保护装置，按其所起的保护作用，主要有机械保护和电气保护两类。机械保护主要用于大功率电动机的轴承保护，它一般需要对轴承的温度、润滑情况及振动等方面进行检测并采取相应的保护措施，以防止可能发生的轴承烧坏事故。另外，还可用于电动机过转速及过转矩保护。电气保护是对电动机电气方面的故障或异常情况的保护，如短路保护、过载保护、欠压保护、漏电保护等。

一般来说，从安全角度考虑，凡是有可能因故障而烧坏电动机的场合、外壳可能漏电危及生命的场合均应尽可能采用电动机保护装置或报警装置；对每台电动机至少应采取短路保护措施；对功率在 1kW 以上连续运行的电动机还应进行过载保护；对频繁启动、制动的电动机也应进行过载保护，以防止电动机因堵转而损坏。下面简要介绍异步电动机的几种常见保护措施。

4.5.1　电流型保护

电动机在正常工作时，绕组中的电流一般不会超过其额定值。这里所说的电流异常情况，就是指电流超过电动机额定电流（不包括启动时电流超过额定值的情况），电动机绕组电流超过其额定值时，电动机发热就会增加，温度就会升高，但只要温升不超过其最大允许值，在短时间内超过额定电流是允许的。也就是说，电动机本身具有一定的过载能力，然而若时间长了，就有可能使温升过高而造成电动机的损坏，因此，电流型保护与过电流的时间长短是密切相关的，这就需要根据实际情况来选用适当的保护方法。概括起来，电流型保护都要通过保护装置检测电流的大小，当电流达到整定值时，使保护装置动作，按照过电流大小及其影响的不同，可以分为如下几种保护。

1.　短路保护

在电动机有严重的绝缘损坏、接线错误等故障情况下，有可能产生短路现象。短路时电流流过的是非正常路径，瞬时短路电流可能达到电动机额定电流的几十倍甚至上百倍，如果不快速地切断电源，就有可能造成严重的绝缘损坏、导线熔化、起电弧乃至引起火灾，同时在电动机中可能产生很大的电磁力作用，使绕组或机械部件产生不能修复的变形。

短路保护应满足以下要求：一是应具有瞬时动作特性，即必须在很短时间内切断电源；二是当电动机正常起、制动时，保护装置不应误动作。

常用的短路保护电器元件是熔断器和断路器。

（1）熔断器保护

熔断器的熔体串联在被保护的电路中，当电路发生短路或严重过载时自动熔断，从而切断电路，起到保护作用。由于熔断器熔体受很多因素影响，其动作值不太稳定，因此比较适合用于对动作准确度和自动化程度较差的系统中，如小容量的笼形电动机、一般的普通交流电源等。

（2）过电流继电器保护或断路器保护

过电流继电器是测量元件，过电流保护要通过执行元件接触器来完成，因此为了切断短路电流，接触器触头的容量不得不加大。断路器把测量元件和执行元件装在一起，有短路、过载和欠压保护功能，这种开关能在电路发生上述故障时快速地自动切断电源，排除故障后只要重新合上断路器即能重新工作。

在对主电路采用三相四线制或对变压器采用中性点接地的三相三线制的供电电路中，必须采用三相短路保护。若主电路容量较小，其电路中的熔断器可同时作为控制电路的短路保护；若主电路容量较大，则控制电路一定要单独设置短路保护熔断器。

2.　过电流保护

所谓过电流是指电动机的工作电流超过其额定值，时间久了，就会使电动机过热而损坏电动机的绝缘，因此需要采取保护措施。过电流时，电流仍经由正常工作时的路径流通，其值要比短路电流小。过电流常常是由于负载过大或启动不正确而引起的，一般在电动机运行中出现过电流比发生短路的可能性要大，尤其是在频繁正、反转的重复短时工作制电动机中更容易出现。因此，过电流保护的动作值应比正常的启动电流略大一些（如可取为它的1.2倍），以免影响电动机的正常运行。

过电流保护也要求保护装置能瞬时动作，即只要过电流值达到整定值，保护装置就应立刻动作切断电源。过电流保护一般可以采用过电流继电器，用其常闭触头去控制接触器的动作。还可以采用电流传感器来检测电动机电流，经电子电路对检测到的电流信号变换后，产生控制信号去驱动接触器动作。

3. 过载保护

电动机过载是指其工作电流超过额定值使绕组过热。引起过载的原因是多样的，如负载的突然增加、电源电压降低、电动机轴承磨损等。过载时间长了，就会使电动机温升超过允许值而损坏绝缘，因此要进行过载保护。

过载保护与上面介绍的过电流是类似的，但过载保护与过电流保护却有差别，它们的不同之处在于其动作效应不同，即：过电流保护是由电磁效应来引发保护装置动作（即是针对电流的瞬时大小），而过载保护则是由电流的热效应（即电流对时间的累积结果）来引发保护装置动作。因此，过载保护的电流整定值一般要比过电流保护时的小，通常在电动机的额定电流的1.5倍以内。由于有这种差别，所以不能采用过电流保护方法来进行过载保护，否则就会出现这样的情况：当电动机因负载的暂时增大而短时过载、之后又恢复正常时，电动机温升并未超出允许值而仍可继续工作，如果用过载保护，只要整定值合适，就不会使电动机停止运行；而如果对此用过电流保护，在同样的整定值下就会切断电源而影响生产机械的正常工作。

过载保护应采用热继电器或电动机保护器作为保护元件。

热继电器具有与电动机相似的反时限特性，但由于热惯性的关系，热继电器不会受短路电流的冲击而瞬时动作。当有6倍以上的额定电流通过热继电器时，需经5s后才动作，这样，在热继电器动作前，就可能使热继电器的发热元件先烧坏，因此，在使用热继电器作过载保护时，还必须装有熔断器或低压断路器配合使用。

电动机过载保护还可以采用带长延时脱扣器的低压断路器或具有反时限特性的过电流继电器。采用带长延时脱扣器的低压断路器时，脱扣器的整定电流一般可取为电动机的额定电流值或略大一些（如1.1倍），并应考虑到电动机实际启动时间的长短。采用过电流继电器时，它应该有延时作用，以保证产生过电流的时间长于启动时间时继电器才动作。

最后需要强调指出的是，上述的过电流和过载保护虽然都是在过电流故障下进行的保护，但是由于故障电流大小与电流整定值的差异以及保护特性和所用保护装置的不同，它们之间是不能互相代替的，应根据电动机的保护要求正确使用。

4.5.2 电压型保护

异步电动机的转矩、定子电流与电源电压有密切关系，电源电压上、下波动时，电动机的转矩和定子电流也相应地发生变化。电动机接至额定频率的电源上正常工作时，要求电源电压为额定值。但在实际运行中，有可能出现电压过高、过低或者非人为因素的突然断电情况，如果不加以处理，就可能造成电动机的损坏或人身事故，因此在电气控制电路设计中，应根据要求设置失压保护、过电压保护及欠电压保护。

1. 失压保护

如果电动机在正常工作时突然掉电，那么在电源电压恢复时，就可能自行启动，造成人身事故或机械设备损坏。对电网来说，许多电动机同时启动，也会引起不允许的过电流和过大的电压降，而电热类电器则可能引起火灾。为防止电压恢复时电动机的自行启动或电器元件自行投入工作而设置的保护，称为失压保护。采用接触器和按钮控制电动机的启、停电路，就具有失压保护功能。如果正常工作中电网电压消失，接触器就会自动释放而切断电动机电源。当电网恢复正常时，由于接触器自锁电路已断开，因而不会自行启动。只有操作人员重新按下启动按钮，电动机才能启动。该控制电路具有失压、欠压保护功能，其优点是：

（1）防止电源电压严重下降时电动机欠电压运行。

（2）防止电源电压恢复时，电动机自行启动而造成设备和人身事故。

（3）避免多台电动机同时启动造成电网电压的严重下降。

但如果不采用按钮，而用不能自动复位的手动开关、行程开关等控制接触器，则必须采用专门的零压继电器。对于多位开关，要采用零位保护来实现失压保护，即电路控制必须先接通零压继电器，在工作过程中，一旦失电，零压继电器释放，其自锁也释放，当电网恢复正常时，就不会自行投入工作。

2. 欠压保护

电动机或电器元件在有些应用场合下，当电网电压降到额定电压的 60%～80% 时，就要求能自动切除电源而停止工作，这种保护称为欠电压保护。因为电动机在电网电压降低时，其转速、电磁转矩都将降低甚至堵转。在负载一定的情况下，电动机电流将增加，不仅影响产品加工质量，还会影响设备正常工作，使机械设备损坏或造成人身事故。另一方面，由于电网电压的降低，如降到额定电压的 60%，控制电路中的各类交流接触器、继电器既不能释放又不能可靠吸合，处于抖动状态并产生很大噪声，致使线圈电流增大甚至过热，造成电器元件和电动机的烧毁。

除上述采用接触器及按钮控制方式，利用接触器本身的欠电压保护作用外，还可以采用低压断路器或专门的电磁式电压继电器来进行欠电压保护，其方法是将电压继电器线圈跨接在电源上，其动合触头串接在接触器控制回路中。当电网电压低于整定值时，电压继电器动作使接触器释放。由于电流增加的幅度尚不足以使熔断器和热继电器动作，因此两者不起保护作用，如果不采取措施，时间一长将损坏电动机。

3. 过电压保护

当由于某种原因使异步电动机的电源电压超过其额定值时，电动机的定子电流增大，使电动机发热增多，时间久了就会造成电动机损坏。如果电压比额定值高得很多，则电动机定子电流就会超出额定值许多而可能烧坏电动机。因此，需要进行过电压保护。

最常见的过电压保护装置是过电压继电器。电源电压一旦过高时，过电压继电器的常闭触头就立即动作，从而控制接触器及时断开电源。过电压继电器的动作电压整定值一般可为电动机额定电压的 1.05～1.2 倍。

4.5.3　断相保护

异步电动机在正常运行时，如果电源任一相突然断路，电动机就处于断相运行。此时电动机实际上是在单相电源下运行，电动机定子电流会增大，转速要下降甚至会堵转，时间一长就会烧坏电动机。实践表明，断相运行是使电动机损坏的主要原因之一。因此应进行断相保护，或称缺相保护。

引起电动机断相运行的原因很多，例如熔断器一相熔体烧断、电动机绕组一相断路、一相接触不良或松脱、电源一相线路断开等，其中尤以熔断器一相烧断的情况最为常见，为此，国际电工委员会专门规定：凡是使用熔断器保护的电动机，都应设有断相保护装置。

断相运行时，线路电流和电动机绕组连接因断相形式（电源断线、绕组断线等）的不同而不同；电动机负载越大，故障电流也越大。断相运行时，通常可以根据电流或电压发生的变化特征检测出断相信号，来构成断相保护装置。断相保护可用的方法较多，现举例如下。

1.　采用带断相保护的热继电器

断相运行时，采用没有断相保护的热继电器虽然有时也能起到保护作用，但毕竟有很大的局限性。特别是对正常运行时采用△接法的电动机，发生断相故障时，在故障相线电流小于对称运行时保护电流的整定值时，非故障相绕组的电流却可能已经超过了其额定值。因此，如把热继电器的热元件串接在三相进线中，采用无断相保护的热继电器就不能起到保护作用。所以，应选用带断相保护的热继电器进行断相保护。与此同时还可实现电动机的过载保护。

2.　采用电压继电器

对三相 Y 接法的对称负载，其中性点对地的电压值理论上应为零（实际上不可能完全对称，会有一定的电压，但其值很小）。Y 接法的电动机有这样一个中性点，对△接法的电动机则可以人为地造成这样一个中性点。在中性点与地之间接入电压继电器的电磁线圈，当电动机断相运行时，中性点对地电压会升高到几十伏，使继电器动作，驱动接触器切断电源。采用这种方法应注意避免因三相电动机接通电源的瞬间三相可能有先后而造成的电压继电器的误动作。

3.　采用欠电流继电器

可以将三个欠电流继电器串接入电动机的三相进线中，并将它们的常闭触头串联起来去控制接触器。由于电动机断相运行时故障相的电流会大幅度减小或变为零，这时其中一个欠电流继电器会动作，通过接触器切断电源。

4. 断丝电压保护

断丝电压保护是针对熔断器一相熔丝熔断的断相保护。一相熔丝熔断后，电动机处于断相运行，在断丝两端就会产生电压。利用该电压可使继电器动作，控制接触器去切断电源。

5. 采用专门为断相运行而设计的断相保护继电器

断相保护继电器的主体是能够检测出断相的电子电路。电动机正常运行时，电路输出电压为零；断相运行时，电路会输出一个电压，可以触发接触器动作去切断电源。这样的电子电路的形式有很多，这里不作详细介绍。

4.5.4　温度保护

这里所说的温度保护，是指直接反映温度高低、防止温度过高的保护。

在电动机电流没有超过额定值时，由于通风不良、环境温度过高、启动次数过于频繁等原因，会使电动机过热。这些情况下，采用上面介绍的过电流保护及过载保护都不能解决问题，因此需要直接反映温度变化的热保护器。

温度保护通常可采用温度继电器。温度继电器主要有双金属片式和热敏电阻式两种，它们都直接被埋置在发热部位（绕组之中或其端部、轴承等），因此也称为嵌入式或装入式热保护器。热敏电阻式温度继电器中的热敏电阻具有正温度系数，且有温度系数大、灵敏度高、体积小、坚固可靠等优点，因此得到了广泛的应用。此外，热敏电阻还可用来检测电动机断相运行时故障相的温度以实现断相保护。

4.5.5　漏电保护

上面介绍的各种保护都是以电动机为直接保护对象的。当电动机出现漏电时，现场操作人员如果触及电动机，就可能发生人身伤害事故。以人为直接保护对象（同时也可防止漏电引起的火灾或爆炸事故）、以人体接触的安全电压或流过人体的电流时间允许值为基准来自动切断低压电源的保护就是漏电保护。

目前，常采用电流动作式漏电继电器来进行电动机漏电保护。漏电继电器适用于已具有低压断路器或交流接触器作电源总开关的场合，通过漏电继电器的触头来控制断路器的脱扣或者接触器的线圈，在很短的时间内切断电源，起到漏电和触电保护作用。

4.5.6　电动机常用保护电路分析

1. 防止电压波动造成电动机停止的电路

防止电压波动造成电动机停止的电路如图 4-20 所示。

启动时，按下启动按钮 SB$_1$，接触器 KM、断电延时时间继电器 KT$_1$ 和通电延时时间继电器 KT$_2$ 相继得电吸合，KM 的主触头闭合，电动机转动。同时，KM 的动合触头 KM（4、6）

闭合，KT_1 的断电延时断开触头（3、6）闭合；这样经 KM 的已闭合的动合辅助触头（4、6）和 KT_1 的已闭合的触头（3、6），使 KM、KT_1、KT_2 保持吸合状态。经延时，通电延时继电器 KT_2 的延时断开触头（4、6）断开，为电压波动造成电动机失电释放重新启动作准备。

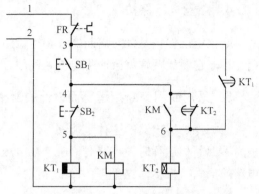

图4-20　防止电压波动造成电动机停止的电路

停止时，按下 SB_2，则 KM、KT_1 失电释放，电动机停转，KT_1 已闭合的触头（3、6）经延时后断开，KT_2 失电释放，其延时断开触头（4、6）闭合。

当电路电压波动或短时停电时，KM、KT_1、KT_2 均失电释放，电动机停转。但在 KT_1 的延时断开的动合触头 KT_1（3、6）尚未断开前恢复供电，则 KM 和 KT_1 仍可经过 KT_1 和 KT_2 触头得电吸合、自锁，电动机自动启动。如果电压在 KT_1 延时触头断开之后恢复正常，则控制电路不通，电动机将不能自行启动。

由上述可知，电路的延时时间只与断电延时继电器 KT_1 延时时间有关；通电延时继电器 KT_2 触头的延时断开时间只要保证大于 KM 触头的固有闭合时间就可以。

2. 电动机典型保护电路

电动机典型保护电路如图 4-21 所示。

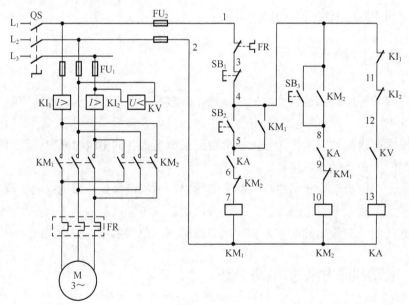

图4-21　电动机典型保护电路

熔断器 FU_1、FU_2 作为短路保护；热继电器 FR 作过载保护（热保护）；过流继电器 KI_1、KI_2 作为过流保护；中间继电器 KA 作为零压保护；欠电压继电器 KV 作为欠压保护；连锁保护通过正向接触器 KM_1 与反向接触器 KM_2 的动断触头来实现。

电路的工作过程是：合上电源开关 QS，当电源电压正常时，欠电压继电器 KV 得电吸合，其动合触头 KV（12、13）闭合，使中间继电器 KA 得电吸合。KA 的动合触头 KA（5、6）、KA（8、9）闭合，作为 KM_1、KM_2 得电的条件。从而使 KM_1 或 KM_2 可以得电吸合，电动机 M 可以正转、反转启动运转。

当欠电压时，KV 失电释放，其动合触头 KV（12、13）复位断开；当电动机过流时，过流继电器 KI_1 或 KI_2 吸合，其动合触头 KI_1（4、11）、KI_2（11、12）断开，使 KA、KM_1、KM_2 失电释放，电动机停转，从而达到保护电动机的目的。

3. 电动机多功能保护电路

对电动机的基本保护，例如过载保护、断相保护、短路保护等，最好能在一个保护装置内同时实现，多功能保护器就是这种装置。图 4-22 所示电路就是一种电动机多功能保护电路。

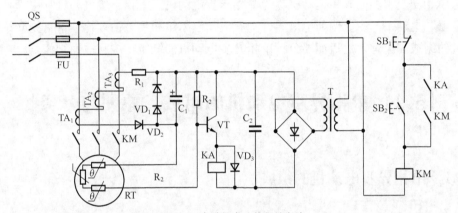

图4-22　电动机多功能保护电路

保护信号由电流互感器 TA_1、TA_2、TA_3 串联后取得。这种互感器选用具有较低磁饱和密度的磁环制成。电动机运行时磁环处于饱和状态，因此互感器副边绕组中的感应电动势，除基波外还有三次谐波成分。

当电动机正常运行时，三相的线电流基本平衡（大小相等，相位互差 120°），因此在互感器副边绕组中的基波电动势合成为零，但三次谐波电动势合成后是每相电动势的三倍。取得的二次谐波电动势经过二极管 VD_2 整流、VD_1 稳压、电容器 C_1 滤波，再经过 R_1 与 R_2 分压后，供给晶体管 VT 的基极，使 VT 饱和导通，于是继电器 KA 吸合，KA 动合触头闭合。按下启动按钮 SB_2 时，接触器 KM 得电吸合。

当电动机电源断开一相时，其余两相线电流大小相等、方向相反，互感器三个串联的副边绕组中只有两个绕组感应电动势，且大小相等，方向相反，结果互感器副边绕组总电动势为零，既不存在基波电动势，也不存在三次谐波电动势，于是 VT 的基极电源为零，VT 截止，接在 VT 集电极的继电器 KA 释放，接触器 KM 失电释放，KM 主触头断开，切断电动机电源。

当电动机由于过载或其他故障使其绕组温度过高时，热敏电阻 RT 的阻值急剧上升，改变了 R_1 和 R_2 的分压比，使晶体管 VT 的基极电流下降到很低的数值，从而使 VT 截止，继电器 KA 释放，同样能切断电动机电源。

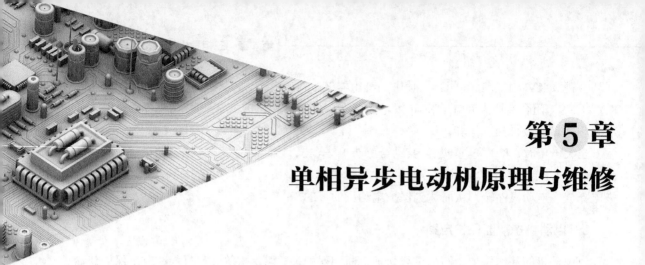

第5章
单相异步电动机原理与维修

采用单相交流电源的异步电动机称为单相异步电动机，单相异步电动机常用于功率不大的家用电器和电动工具中，例如电风扇、洗衣机、电冰箱和手电钻等。本章首先介绍单相异步电动机的组成和原理，然后简要分析单相异步电动机的绕组重绕和故障维修。

|5.1　单相异步电动机的组成、原理与分类|

5.1.1　单相异步电动机的组成

单相异步电动机是异步电动机的一个重要分支，由于其运转时只需单相电，因而得到了广泛应用。单相异步电动机的种类较多，外形各异，图 5-1 所示是常见单相异步电动机的外形。图（a）、（b）所示机型的外观和三相异步电动机类似，主要用于工农业生产机械中；图（c）所示为鼓风机电动机；图（d）所示为电风扇电动机；图（e）所示为罩极式电动机。无论什么样的单相异步电动机，其结构组成基本相同，都是由定子、转子、端盖、启动元件（离心开关或启动继电器、PTC）等组成，对于电容式单相异步电动机，还装有一个或两个电容（装有一个电容的为电容启动或电容运转式，装有两个电容的为电容启动运转式）。

1．定子

单相异步电动机的定子包括定子铁芯、定子绕组和机壳三大部分，如图 5-2 所示。
（1）定子铁芯
定子铁芯多用铁损小、导磁性能好，厚度为 0.35～0.5mm 的硅钢片冲槽叠压而成。定、转子冲片上都均匀冲槽。由于单相异步电动机定、转子之间气隙比较小，一般在 0.2～0.4mm，为减小定、转子开槽所引起的电磁噪声和齿谐波附加转矩等的影响，定子槽口多采用半闭口形状。转子槽则为闭口或半闭口，并且还采用转子斜槽来降低定子齿谐波的影响。集中式绕组罩极式单相电动机的定子铁芯则采用凸极形状，也用硅钢片冲槽叠压而成。
（2）定子绕组
单相异步电动机的定子绕组，一般都采取两相绕组的形式，即主绕组和副绕组（辅助绕组）。主、副绕组的轴线在空间相差 90°电角度，两相绕组的槽数、槽形、匝数可以是相同的，也可以是不相同的。一般主绕组占定子总槽数的 2/3，副绕组占定子总槽数的 1/3，但应视各种电动机的要求而定。

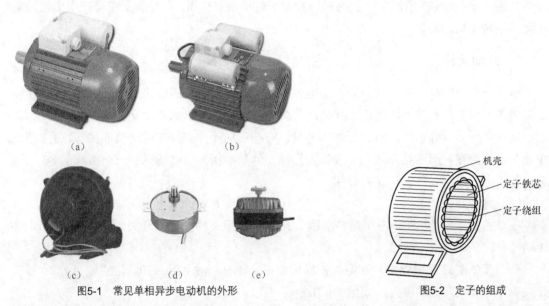

图5-1　常见单相异步电动机的外形　　　　图5-2　定子的组成

定子绕组的导线都采用高强度聚酯漆包线，线圈在线模上绕好后，嵌放在备有槽绝缘的定子槽内。经浸漆、烘干等绝缘处理后，可以提高绕组的机械强度和导热性能。

（3）机壳

机壳采用铸铁、铸铝和钢板制成，其结构型式则取决于电动机的使用场合及冷却方式。单相异步电动机的机壳形式一般分为开启式、防护式、封闭式等几种。开启式结构的定子铁芯和绕组外露，由周围空气自然冷却，多用于一些与整机装成一体的使用场合，如洗衣机等。防护式结构是在电动机的通风路径上开些必要的通风孔道，而电动机的铁芯和绕组则被机壳遮盖着。封闭结构是整个电动机采用密闭方式，电动机的内部与外部隔绝，防止外界的侵蚀与污染，电动机内部的热量由机壳散发。当散热能力不足时，外部再加装风扇冷却。

另外有些专用电动机，可以不用机壳，直接把电动机与整机装成一体，如电钻、电锤等手提电动工具。

2. 转子

转子是电动机的旋转部分，电动机的工作转矩就是从转子轴输出的。单相异步电动机一般均采用笼型转子，转子主要由转子铁芯、转轴和转子绕组等组成，如图 5-3 所示。转子铁芯由硅钢片叠成，转子硅钢片的外圆上冲有嵌放绕组的槽。转轴经滚花后压入转子铁芯，转子铁芯多采用斜槽结构，槽内经铸铝加工而形成铸铝条，在伸出铁芯两端的槽口处，用两个端环把所有铸

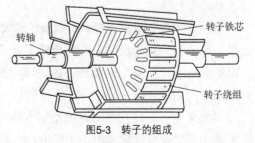

图5-3　转子的组成

铝条都短接起来，形成笼型转子。铸铝条和端环通称为转子绕组，整个转子经上、下端盖的轴承定位。

转子绕组用于切割定子磁场的磁感线，在闭合成回路的铸铝条（即导体）中产生感应电动势和感应电流，感应电流所产生的磁场和定子磁场相互作用，在导条上将会产生电磁转矩，从而带动转子启动旋转。

3. 启动元件

单相异步电动机没有启动力矩，不能自行启动，需在副绕组电路上附加启动元件才能启动运转。不同的单相异步电动机，其启动元件不尽相同，常见的启动元件主要有电阻、电容器、耦合变压器、继电器、PTC 元件等多种。有些启动元件安装在电动机的内部，有些则装在外部，无论在内部还是外部，一般认为启动元件是单相异步电动机的一个组成部分。下面对几种常见的启动元件做一简要介绍。

（1）离心开关

在单相异步电动机中，应用最多的离心开关是 U 形夹片式离心开关，它包括开关部分和转动部分。

开关部分由 U 形磷铜夹片和绝缘接线板组成，还有一对动触点和静触点，以分断电路，开关部分一般安装在端盖内，如图 5-4 所示。

转动部分也称离合器，它安装在转轴上，如图 5-5 所示。

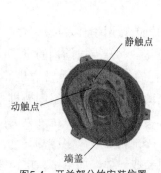

图5-4　开关部分的安装位置

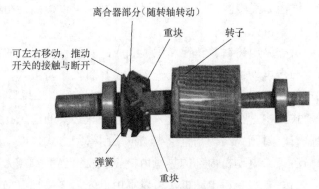

图5-5　转动部分的安装位置

离心开关的工作原理示意图如图 5-6 所示。电动机静止时，在弹簧压力作用下两触点闭合，接通副绕组。电动机通电启动后，当转速达到额定转速的 75% 时，在离心力作用下，旋转部分的重块飞开，触点分离；电动机静止时，重块复位，触点闭合，副绕组重新接通，为下次启动做好准备。

重点提示：不拆开电动机，如何判断电动机采用的启动元件是离心开关呢？方法是：凡是采用离心开关作为启动元件的单相异步电动机，其最显著的特点是，电动机运行停转时，可以听到一声"咔嗒"的声音。这是离心开关重块复位（闭合）的声音。

（2）启动继电器

启动继电器主要有电流继电器、电压继电器和差动继电器，有关电流和电压继电器，在本书第 1 章已做过介绍，下面主要介绍一下差动继电器。

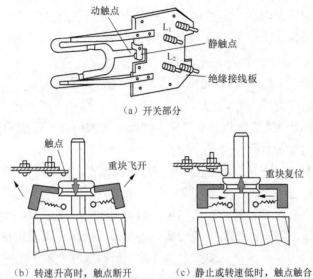

（a）开关部分

（b）转速升高时，触点断开　　（c）静止或转速低时，触点触合

图5-6　离心开关的工作原理示意图

差动式继电器的接线图如图 5-7 所示。差动式继电器有电流和电压两个线圈，因而工作更为可靠。电流线圈与电动机的主绕组串联，电压线圈经过常闭触点与电动机的副绕组并联。当电动机接通电源时，主绕组和电流线圈中的启动电流很大，使电流线圈产生的电磁力足以保证触点能可靠闭合。启动以后电流逐步减小，电流线圈产生的电磁力也随之减小，电压线圈的电磁力使触点断开，切除了副绕组的电源。

（3）动合按钮

动合按钮是一种比较简单的启动元件，在一些电阻启动电动机上应用。如图 5-8 所示，在电动机的副绕组电路中串联一个动合按钮，在电动机接通电源的同时按下动合按钮，接通副绕组。当电动机启动后，松开动合按钮，便切断了副绕组电路。

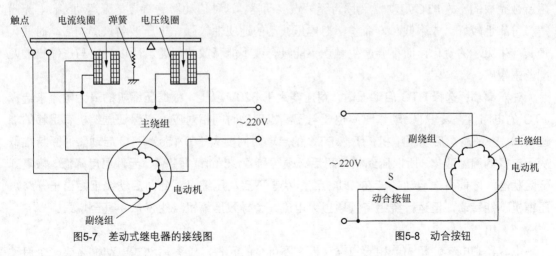

图5-7　差动式继电器的接线图　　　　　　图5-8　动合按钮

（4）PTC 启动器

PTC（正温度系数热敏电阻）启动器广泛应用于电冰箱、空调器的压缩机电路和电风扇微风挡电路中。PTC 元件是一种半导体材料的名称，它以酞酸钡掺和微量稀土元素，通常采用陶瓷工艺制成的元件，引出电极后整个元件用胶木密封。PTC 材料的特点是它的阻值大小

对温度非常敏感。在正常室温下，PTC 的电阻值很小，约十几欧至三十几欧（视不同压缩机而不同），当达到某一温度值时，电阻值会急骤增大数千倍，这一温度称为临界温度。压缩机所用的 PTC 元件的临界温度一般为 50～60℃。

用做压缩机启动器的 PTC 材料有正温度系数，在常温下它内阻极小，与启动绕组的阻抗相比可视为短路。当有电流通过时，PTC 温度迅速上升，而在温度超过 110℃ 以后，其阻值能大于 20kΩ，与启动绕组阻抗比相当于开路。因此，它被用做压缩机的启动元件。PTC 启动器直接插在压缩机启动与运行接线柱上固定。

PTC 启动器是一种无触点启动器，它的适应电压范围宽，能提高压缩机电动机启动转矩。图 5-9 所示是 PTC 启动器的外形与内部结构。

PTC 元件一般串联在电动机的启动绕组中，接线如图 5-10 所示。压缩机开始启动时，PTC 元件的温度比较低，电阻很小，电路可近似地视为直通。这样，压缩机可顺利启动。启动过程中，PTC 元件中通过的大电流使其温度迅速升高，当温度升至临界温度后，PTC 元件电阻值突然增大至数万欧姆，通过的电流下降到可以忽略不计，可近似地视为断路。此时，压缩机副绕组基本无电流通过，压缩机正常运转。

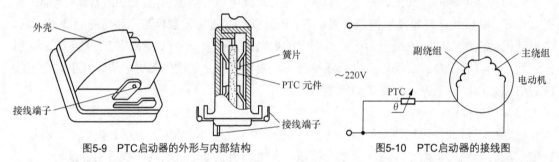

图5-9　PTC启动器的外形与内部结构　　　　图5-10　PTC启动器的接线图

由于启动过程中，PTC 元件没有机械的触点动作，其中电流的通断是通过元件的自身电阻特性完成的，故 PTC 启动器又称为无触点启动器。这种启动器的特点是无运动零件、无噪声、可靠性较好、成本低、寿命长，对电压波动的适应性较强。电压波动只影响启动时间，使其产生微小的变化，而不会产生触点不能吸合或不能释放的问题。所以，它与压缩机的匹配范围较广。

注意事项：选择 PTC 启动器时，耐压要大于 320V 以上，根据压缩机的最大电流来选择 PTC 的电阻值，其 PTC 动作时间也要与压缩机启动时间相对应，以保证压缩机有足够的加速时间。一般冷态启动压缩机，所选 PTC 的启动时间要大于 0.15s。PTC 启动器通断特性取决于自身的温度变化，所以压缩机停机后必须等待 4～5min，使 PTC 元件温度降低，恢复到低阻状态，才能再次启动。若在 20kΩ高阻状态下启动压缩机，此时启动绕组相当于开路，压缩机不能转动，但运行绕组持续通过大电流，会导致压缩机绕组发热，甚至烧毁。

（5）电容器

电容器是电容分相式单相异步电动机必不可少的元件，电容启动式电动机需要一个启动电容；电容运转式电动机需要一个运转电容；电容启动、运转式电动机需要两个电容。常见电容器外形如图 5-11 所示。

启动电容：启动电容器一般采用电解电容器。电解电容器的一个极板是由高纯度

（99.95%以上）铝箔制成的，并经过化学腐蚀使铝箔表面起伏不平，从而增大极板的有效面积，电容器的工作介质是在铝金属表面利用化学方法生成的一层极薄的氧化膜；另一个极板不是金属，而是称为电糊的电解质；将糊状电解质浸附在薄纸上，其引线借助于另一片铝箔，作为电容器的一个极。把铝箔与浸有电解质的薄纸叠起来并卷成圆柱形，密封在金属外壳中。将两个极板的接线引出来，并标上"+"和"−"极性。

图5-11　常见电容器外形

　　运转电容器：运转电容器一般采用油浸电容器或纸介电容器，这两种电容器由于不是用电解质做介质的，所以没有正、负极性之分，故这种电容器适合于长期工作在交流电路中。而电解电容器由于有正、负极性，如果将电容器加上反向的电压，则很容易被击穿而损坏，所以这种有极性的电解电容器用在交流电路时，其通电时间要在几秒以内，而且重复通电不能太频繁，否则极易损坏。在相同电容量下电解电容器的价格要便宜得多。

　　电容器的容量单位是"法拉"，简称"法"，用符号 F 表示。但这个单位太大，日常使用的为微法（μF），$1F=10^6\mu F$。单相电容电动机的电容器容量一般均不大于 150μF。

　　注意事项：选用电容器除了注意其电容量和额定电压应满足要求外，还要按不同的用途、需要及经济性来选用。例如，仅做启动用的电容器，由于带电时间短，便可以选用价格较便宜的电解电容器。另外，由于电容式电动机采用的是交流 220V 电源，所以电容器的耐压必须大于等于电源电压的 $\sqrt{3}$ 倍。电动机使用过久或长期不用，电容器会失效或容量改变，此时必须更换相同规格的电容器，否则会影响电动机的正常工作。

5.1.2　单相异步电动机的工作原理

1. 单相绕组的定子磁场

在单相异步电动机的单相绕组中通入单相交流电后，将会产生一个脉动磁场，如图 5-12所示。

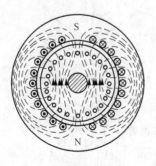
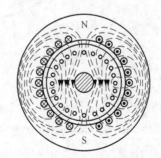

（a）电流为正半周时　　　　　（b）电流为负半周时

图5-12　单相异步电动机的脉动磁场

当电流为正半周时，磁场方向垂直向上，如图 5-12（a）所示；当电流为负半周时，磁场的方向垂直向下，如图 5-12（b）所示。磁场的轴线在空间固定不变，并不旋转，但可以认为该脉动磁场是由两个大小相等、转速相同，但旋转方向相反的旋转磁场所合成。当转子静止时，两个旋转磁场在转子上产生的合转矩为零，所以转子不能自行启动。如果用外力使转子按顺时针方向旋转一下，则顺时针方向的电磁转矩大于逆时针方向的电磁转矩，而使转子顺时针方向连续旋转；反之沿逆时针方向旋转。

综上所述，单相异步电动机具有两个特点：一是它的启动转矩等于零，不能自行启动；二是它的旋转方向不是固定的，完全取决于启动时的旋转方向。因此，单相异步电动机的一个重要问题，便是它的启动方法问题。

2. 单相异步电动机的定子磁场

大家知道，三相交流笼型异步电动机是在定子中嵌放互成 120° 的三相绕组，在三相绕组中通以三相对称交流电流，便可产生旋转磁场。而单相电动机输入的是单相交流电源，根据前面的分析，它所产生的磁场是单相脉动磁场，而不是旋转磁场，因而不能产生启动转矩，电动机当然就不能启动运转。为使单相电动机产生旋转磁场，就必须采取特殊的措施。

首先，在定子绕组的设计上，与三相电动机有所不同。单相电动机的定子槽内嵌放有两个绕组，即主绕组（运行绕组）和副绕组（启动绕组），并使两绕组的中轴线在空间互成一定的角度；其次，要使通入两绕组的同一电流造成不同的相位差，变成两相电流。为了造成不同相位的电流，可采取不同的启动方法来实现，通常是在辅助绕组中串以电阻或电容器，使流进副绕组的电流滞后或超前于主绕组电流一个角度，从而形成两相旋转磁场。

下面以两相绕组中电流相位相差 90° 为例，分析其形成的磁场，设流入主绕组的电流为 $i_主$，流入副绕组的电流为 $i_副$，在一个周期内，电动机的两相绕组的电流变化曲线和磁场的方向如图 5-13 所示。

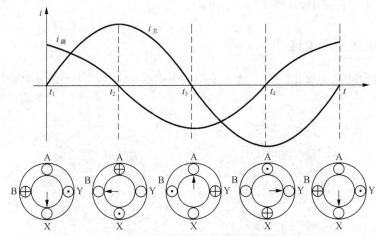

图5-13 电动机的两相绕组的电流变化曲线和磁场的方向

设 A-X 为主绕组线圈，B-Y 为副绕组线圈，并规定电流从 A、B 端流入，从 X、Y 端流出为正方向；反之为负方向。

在 t_1 时刻，$i_主$ 电流为零，$i_副$ 电流为正最大时，此时电流从 B 流入、从 Y 流出，用安培右手定则可判断出磁场方向向下，如图 5-13 中箭头所示；在 t_2 时刻，$i_主$ 为最大，$i_副$ 为零，电流由 A 端流入，从 X 端流出，磁场方向向左；在 t_3 时刻，$i_主$ 为零，$i_副$ 为负最大值，电流由 Y 端流入副绕组，从 B 端流出，此时磁场方向向上。同理，可判断出 t_4、t_5 时刻的磁场方向。

以上是在 5 个特殊时刻，两相电流中有一相电流为零的情况下的磁场方向。在由 $t_1 \sim t_5$ 的各时刻之间，磁场方向变化是两相电流共同作用的结果，是一个连续变化的过程，也就是说，在一个周期内磁场顺时针方向旋转一周。

以上分析说明，在给定子绕组下线时，使主、副绕组在空间成 90°电角度，并使通过两绕组的电流具有一定的相位差，就可产生旋转磁场。

注意事项：三相异步电动机在电源断了一根线时，就成为单相电动机运行状态，在启动时因转矩为零而不能启动，只能听到"嗡嗡"声，这时电流很大，时间长了，就将电动机烧坏。

三相异步电动机如果在运行中断了一根线，仍将继续转动。若此时还带动额定负载，则势必超过额定电流，时间一长，也会使电动机烧坏。

5.1.3　单相异步电动机的分类

根据启动方法，单相异步电动机分为电阻分相式电动机、电容分相式电动机和罩极式电动机，下面分别进行介绍。

1. 电阻分相式电动机

电阻分相式电动机主要由定子、转子和离心开关组成，转子为笼型结构，定子采用齿槽式，定子铁芯上布置有两套绕组，即主绕组和副绕组。为了使主绕组的启动电流和副绕组的启动电流在时间上有相位差，通常主绕组用较粗的导线绕制，且匝数较多、感抗大、电阻小，一般占总槽数的 2/3；副绕组用较细的导线绕制，匝数少、感抗小、电阻大，一般占总槽数的 1/3。由于两绕组的电阻和电感不同，使电源的单相电流在通过两绕组时变为具有相位差的两相电流。虽然这两相电流的相位差不是 90°，但是这两相电流却可产生椭圆形的旋转磁场。

电阻分相式电动机原理图如图 5-14 所示，A 是主绕组，B 是副绕组，S 是启动开关（离心开关、启动继电器或 PTC 元件等），当转子转速达到额定转速的 70%～80%时，开关 S 断开，将副绕组切断，电动机继续运行至额定转速。

电阻分相式电动机具有构造简单、价格低廉、故障率低、使用方便的特点，其主要特性如下：

（1）启动转矩一般是满载转矩的两倍，因此它的应用范围很广，如电冰箱、空调的配套电动机。

（2）转速很稳定，大小随定子极数和电源频率而变。同时，电动机负载的大小也能使转速产生微小的变化，并且它加速过程很快，不到 1s 即可达到额定转速。

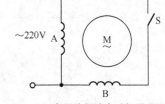

图5-14　电阻分相式电动机原理图

（3）启动电流大是其一大缺点，一般约为满载电流的 6～7 倍。

（4）过载时温升都很高，因此，一般过载容量不得超过满载转矩的 25%，时间不超过 5min。

（5）适用于不经常启动、负载可变而要求转速基本不变的场合，如小型车床、鼓风机、电冰箱压缩机、医疗器械等。

2. 电容分相式电动机

单相电容分相式电动机具有三种形式，即电容启动式、电容运转式、电容启动运转式。电容分相式电动机和同样功率的电阻分相式电动机的外形尺寸、定子铁芯、转子铁芯、绕组、机械结构等都基本相同，只是添加了 1～2 个电容器而已。

（1）电容启动式电动机

电容启动式电动机是在副绕组电路中串入一个电容器和一个开关。适当选择电容器容量和两绕组的电阻和电感，使副绕组电流与主绕组电流的相位差接近 90°，从而在电动机电流中获得一个近似于圆形的旋转磁场，使电动机启动运转。当转子转速达到额定转速的 70%～80% 时，开关 S 断开，将副绕组切断，电动机继续运行至额定转速。电容启动式电动机原理图如图 5-15 所示。

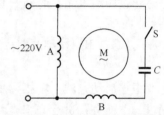

图5-15　电容启动式电动机原理图

电容启动式电动机具有较高的启动转矩，一般达到满载转矩的 3～5 倍，故能适用于满载启动的场合。由于它的电容器和副绕组只在启动时接入电路，所以它的运转特性，如转速因负载不同而变化，功率因数、效率、过载容量等，也都与同样大小并有相同设计的电阻分相式电动机基本相同。

单相电容启动式电动机多用于电冰箱、水泵、小型空气压缩机及其他需要满载启动的电器、机械。

（2）电容运转式电动机

电容运转式电动机是应用最广泛的单相异步电动机。它是在副绕组中串接一个电容器，但不串接开关 S。在启动和运行中，副绕组及电容器不从电路切除，参与长期运行，故称为电容运转式电动机。这种电动机由于启动绕组也参与运行，因此运行时输出功率较大，功率因数较高，过载能力较强。由于电容具有滤波作用，因此电动机噪声低，振动较小；其缺点是启动转矩较小，常用于比较容易启动的家用电器电动机上。

电容运转式电动机原理图如图 5-16 所示。

（3）电容启动运转式电动机

电容启动运转式电动机原理图如图 5-17 所示。

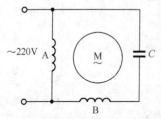

图5-16　电容运转式电动机原理图

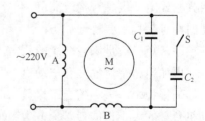

图5-17　电容启动运转式电动机原理图

电容启动运转式电动机是在副绕组中串联两个并联的电容器 C_1 和 C_2，其中电容器 C_2 为启动电容，与开关 S 串联，电容器 C_1 为运行电容。电动机启动时两只电容同时参与工作，这时启动电容值为两电容之和。待电动机的转速达到额定转速的 70%～80%时，开关 S 断开，C_2 脱离电路，使启动绕组电容量减小，可以得到圆形旋转磁场，而不是椭圆形旋转磁场，改善了电动机的运行性能，同时提高了电动机的效率和功率因数。

3. 罩极式电动机

所谓罩极式电动机，就是用短路铜环或短路线圈（统称罩极线圈）将电动机定子中部分磁极罩起来，利用罩极线圈产生旋转磁场而实现自行启动的电动机。罩极电动机的结构示意图如图 5-18 所示。

当主绕组通过交流电时，磁极产生脉动磁场，使罩极线圈产生感应电流，这个电流使罩极部分磁场变化总是落后于未罩住部分的磁场变化，由于这两个磁场在空间上和时间上都不同相。因此，在磁极表面产生一个由未罩住部分移动的旋转磁场，从而产生启动转矩，使电动机旋转起来。

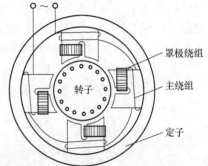

图5-18　罩极式电动机的结构示意图

罩极式电动机具有结构简单、制造方便、造价低廉、使用可靠、故障率低的特点；其主要缺点是效率低、启动转矩小、反转困难等，常用于电风扇、电唱机、小型鼓风机、油泵中。

|5.2　单相异步电动机绕组重绕与维修|

5.2.1　单相异步电动机绕组的识别

单相异步电动机的定子绕组由主、副两相绕组构成，主绕组一般用字母 A（有时用 U）表示，出线端分别标记 A、X（有时标记 U_1、U_2），副绕组一般用字母 B（有时用 Z）表示，出线端分别标记 B、Y（有时标记 Z_1、Z_2）。

根据线圈绕制的形状及布线方式，单相异步电动机的定子绕组主要分为集中式和分布式两大类。除罩极式电动机采用集中式绕组外，其他多数电动机均采用分布式绕组，分布式绕组又分为单层同心绕组、单层链式绕组、单层交叉链式绕组、单层叠绕组、双层绕组和正弦绕组等。

1. 单层同心绕组

单层同心绕组是由几只宽度不同的线圈套在一起，同心地串联而成的，有大小线圈之分，大线圈套在小线圈外边，线圈轴线重合。下面以 16 槽 2 极（$p=1$）单相异步电动机为例进行说明。

（1）计算绕组数据

根据 $\tau = \dfrac{Z}{2p}$ 可知，极距 $\tau = \dfrac{16}{2 \times 1} = 8$；

根据 $q=\dfrac{Z}{2pm}$ 可知，每极每相槽数 $q=\dfrac{16}{2\times 1\times 2}=4$；

根据 $\alpha=\dfrac{p\cdot 360°}{Z}$ 可知，槽距角 $\alpha=\dfrac{1\times 360°}{16}=22.5°$。

（2）绕组展开图分析

将线圈边 3→10 组成一个大线圈，节距 $y_1=7$；线圈边 4→9 组成一个小线圈，节距 $y_2=5$，大小线圈套在一起顺电流方向串联起来，构成一个绕组。同理，线圈边 11→2 组成大线圈，12→1 组成小线圈，两线圈串联便构成另一绕组。再将这两个绕组顺电流方向串联起来，便得到主绕组的同心绕组展开图，绕组的进出线端分别用 A、X 表示。根据绕组构成原则，画出副绕组的线圈排列和连接，最后，就可以得到图 5-19 所示的单层线组的展开图。

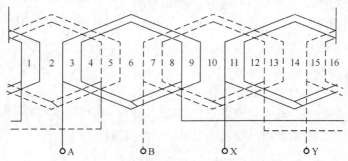

图5-19　2极16槽单相异步电动机同心绕组展开图

从展开图中可以看出，主绕组的走向是 A（主绕组头）→3→10→4→9→1→12→2→11→X（主绕组尾）；副绕组的走向是 B（副绕组头）→7→14→8→13→5→16→6→15→Y（副绕组尾）。

对于单相电动机，由于主、副绕组中通过的电流在相位上相差 90° 的电角度，由电动机的每槽电角度即可得出主、副绕组首尾相隔的槽数 $\dfrac{90°}{\alpha}$。如 16 槽 2 极电动机，由于每槽电角度为 22.5°，故布线时主、副绕组应相隔 $\dfrac{90°}{22.5°}=4$ 槽，如果主绕组首端从第 1 槽进，则副绕组的首端从第 5 槽进。

重点提示：对于单相异步电动机，特别是电阻分相式单相异步电动机，副绕组仅在启动过程中起作用，当电动机正常运转之后，只有主绕组参与工作，为了改善电磁波形，通常将定子槽数的 2/3 分给主绕组，1/3 分给副绕组。例如，对于一台 24 槽 4 极电动机，如果采用同心式绕组，则可按以下方法进行计算和连接：

根据 $\tau=\dfrac{Z}{2p}$ 可知，极距 $\tau=\dfrac{24}{2\times 2}=6$；

主绕组每极每相槽数 $q_1=\dfrac{2}{3}\times\dfrac{Z}{2p}=\dfrac{2}{3}\times 6=4$；

副绕组每极每相槽数 $q_2=\dfrac{1}{3}\times\dfrac{Z}{2p}=\dfrac{1}{3}\times 6=2$。

将定子铁芯 24 个槽 4 等分，得到每极 6 槽，又因每极距内有主、副绕组两部分，由计算可以知道：主绕组占 4 槽，副绕组占 2 槽。把极相组线圈连接成同心式，组成四个线圈组，再将线圈组按反串接法接好，将首末端引出。根据副绕组与主绕组线端相差 90°电角度，将副绕组用与主绕组相同的连接方法连接好，整个绕组就完成了，如图 5-20 所示。

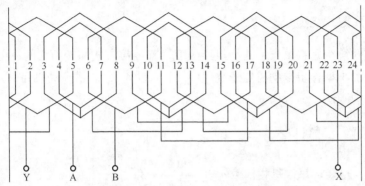

图5-20　4极24槽单层同心式绕组展开图

2. 单层链式绕组

单层链式绕组是由相同节距的线圈组成的，下面以 4 极（$p=2$）16 槽单相异步电动机为例进行说明。

（1）计算绕组数据

根据 $\tau = \dfrac{Z}{2p}$ 可知，极距 $\tau = \dfrac{16}{2 \times 2} = 4$；

根据 $q = \dfrac{Z}{2pm}$ 可知，每极每相槽数 $q = \dfrac{16}{2 \times 2 \times 2} = 2$；

根据 $\alpha = \dfrac{p \cdot 360°}{Z}$ 可知，槽距角 $\alpha = \dfrac{2 \times 360°}{16} = 45°$。

（2）绕组展开图分析

因为 $p=2$，即磁极数为 4，所以，将 16 条定子槽按磁极数分成四等分，每极占的槽数（极距）等于 4。又因为每极距内有主、副绕组两部分，得到每极下主、副绕组各 2 个槽，按节距 $y=3$ 将主绕组线圈连接好（短节距），采用"头接头，尾接尾"的接法，将主绕组线圈连接成一相，将副绕组作同样的连接，便可得到图 5-21 所示的绕组展开图。

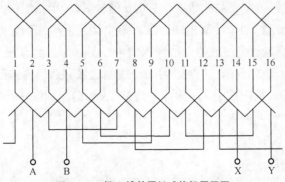

图5-21　4极16槽单层链式绕组展开图

从图中可以看出，主绕组的走向是 A（主绕组头）→1→4→8→5→9→12→16→13→X（主绕组尾）；副绕组的走向是 B（副绕组头）→3→6→10→7→11→14→2→15→Y（副绕组尾）。

在这里，主、副绕组相差的槽数为 $\dfrac{90°}{\alpha} = \dfrac{90°}{45°} = 2$，如主绕组在 1 槽时，副绕组在 3 槽。

3. 单层交叉链式绕组

单层交叉链式绕组是将单层链式绕组经改变端部连接方式演变而成的，主要用于每极每相槽数 q 为奇数的小型异步电动机定子绕组中。下面以 4 极 24 槽电动机为例，说明定子交叉链式绕组展开图的画法。

根据 $\tau = \dfrac{Z}{2p}$ 可知，极距 $\tau = \dfrac{24}{2 \times 2} = 6$；

根据 $q = \dfrac{Z}{2pm}$ 可知，每极每相槽数 $q = \dfrac{24}{2 \times 2 \times 2} = 3$；

根据 $\alpha = \dfrac{p \cdot 360°}{Z}$ 可知，槽距角 $\alpha = \dfrac{2 \times 360°}{24} = 30°$。

由于 $q=3$，取一组为两个线圈，另一组为一个线圈构成单双交叉分布的绕组，如图 5-22 所示。

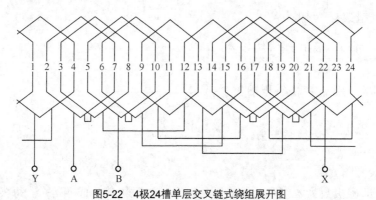

图5-22　4极24槽单层交叉链式绕组展开图

4. 单层叠绕组

单层叠绕组采用"头接尾，尾接头"的接法（庶极接法），图 5-23 所示是 4 极 24 槽电动机展开图。其中，主绕组占定子总槽数的 2/3（16 槽），每一极相组由四个线圈串联而成；副绕组占 8 槽，每一极相组由两个线圈串联而成。整个绕组及端部明显地分成两个部分。嵌线时，从 1 号槽开始，将第一个线圈的一边嵌入槽中，另一边吊起（吊把线圈边数为 $y_1=6$）；接着将第二个线圈边嵌入 2 号槽，主绕组的四个线圈边嵌完后，再嵌副绕组的两个线圈边，最后将吊起的线圈边嵌入相应槽中。用同样方法从 13 号槽起，将另一半绕组嵌完，最后按庶极接法分别将主、副绕组的两部分串联起来。

5. 双层绕组

为了改善两相绕组旋转磁场的波形，改善电动机的启动性能，单相异步电动机还采用了双层绕组。双层绕组的特点是线圈节距均相等，因此线圈形状相同，端部排列整齐，但由于单相异步电动机内径较小，双层绕组嵌线比较困难，这是双层绕组最主要的缺点，所以，对于小容量电动机，均不采用这种绕组形式。双层绕组展开图如图 5-24 所示。

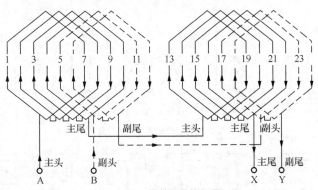

图5-23 4极24槽单层叠绕组展开图

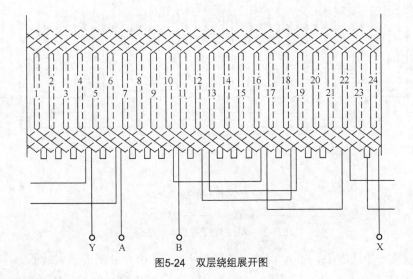

图5-24 双层绕组展开图

6. 正弦绕组

单层绕组的旋转磁场波形不太好，在运行中不太平稳，振动噪声比较大，一般都用在环境要求不太高的条件下，在家用电器上就不适用，如冰箱、空调、洗衣机、电风扇等，而正弦绕组就可以满足要求，并大量应用在家用电器中。下面就以单相 4 极 24 槽电动机为例进行说明，其绕组展开图如图 5-25 所示。

图 5-25（a）中的横轴代表电动机槽号的分布，纵轴代表各槽中每相绕组匝数的相对量。从图 5-25（b）中可以看到，每个槽号下都有两条线圈边，这是一个双层绕组，也就是说每个线槽被分成了上下层，分配给主、副两相绕组（主、副两相绕组的参数可以一样，也可以不一样）。

嵌线时，一般是先将主绕组各线圈嵌放进线槽下层，也即主绕组全部在下层，垫上绝缘后，再将副绕组嵌放入各槽上层。

产生磁极的几个线圈（一组线圈）由同心式的几个线圈组成，但各线圈的匝数不同，大线圈匝数多，小线圈匝数少，嵌线以后，各线槽中每相绕组的导体数随槽号数按正弦规律分布，"正弦绕组"由此得名，这也是此种绕组与其他形式绕组的根本区别。

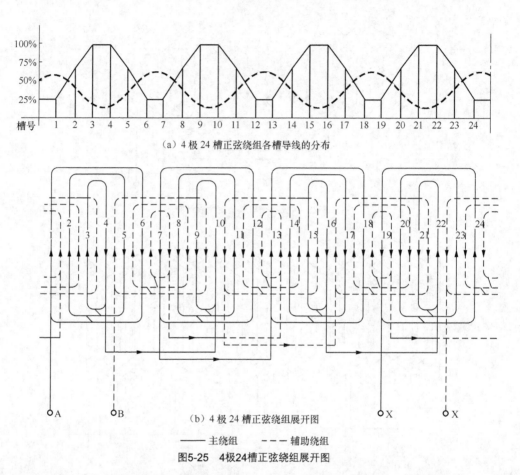

（a）4 极 24 槽正弦绕组各槽导线的分布

（b）4 极 24 槽正弦绕组展开图

—— 主绕组　　　- - - 辅助绕组

图5-25　4极24槽正弦绕组展开图

现在来观察一个线圈组，如 A 相绕组的第一组：1 号和 6 号槽中嵌大线圈，其匝数最多，2 号、5 号槽中线圈匝数均为大线圈的 75%，3 号、4 号槽中嵌小线圈，匝数最少，约是大线圈的 25%。其他各线圈组（包括 B 相组）的情况类似，由于正弦绕组为比较特殊的双层绕组，所以在绘制时要注意。例如，A 相绕组要按照一个极距内所有下层边电流方向必须一致进行连接，A 相绕组嵌放完毕，B 相绕组（全部为上层绕组）嵌放以 A 相为准，或左或右推半个极距，按一个极距内所有上层边电流方向必须一致进行连接。

重点提示： 实际的单相电动机"正弦绕组"中，小线圈匝数可能是零，例如，上例中，一般使 3 号、4 号、9 号、10 号、15 号、16 号、21 号、22 号槽内只有 B 相绕组（即槽内 A 相绕组为零），使 6 号、7 号、12 号、13 号、18 号、19 号、24 号、1 号槽中只有 A 相绕组（即 B 相绕组为零）；也就是说，从外观上看，这种绕组是单、双层混绕的，如图 5-26 所示。线圈的这种混绕方式在洗衣机电动机中十分常见。需要注意的是，在此种情况下仍然按照双层绕组进行分析讨论，因为我们认为零不能被认为是没有，只是匝数很少，几乎可以看作零。

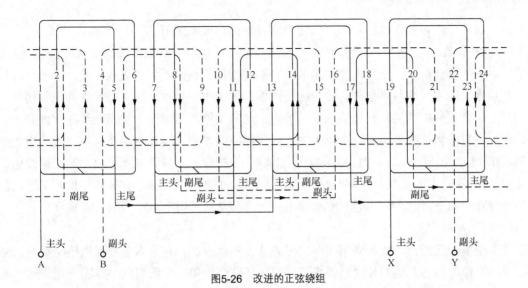

图5-26　改进的正弦绕组

5.2.2　单相异步电动机绕组的重绕

单相异步电动机绕组的重绕与三相异步电动机相似，也分为"重绕前的准备工作、绕组的重嵌、绕组重嵌后的浸漆与烘干、重绕后的检验"等几个步骤。由于单相异步电动机容量较小，定子绕组的形式有一定的差异，因此，下面以图 5-26 所示的绕组（主要应用于洗衣机中的洗涤电动机）为例，仅就"绕组的重嵌"作一简要介绍。其他步骤和方法可参考三相异步电动机相关内容。

1. 嵌线

嵌线时，为了避免错误，把绕好的几组线圈的头和尾都朝一个方向摆放好，如图 5-27 所示，使线圈的引线头、尾都应在定子铁芯的同一侧（靠近电动机引出线的一侧）。每嵌一个槽之前先将槽绝缘对折起来插入槽中，使两端露出槽外部分一样长，露在槽口外的绝缘要对齐，并把露出槽口部分往槽口外侧折倒，这样做可以在嵌线时保护导线绝缘不被铁芯槽口划伤。

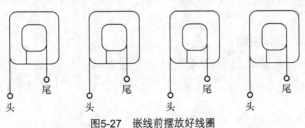

图5-27　嵌线前摆放好线圈

嵌线的顺序是先嵌主绕组，后嵌副绕组，即把主绕组的四组线圈全部嵌完，再嵌副绕组的四组线圈，具体步骤如下：

（1）嵌放主绕组

先嵌主绕组的小线圈，后嵌大线圈。将定子铁芯水平放置，以任一个槽为第 1 号，先用右手把要嵌的小线圈一边捏扁，放至 2 号槽，槽外部分可略带扭绞形，但槽内导线必须整齐平行，嵌好此线圈后插入层间绝缘，以便与副绕组的小线圈隔开。

嵌完 2 号槽内主绕组一个小线圈的一条边以后，按同样方法把小线圈的另一条边嵌入 5 号槽内，插入层间绝缘。至此，主绕组的第一组绕组的小线圈的两边就嵌完了。

然后嵌大线圈，用右手把带有线头的一边捏扁推入 1 号槽内，装入槽绝缘并塞入槽楔，用同样方法把大线圈的另一条边嵌入 6 号槽内。这样主绕组的第一组绕组的线圈就嵌完了。

按同样方法依次把主绕组其余三个绕组嵌入相应的槽中，具体方法是：第二组绕组的小线圈从第 11 槽穿入，从第 8 槽穿出；大线圈从第 12 槽穿入，从第 7 槽穿出。第三组绕组的小线圈从第 14 槽穿入，从第 17 槽穿出；大线圈从第 13 槽穿入，从第 18 槽穿出。第四组绕组的小线圈从第 23 槽穿入，从第 20 槽穿出；大线圈从第 24 槽穿入，从第 19 槽穿出。

（2）嵌放副绕组

按主绕组相同的方法依次嵌副线组。可先从 5 号槽嵌起，在嵌入前要检查层绝缘是否垫好，层绝缘伸出铁芯两端的长度是否均等，然后把副绕组第一组绕组的小线圈一边嵌入 5 号槽内，由于 5 号槽内已有一层主绕组，因此，嵌线时可能比较困难，这时要靠划线板，每次几匝几匝地划入槽内，用力不能过猛，不能划伤导线和层间绝缘，同时还得保证槽内导线平行理直，最后加入槽绝缘纸，并打入槽楔塞紧。接着把这个小线圈的另一边嵌入 8 号槽内，加上槽绝缘，塞入槽楔。

副绕组的小线圈嵌好后，可嵌副绕组的大线圈，先把第一组绕组大线圈的带有引出线一边嵌入 4 号槽内，加入槽绝缘，封槽口，塞入槽楔；再把该线圈的另一边嵌入 9 号槽内，此槽也是单层绕组，嵌好线圈，封槽口塞槽楔。至此副绕组第一组绕组的线圈嵌完。

按上面相同的方法把其余副绕组的线圈一一嵌入槽内。具体嵌线方法是：第二组绕组的小线圈从第 14 槽穿入，从第 11 槽穿出；大线圈从第 15 槽穿入，从第 10 槽穿出。第三组绕组的小线圈从第 17 槽穿入，从第 20 槽穿出；大线圈从第 16 槽穿入，从第 21 槽穿出。第四组绕组的小线圈从第 2 槽穿入，从第 23 槽穿出；大线圈从第 3 槽穿入，从第 22 槽穿出。

主、副绕组的线圈分布和嵌线方法完全相同，由于是 4 极电动机，在空间上两绕组空间错开 45°，电角度相差 90°。

线圈的穿入穿出方向不能搞错。依靠判定通电线圈磁感线方向的右手定则即可判断出电流在某一个方向时的磁感线方向，即 N 极和 S 极。在嵌线过程中，要边嵌线边整形，要使铁芯两端的绕组高度相等。

（3）垫层间绝缘（相间绝缘）

用 0.12mm 厚的青壳纸或复合青壳纸剪成与绕组端部的高度和宽度的形状相近的绝缘垫，加入主绕组和副绕组之间，要从槽绝缘口处开始垫起。相间绝缘高度要比绕组端部高出 1～2mm。

2. 接线

当主、副绕组的各个线圈嵌完后，便可以接线。

单相异步电动机有一个最基本的接线规律，即不论它是几极电动机，相邻两极的极性是相反的。因此接线时要设法使通入第一组绕组的电流为顺时针方向，而第二组绕组的电流变为逆时针方向，如图 5-28 所示。

该电动机的四极主绕组采用串联接法，连接时，将第一组绕组的尾端与第二组绕组的尾端相连，再将第二组绕组的头端与第三组绕组的头端相连，也就是采用"头接头，尾与尾"的接法。以此类推，最后把第一组和第四组绕组的起端接电源。副绕组的接线与主绕组基本相同，只是副绕组回路中接上了运转电容，如图5-29所示。

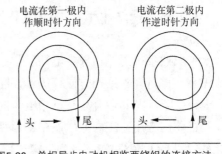

图5-28　单相异步电动机相临两绕组的连接方法

一般来说，在将各绕组、各极相组连接起来之前，还应再对照接线图仔细核对一下，以便及时纠正可能出现的错误。为了避免导线连接处氧化，保证电动机绕组长期安全运行，必须将连接处焊接起来。

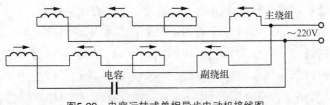

图5-29　电容运转式单相异步电动机接线图

上面介绍的是电容运转式单相异步电动机的接法，对于电阻分相式、电容启动式、电容启动运转式单相异步电动机，其连接方法类似，如图5-30所示。

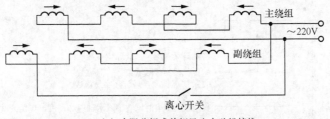

（a）电阻分相式单相异步电动机接线

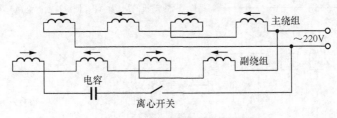

（b）电容启动式单相异步电动机接线

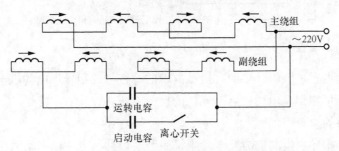

（c）电容启动运转式单相异步电动机接线

图5-30　电阻分相式、电容启动式、电容启动运转式单相异步电动机接线图

5.2.3 工农业生产用单相异步电动机的修理

工农业生产用单相异步电动机与三相异步电动机的外观相似，具有运行性能好，噪声低、体积小、重量轻、维护方便等优点，在农用机械、水泵、风机、制冷、小型机床等设备中应用十分广泛，尤其适合只有单相电源的场合。

目前，应用在工农业生产中的单相异步电动机主要有以下产品：第一代为 JX、JY、JZ 老系列和 DO、CO、BO 系列，第二代为 JX、JY、JZ 新系列和 DO_2、CO_2、BO_2 系列。其中 DO、DO_2 及新老 JX 系列为电容运转式；CO、CO_2 及新老 JY 系列为电容启动式；BO、BO_2 及新老 JZ 系列为电阻分相式。

另外，还有 YL、YC、YY、YU 等新型单相异步电动机。其中，YL 为电容启动运转式，具有启动和运行性能好，噪声低、体积小、重量轻、维护方便等特点，广泛用于空气压缩机、水泵、各类机械设备等；YC 为电容启动式，具有结构简单，运行可靠，维修方便，启动转矩大，过载能力强的特点，广泛用于空气压缩机、水泵、机械设备等；YY 为电容运转式，具有运行性能好，噪声低、体积小、重量轻、维护方便等特点，广泛用于水泵及轻负荷启动的机械设备等；YU 为电阻分相式，适用于驱动小型机床、鼓风机、医疗器械、工业缝纫机等启动转矩较小，又不经常启动的机械。

单相异步电动机的型号由系列代号、设计序号、机座代号、特征代号及特殊环境代号组成，如下所示：

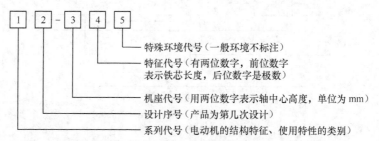

例如 BO2-7122，其含义如下：

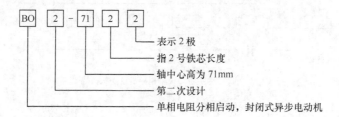

1. 主要元件的检查

单相异步电动机定子绕组、转子、机械故障的检查与三相异步电动机一致，这里不再重复，下面主要介绍单相异步电动机启动元件的检查方法。

（1）启动元件的检查

我们知道，单相异步电动机需要一套副绕组帮助启动，电动机启动后，一般都由启动开关把副绕组切断，如果是电容启动运转式单相电动机，也要利用启动开关把启动电容切除。

　　启动元件的类型是多种多样的，主要分为机械式和电气式两大类。机械式是直接利用电动机转动产生的机械力来断开接点，如利用离心力断开接点的离心开关；电气式则是利用电磁力、电热原理使启动开关动作并断开接点，如电磁式继电器等。常用的启动元件要求在单相异步电动机接入电源后，转速达到75%～80%同步转速时，把副绕组自动从电路切除。所以，启动元件一定要工作可靠。如果在整个启动过程中不能断开启动绕组，也就是说，启动绕组长时间进入电动机运行状态的话，由于启动绕组线径小、电流密度较高，就有可能使电动机副绕组烧毁。因此，启动元件对电动机的可靠运行是极为重要的，常见的启动元件故障及修理如下所述。

　　（2）离心开关的检查

　　离心开关结构复杂，而且要装在电动机端盖内侧，不便于检查维护。它在单相异步电动机中的使用日益减少，逐渐为其他形式的启动元件所取代。离心开关主要分短路和断路故障。

　　离心开关短路：离心开关短路后，会使触点不能断开副绕组与电源的连接，从而使副绕组发热烧坏。离心开关是否短路，可采用以下方法进行检查：在副绕组线路中串入电流表，运行时如仍有电流通过，则说明离心开关的触点失灵未断开，这时应查清原因并予以修复。

　　离心开关断路：离心开关断路后，启动时副绕组不能接入电源，电动机将无法启动。离心开关是否断路，可用万用表电阻挡测量电动机的接线盒进行检查，如图 5-31 所示。用万用表电阻挡测量离心开关的两个接线柱，在电动机未工作的情况下，离心开关应闭合，电阻应很小；如果阻值很大，说明离心开关接触不良；如果阻值为无穷大，说明离心开关断路。此时，应找出故障点予以修复。

　　（3）启动继电器的检查

　　启动继电器常见故障是弹簧失效、触点烧坏、线圈故障等，对继电器故障的修理，应分清情况，查出原因，找到故障处，予以修复。如不能修复，应及时更换。

　　（4）电容器的检查

　　电容器是否正常，一般用万用表进行检查。用万用表检查是利用电容器对直流电的充放电特性来进行的，对于交流电容器，接线无正、负极之分。把万用表转换到 1×10k 挡，对于刚使用过的电容器，先用一支表笔把电容器两接线端短接，使之放电，然后将两表笔接电容器两接线端子，如图 5-32 所示。

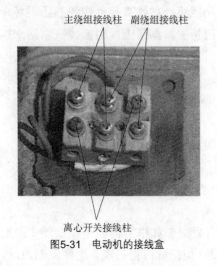

图5-31　电动机的接线盒

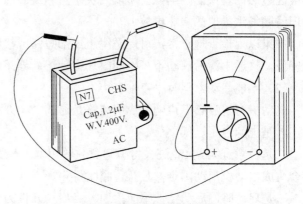

图5-32　用万用表检测电容器

对正常电容器，用万用表测量时表针应大幅度摆动，摆向电阻为零的位置，然后又慢慢摆回到电阻值很大的位置。

若表针不摆动，表示电容器断路；若表针摆动到电阻为零的位置后，不再返回，则是电容器极间短路；如果表针从零位返回后，最后停下来的位置小于正常的电阻值（与正常电容器相比较），则是电容器容量不足；若表针摆动到某一位置后，停下来而不返回，说明电容器漏电流很大，表针所指示的电阻值就是漏电电阻值，此值越小，说明漏电现象越严重。把万用表的一支表笔接电容器外壳的金属部分，另一支表笔分别和电容器两接线端子接触，正常电阻值不能小于几十兆欧。如果阻值小，则是绝缘不良；如果表针指向零，则电容器已通地。

另外，也可以用替换法。将怀疑有故障的电容器从电路中拆下来，用一只正常的电容器替换上去，如果电动机工作正常，则可断定原电容器已损坏。

2. 常见故障维修

同一种故障现象，既可由电气故障引起，也可由机械原因引起，修理之前必须先分析出可能出现的故障原因，然后，根据先机外后机内的原则，逐一进行排查和维修。

（1）不能启动，没有任何声音

当电源电压时有时无或电压过低时，将会导致电动机启动转矩过小而不能启动。电源电压的有无可用万用表方便地进行测量。若无电压，应仔细检查电源开关、供电线路直至变配电柜，查看是否有接头接触不良的现象。

若电源正常，则检查绕组是否断路。主、副绕组回路均有断路的可能，但一般副绕组电路因元件较多，发生断路故障的机会多一些。

如果启动元件是离心开关，可在副绕组电路串联检验灯后，通电试验其发亮与否，或用万用表测量其通断。

假如将启动元件的触点短接，合上电源后，电动机仍不能启动，则说明可能是副绕组断路或电容器损坏。如属电容器损坏，则更换新电容器后，电动机便能启动；如电容器完好或者更换电容器后，电动机仍不能启动，则只能说明副绕组断路。这时只有将电动机拆卸，查找副绕组的断路点并加以维修。

注意事项：对于分相电动机来说，无论主绕组还是副绕组，如果有元件或线圈组烧坏，均会因过热而直接影响绝缘。所以，决定重新绕线时，应将主、副绕组同时换掉，以防未换的旧线圈发生类似的烧坏事故。

如果以上检查均正常，可能是绕组内部短路或接错，这些故障均会造成电动机的启动转矩降低，接通电源后启动不了，同时还会使熔断器熔丝熔断。

（2）不能启动，但有"嗡嗡"声

电动机有"嗡嗡"声响，说明电路是通的。主要原因如下：

一是电源电压过低。

二是负载过大。负载过大将引起负载转矩增大，当电动机启动转矩不能克服负载转矩时，将会造成电动机启动困难，且有"嗡嗡"声。

三是启动时，启动元件不能接通。当启动元件为电容器时，如电容器因绝缘性能变差而导致容量不足时，电动机启动转矩变小，负载时不能启动，但空载时可启动。电容器断路时，电动机不能启动，但这时如用手拨动转轴，电动机便能沿手动的方向转起来。电容器短路时，电动机两绕组通过同相电流，电动机发出很大的"嗡嗡"声，发热很快，拨动转轴，电动机也不能启动。

四是主、副绕组中有一个断路。此时用手拨动电动机轴，应能缓慢地启动起来。

五是绕组有短路故障时，电动机有时也会在负载时不能启动，但空载时还能缓慢启动。

另外，电动机的机械部件有故障也会引起类似故障。

（3）电动机运行时温升过高

造成电动机过热的故障原因有：

一是电路原因，如电源电压过高或过低，绕组短路或接错线头。

二是机械原因，如轴承太紧或松动、端盖装配不良、轴弯曲变形等

三是过载运行。

维修时应根据现象，查找原因加以解决。

5.2.4　家用电器用单相异步电动机的修理

由于单相异步电动机具有结构简单、成本低廉、使用方便（使用 220V 交流电源）等特点，因此，在家用电器设备（如电风扇、洗衣机、电冰箱、空调、抽油烟机、家用水泵等）中应用十分广泛。下面以台扇、落地扇电动机的为例进行介绍。

1.　台扇、落地扇电动机的结构

台扇、落地扇电动机的结构如图 5-33 所示，主要由定子、转子、端盖等组成。

目前，台扇、落地扇广泛采用的是电容运转式电动机。在设计上，电动机的副绕组的匝数比主绕组多，且线径细，又因为电风扇需要进行调速，所以，在绕组中要加调速线圈。

一般来说，扇叶直径在 200mm 以下的台扇、落地扇，采用 2 极电动机；扇叶直径在 250～400mm 时，应采用 4 极电动机。台扇、落地扇电动机的定子槽数有 8 槽、12 槽、16 槽等多种。槽数越多，电动机性能越好。但相数多，嵌线工艺要复杂困难得多。

2.　台扇、落地扇电动机的调速

在电动机磁极数不变的条件下，电动机转速与绕组所加电压成正比关系。实际单相异步电动机的调速都是采用不同的方法，通过改变绕组电压的大小来实现的。单相异步电动机改变绕组电压调速时，电压的改变使得转速和转矩都下降，所以这种调速方法只能用于转矩跟随转速下降的负载，如电风扇、鼓风机等，而不宜用于承受额定负载的电动机。下面简要介绍台扇、落地扇电动机常用的几种调速方法。

（1）电动机绕组抽头调速

抽头调速是在电动机的工作绕组上串接一调速绕组（中间绕组），在调速绕组上抽出几个线头引入调速开关，使在相同的电源电压下，定子绕组上的电压发生变化，达到调速的目的。更简便的方法是省去调速绕组，直接在主绕组或副绕组上抽头，也可达到调速目的。这种调速方法在早期的台扇、落地扇中应用较多。

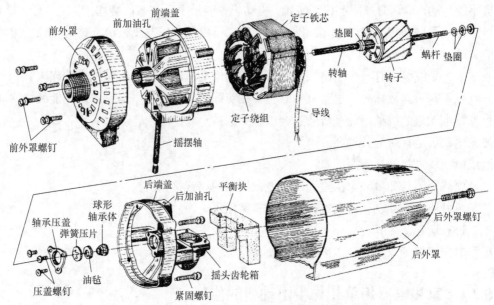

图5-33 台扇、落地扇电动机的结构

（2）电容器法调速电路

电容运转式电动机，其移相电容的大小直接影响到电动机的运行性能。减小串联于电动机电路中电容的值，将使电路中的容抗增加，电动机经电容器降压后将使转速减小。利用这一原理，把不同容量的电容器串接在电动机电路中，通过接通调速开关，就可获得不同的转速，利用电容器还可以为电风扇增设微风挡。图 5-34 所示为电容器法调速电路。

电容器调速的优点是调速可靠，结构简单，几只并联电容可以组成组合式的调速电路，在中低速运行时功耗小、效率高。

（3）采用 PTC 元件调速

电风扇的微风是指转速在 500r/min 以下送出的风。若采用一般调速方法，电风扇电动机在这样的低转速下不能启动。采用 PTC 元件的电路可以实现电动机的低速启动，其电路如图 5-35 所示。

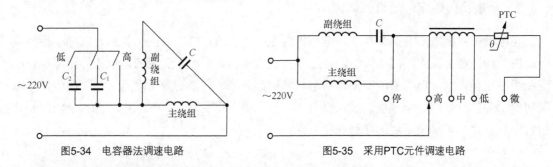

图5-34 电容器法调速电路　　　　图5-35 采用PTC元件调速电路

当按下微风挡按键时，由于 PTC 元件处在室温状态阻值很小，其上的电压降很小，电动机得到的是接近于低速挡的电压，因此，能够顺利启动。在电风扇启动过程中，电流通过 PTC 元件，电流的热效应使其温度迅速升高。当启动过程结束时，PTC 元件的温度也已达到居里点，此时 PTC 元件的电阻值急剧增加，达到数千欧，它两端的电压也随之增大，使电动机端电压下降至 180V 以下，电动机自动进入转速为 500r/min 以下的微风挡运行。

在运行过程中若断电，电风扇扇叶的惯性将维持一段时间的转动状态，待完全停止时，PTC 元件温度已降至居里点以下的常温。所以再启动时，电风扇又能重新启动，并自动进入微风挡运行。如果断电时间很短，几秒后即恢复通电，虽然 PTC 元件的温度仍在居里点以上，阻值仍很大，但因电风扇扇叶一直在转动，需要的转矩很小，因此可以逐渐加速，直至恢复微风挡运行。

（4）无级调速电路

无级调速电路有多种电路形式，图 5-36 所示为一种常见的无级调速电路。

采用双向晶闸管调速电路，是通过改变晶闸管的导通角，也就是改变了晶闸管的导通程度（导通电流或输出电压），来达到电动机调速的目的。在图中，VD 为双向二极管，RP 为调速电位器。当电路接通电源后，电源通过电阻

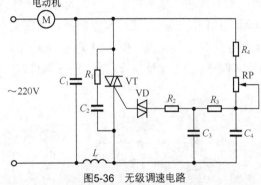

图5-36 无级调速电路

R_4、电位器 RP 向电容 C_4 充电，C_4 两端电压开始升高。当 C_4 端电压达到一定值时，双向二极管 VD 和双向晶闸管 VT 导通，VT 的导通为电动机提供了通路而工作。通过调节 RP 可以改变 C_3、C_4 的充电速度，也就改变了 VT 的导通角，使通过电动机（或 VT）的电流随之改变，实现了无级调速。电路中采用了两级 RC 电路（R_4 和 RP，C_4 和 R_3，C_3），调节 RP 可使 VT 的导通角在 0°～170°范围内连续变化。

3. 台扇、落地扇电动机的维修

（1）通电后电风扇不转

① 通电后电动机不转，也没有响声。这种现象表明，故障在线路及电动机和电器元件方面，可能是电源无电，电动机引线及插头损坏或接线断开、脱落，按键开关或定时器接触不良，调速开关内部断路或外部接线点虚焊、脱焊及其他各连线断路、脱焊等。

②通电后电动机不转，但电动机有响声。若断电后用手转动不灵活，一般为机械故障，若转运灵活，多发生在电动机内部主、副绕组及其外部电路上。主要检查外部器件，如电容器是否完好等；再拆卸电动机，检查内部绕组接线是否断开、脱焊等。

（2）电动机转速太慢

转速太慢的原因较多，或电源电压正常，一般为机械原因，如吊扇平面轴承损坏，致使转子下沉，或者缺油等，修理时需要调换平面轴承，使其恢复原位，并及时注油。

（3）电动机外壳带电

① 感应电：单相电动机的定子及其外壳感应的电位比较高，一般在几伏至十几伏不等，有的更高，用试电笔测时微微发亮，用手浮于机壳表面触摸，有轻微的"毛刺"感。使用单相电动机的设备、器具都有接地线，出现上述情况时，应检查电风扇扇体接地线是否可靠接地。

② 漏电：电动机长期过热或受潮均会使绝缘程度下降而漏电。对于因过热引起绝缘下降而漏电的应做浸漆处理，以提高绝缘性能。对于因受潮或进水而漏电的电动机，应做排水和

干燥处理，然后做浸漆处理。

③ 绕组碰壳：绕组碰壳时，会将单相交流电直接引向机壳，这种情况非常危险。出现这种故障，需要找到接地点，垫好绝缘物以彻底解决。在无法找到接地点时，需要彻底更换绕组。

④ 插座（或插头）接线错误：最危险的是因插头接线错误所引起的整个电风扇带电。电动机的电源线一般为三芯，分别为相线（即火线）、零线和接地线，正确的接法如图 5-37（a）所示。插座除了接好相线和零线外，还应另接接地线，以保证电风扇牢靠接地。但是，现在很多住房缺少接地线，便出现了图（b）所示的错误接法。这种接法很不安全，一旦零线开路时，便会通过"接地触点"将 220V 电压加到风扇体上，引起触电事故，十分危险，不可采用。

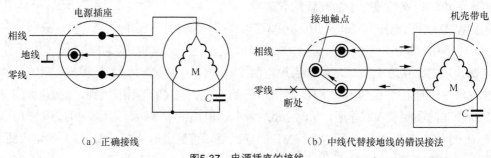

（a）正确接线　　　　　　　　　　　　（b）中线代替接地线的错误接法

图5-37　电源插座的接线

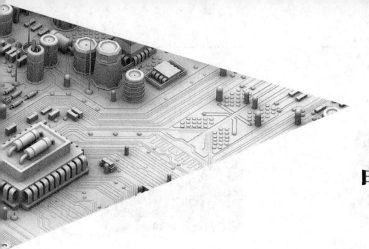

第6章
电动机的五种类型

在电动机领域，种类也非常繁多，前面我们学习了三相异步电动机和单相异步电动机，本章中，我们将再介绍五种常见的电动机，即直流电动机、单相串励式电动机、步进电动机、同步电机和直线电动机。

|6.1　直流电动机|

直流电动机是由直流供电，将电能转化为机械能的旋转机械装置，直流电动机以其良好的调速性能和较大的启动转矩，在电动机的家族中占有重要的地位。对调速性能要求较高的生产机械（如刨床、镗床、轧钢机等）或需要较大的启动转矩的生产机械（如起重机械、电力牵引等），往往采用大型直流电动机驱动。在自动控制系统和家用电器中，小型直流电动机也得到了广泛的应用，如电动剃须刀、电动玩具等采用是小型直流电动机。近年来，兴起的无刷直流电动机发展迅猛，在变频系统中得到了广泛的应用。

6.1.1　熟悉大中型电磁直流电动机

大中型直流电动机，外形实物如图 6-1 所示。

1. 直流电动机的结构

直流电动机与三相异步电动机和单相异步电动机的结构十分相似，也包括定子、转子（电枢）、端盖等部分，除此之外，直流电动机还设有电刷等装置。另外，直流电动机的定子和转子结构也与三相异步电动机和单相异步电动机有较大区别。

（1）定子

定子由主磁极、换向极和机座 3 部分组成，其实物如图 6-2 所示。

主磁极：主磁极用来产生磁场，由铁芯和励磁绕组构成，铁芯上放置励磁绕组，铁芯通常由厚 1～1.5mm 的低碳钢片叠压后，用铆钉装配成整体。励磁绕组是用漆包线绕制，并经绝缘处理后制成的。励磁绕组通入直流励磁电流时，主磁极即产生固定的极性；改变励磁电流的方向，可以改变主磁极的极性。

图6-1　直流电动机的外观实物

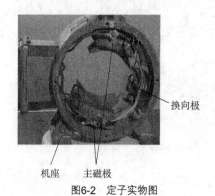

图6-2　定子实物图

换向极：换向极的作用是改善电动机的换向性能，使电动机运行时电刷不产生有害的火花。与主磁极一样，换向极也是由铁芯和绕组两部分组成的，并固定在定子机座上。

机座：机座又称电动机外壳，它既是电动机磁路的一部分，又用来固定主磁极、换向极、端盖等零部件，所以要求它有良好的导磁性能和机械强度，一般采用低碳钢浇注或用钢板焊接而成。

（2）电枢（转子）

电枢也称转子，主要由电枢铁芯、电枢绕组、换向器和电刷装置 4 部分组成，如图 6-3 所示。电枢的作用是产生电磁转矩，以达到电能转换为机械能的目的。

电枢铁芯：电枢铁芯在旋转时被交变磁化，为了减少铁芯损耗，通常采用厚 0.35～0.55mm 的硅钢片叠装而成。圆柱状叠片两面涂绝缘漆，做片间绝缘用。其表面冲有槽，槽中放电枢绕组。

电枢绕组：电枢绕组的作用是产生感应电动势和电磁转矩，从而实现能量转换，是电动机的重要部件。电枢绕组是由绝缘铜线绕制而成的许多个线圈，嵌放在电枢铁芯槽内，按一定规律经换向片连接成整体，绕组在槽内的部

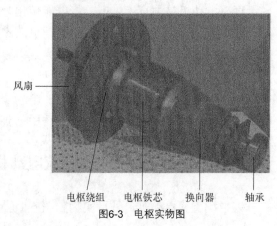

图6-3　电枢实物图

分，用绝缘槽楔压紧，其槽外端部分用无纬玻璃丝带绑扎。

换向器：换向器也称整流子，起整流作用，其作用是使电枢绕组中的电流方向是交变的，以保证电磁转矩方向始终不变。换向器由许多楔形铜片间隔 0.4～1.0mm 厚的云母片绝缘组装而成的圆柱体，每片换向片的一端有高出的部分，上面铣有线槽供线圈引出端焊接用。换向片的下部做成燕尾形，然后用钢制的 V 形套筒和 V 形云母环固定，称为金属换向器，整个换向器套压在转轴的一端。

电刷装置：电刷装置安装在电动机的前端盖上，其实物如图 6-4 所示，由电刷、刷杆、刷架等组成。电刷装置的作用是使旋转的电枢绕组与固定不动的外电路相连接，将直流电流引入或引出。

重点提示：

直流电动机主要有 3 个绕组，分别是励磁绕组、换向绕组和电枢绕组。励磁绕组固定在

主磁极上，其作用是建立主磁场；电枢绕组安装在电枢铁芯上，其作用是完成电能到机械能的转换；换向绕组通电后可产生磁场，用以改善换向的功能。所以，直流电动机工作时的磁场是由各个绕组的总磁动势所共同产生的，但是其中的励磁绕组的磁动势起着最主要的作用。

（3）端盖

端盖有两个，分别是前端盖和后端盖，固定在机座的两端，使电动机成为一个整体，其实物如图 6-5 所示。端盖上有轴承以支撑电动机转子旋转。

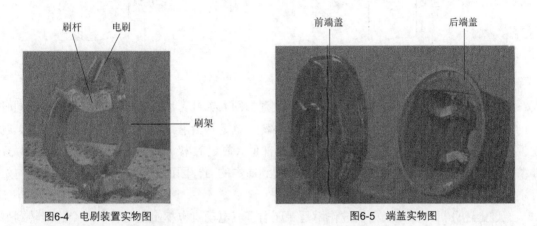

图6-4　电刷装置实物图　　　　　　　　　　图6-5　端盖实物图

2. 直流电动机的工作原理

小型直流电动机的定子磁场由永久磁铁产生，中型和大型直流电动机的定子磁场由通以电流的励磁绕组产生，定子磁场的方向是不变的，如图 6-6 所示。

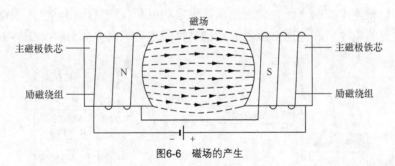

图6-6　磁场的产生

电枢上通有电流的电枢绕组置于定子磁场当中。电枢绕组由许多线圈组成，为了简化直流电动机结构以说明其工作原理，我们取电枢绕组中的一个单匝线圈来分析其在磁场中所受到的磁场力。如图 6-7 所示，线圈 abcd 为绕轴可转动的线圈，线圈两端头分别与两个换向片连接，每个换向片又各与一个电刷保持滑动接触，而每个电刷通过引线与直流电源相接。

当直流电源接通后，电流从电源正极经电刷 A 和换向片进入位于 N 极区的电枢线圈边 ab，再从位于 S 极区的线圈边 cd 流出，最后经另一个换向片和电刷 B 流到电源负极，如图 6-7（a）所示。线圈 ab 和 cd 作为载流导体要受到磁场力的作用，力的方向可用左手定则判定。可以判定出，ab 受到向左的力 f，cd 受到向右的力 f，这两个力对转轴形成逆时针方向力矩，线圈被驱动沿逆时针方向转动。因此，电枢线圈逆时针方向旋转。

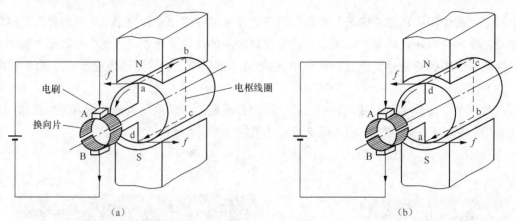

图6-7　直流电动机的工作原理

当电枢转动 180°以后，线圈边 ab 和 cd 位置如图 6-7（b）所示，而换向器也与线圈同时转动，从而保证了线圈所受电磁力矩的方向不变，电枢将沿着逆时针方向继续旋转下去。就是说，不管 ab 边还是 cd 边，哪条边转到上半部位（靠近 N 极），哪条边就将受到向左的力；哪条边转到下半部位（靠近 S 极），它就将受到向右的力，因而整个线圈所受力矩的方向始终不变。

通过上述分析可知，换向器的作用是保证当直流电动机电枢上的导体从一个磁极转到另一个磁极时，导体内的电流也能及时换向，从而保证电枢的电磁转矩方向不变，使电动机转向不变。

3. 直流电动机的分类

直流电动机根据电刷的有无，分为无刷直流电动机和有刷直流电动机，根据定子磁场不同，分为永磁直流电动机和电磁（激磁或励磁）直流电动机，具体分类如图 6-8 所示。

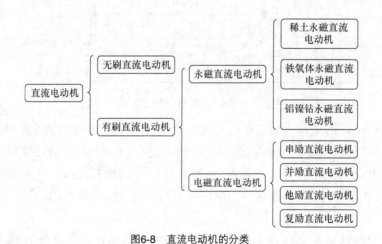

图6-8　直流电动机的分类

4. 直流电动机的型号

目前，我国生产的直流电动机主要有以下系列产品：

Z2 系列：一般用途的中小型直流电动机，功率范围为 0.4～200kW，转速范围为 600～

3000r/min，调速范围 3:1 或 4:1。

Z3、Z4 系列：一般用途的中小型直流电动机的新产品。

ZD 系列：一般用途的大中型直流电动机，用于大中型机床、造纸机等，转速范围 230～1500 r/min，电动机电压为 220V、330V、440V、660V。

ZZY 系列：起重冶金用直流电动机。

电动机的型号是用来表示电动机的主要特点的，它由产品代号和规格代号等部分组成。例如，Z2-31 各符号表示意义如下：

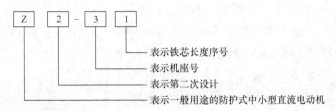

5. 直流电动机的额定值

电动机制造厂在每台电动机的机座上都钉有一块铭牌，上面标出该电动机的主要技术数据，称为该电动机的额定值。下面介绍直流电动机的额定值。

（1）额定功率 P_N

额定功率指电动机在规定的额定状态下运行时轴上输出的机械功率，其值等于额定电压与额定电流的乘积再乘以额定效率，单位为 kW。

（2）额定电压 U_N

电动机长期安全运行时所能承受的电压称为额定电压，单位为 V。

（3）额定电流 I_N

额定电流指电动机在额定电压下，转轴有额定功率输出时的定子绕组电流，单位为 A。

（4）额定转速 n_N

额定转速指电动机在额定电压和额定电流下，额定功率输出时的转子转速，单位为 r/min。

除上述额定值外，还有诸如额定效率 η_N、额定转矩 M_N 等额定值，它们不一定标在铭牌上，但某些数据可以根据铭牌数据推算出来。例如，电动机的额定输出转矩可按下式计算：

$$M_N = 9550 \frac{P_N}{n_N}$$

额定值是经济合理地选择电动机的依据，如果电动机运行时，其各物理量（如电压、电流、转速等）均等于额定值，则称此时电动机运行于额定状态。电动机额定运行时，可以充分可靠地发挥电动机的能力。如果电动机运行时，其电枢电流超过额定值，称为超载或过载运行；反之，若小于额定电流运行，则称为轻载。超载将使电动机过热，降低使用寿命，甚至损坏电动机；轻载则浪费电动机功率，降低电动机效率。

6. 电磁直流电动机的修理

电磁直流电动机常见故障有以下几种。

（1）励磁绕组短路

励磁绕组短路会使电流增大，短路严重时，则会烧毁绕组。检查励磁绕组是否短路，可采用以下方法：将直流电动机所有励磁绕组串联起来，外加 36V 或 110V 直流电压，利用万用表测量每一个励磁绕组两端的电压，如图 6-9 所示，如果电压高低不等，电压低的那只励磁绕组存在短路故障，对于短路线圈，需要重新绕制。

（2）励磁绕组通地

励磁绕组通地是指线圈与铁芯或机壳相通，在运行中机壳带电，遇到这种情况应该立刻切断电源停止运行，把碳刷从刷握中取出，用 500V 兆欧表测定子线圈对机壳绝缘电阻，如果测得绝缘电阻比较小但不是零，可能是线圈受潮。可将电动机拆开取出转子，把定子放入烘箱 100℃ 左右烘烤 4h 以后再测绝缘电阻，如果绝缘电阻已上升但还没达到 5MΩ，要继续烘烤，直到绝缘电阻符合要求为止。若兆欧表测得的绝缘电阻为零，说明已通地；经过 8h 烘烤后，绝缘电阻不上升，说明电动机绝缘性能已下降，只能重新绕制线圈。

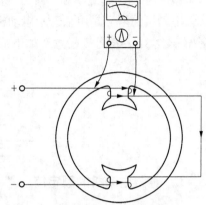

图6-9　用万用表检查励磁绕组短路故障

（3）励磁绕组断路

励磁绕组断路多发生在线包的引出线位置，励磁绕组一旦断路，会导致磁场发生变化。并励直流电动机线包断路，会引起磁场消失（只有一点剩磁），这种情况下，电动机电枢通电，电动机转速会特别高。串励电动机电磁绕组断路，会引起电枢电路与电源断开，电动机接通电源，电动机不会转动。复励直流电动机的并励绕组断路，电动机的电磁只有串励绕组工作，电动机运行特性有明显变化。

检测励磁线包断路最简便的方法，就是用万用表测量每个励磁线包的阻值，当检查出断路线包后，应仔细查看断路点。如果断路点发生在励磁线包引线位置，则可以拆开线包的外包扎层，使线包断点彻底露出来。然后用软导线与断线焊接好，加以绝缘，最后再将焊接处牢固地绑扎励磁线包上。如果断点在线包的内部，只能更换新绕组。

（4）电枢绕组短路

电枢严重短路时，绕组将烧毁，如果绕组短路匝数较少，只需要拆很少部分线圈就能将短路点露出来时，可以将短路的导线剪断，套上绝缘管，重新焊接，然后涂上绝缘漆。将绝缘漆干燥后，电动机就可以使用。

（5）电枢绕组通地

电枢绕组通地故障是直流电动机的最常见的故障。通地部位一般常发生在槽口或槽底，有时发生在绕组元件引出线与换向片连接处。找出电枢绕组通地点后，应根据绕组通地部位，采取适当的修理方法。若电枢绕组通地点在换向片与绕组元件引出线的连接部位，或者在电枢铁芯槽的外部，则只需在通地导体与铁芯之间重新加强绝缘就可以了；若电枢绕组通地点在铁芯槽的内部，或者通地点较多，则只能重新绕制电枢绕组。

（6）电枢绕组断路

电枢绕组的断路点，一般多发生在绕组各元件引出线与换向片连接处，或各元件端部与机壳相碰处，有时断点也会出现在电枢铁芯槽内部。

若绕组断点发生在换向片处，可将断路元件的引出线与换向片重新焊接好即可，注意绝缘要好；若断路点在铁芯槽内，并且断路元件只有一个元件，可将断路元件从电路中切除，即将断路元件引出线所连的换向片短接起来。如果断路元件较多，又很难处理好，则只能重新绕制电枢绕组。

（7）换向片间短路

电动机运行时，若发现换向火花过大、过长，甚至形成环火，则可以肯定是换向片间短路。换向器表面火花强弱按一定规律性变化，也是换向片间短路的故障表现。

修理的方法是将电枢取出，用棉纱蘸酒精或汽油擦洗换向器表面，仔细观察换向片间的云母的颜色，若已变黑色，说明云母已被击穿和碳化而导致换向片间短路。可用图 6-10 所示的自制工具进行修理，修理时，可用带钩的工具清除换向片间的粉尘，若是云母被炭化，可用带钩的工具将炭化的云母刮掉，直到见到白色好云母为止。用自制工具清除换向片间粉尘或者炭化的云母之后，要用万用表检测一下，看短路是否消除，若还有短路故障，则应继续去除换向片间的杂质，直至检测无短路为止。

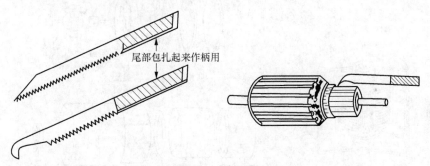

图6-10　自制工具

当消除短路故障之后，把研碎了的云母粉用 1011 绝缘漆搅拌成糊浆，再将这种糊浆灌入被刮空的间隙中，保温干燥 7~8 小时，待糊浆硬化后即可使用。

（8）换向器通地

换向器通地，是指换向片与电动机轴相通，会造成机壳带电。换向器通地轻微时，电动机还能转，但转速低，电磁力矩减小，换向器会产生较大的火花；换向器通地严重时，电动机不能转动，机壳严重带电。

换向器通地的原因有两个：其一是换向片与电动机轴之间绝缘破坏，其二是换向器端部积累导电粉尘太多，造成通地故障。

因换向器端部粉尘太多而造成通地，这一故障容易发现，也容易修理；电动机运转时仔细观察换向器部位，若发现有火星出现，则说明换向器通地，只要清除粉尘即可。

（9）电刷与换向器接触不良

由于直流电动机转速高，很容易导致电刷与换向器接触不良。一旦出现此种故障，电动机转速会下降，换向器表面产生较大火花。在维修时，若发现换向器表面有污物，可打开刷架，取出电刷，用 0 号砂纸（或砂布）小心地擦一擦换向器表面，将其污物去除。若发现压电刷的弹簧弹力不足或弹簧变形，应及时更换弹簧。

6.1.2 了解小型永磁直流电动机

小型永磁直流电动机在家电（如蓝光影碟机、电须刀）、电动玩具、点钞机、自动窗帘、智能家具、ATM机、冷却风扇、扫描仪、打印机、电动自行车等产品中得到了广泛的应用，图 6-11 所示为常见小型永磁直流电动机外观实物图。

图6-11 常见小型永磁直流电动机外观实物图

1. 小型永磁直流电动机的结构

小型永磁直流电动机主要包括定子、转子和电刷3 部分。定子是固定不动的部分，由永久磁铁制成，转子是在软磁材料硅钢片上绕上线圈构成的，而电刷则是把两个小炭棒用金属片卡住，固定在定子的底座上，与转子轴上的两个电极接触而构成的。图 6-12 所示为机械稳速和电子稳速直流电动机的结构图。

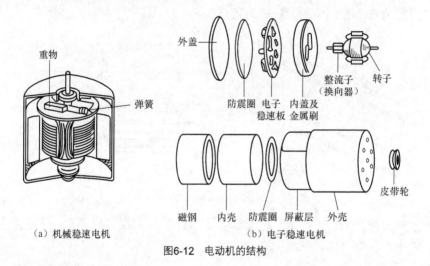

（a）机械稳速电机 （b）电子稳速电机

图6-12 电动机的结构

2. 小型永磁直流电动机的分类

小型永磁直流电动机按不同的分类方法可分为以下几种。

（1）根据永磁材料，可分为稀土永磁直流电动机、铁氧体永磁直流电动机和铝镍钴永磁直流电动机。

稀土永磁直流电动机体积小且性能更好，但价格昂贵，主要用于航天、计算机、井下仪器等。

铁氧体永磁直流电动机由铁氧体材料制成的磁极体，廉价，且性能良好，广泛用于家用电器、汽车、玩具、电动工具等领域。

铝镍钴永磁直流电动机需要消耗大量的贵重金属、价格较高，但对高温的适应性好，用于环境温度较高或对电动机的温度稳定性要求较高的场合。

（2）按运转速度方式，可分为单速电动机和双速电动机。

单速电动机转速只有一种速度，转速可调。

双速电动机有两种速度，一个为常速，一个为倍速，两种速度都可以进行微调。

（3）按电动机转动的方向，可分为单向转动电动机和双向转动电动机。

单机转动电动机只能顺时针或逆时针转动。

双向电动机可以顺时针转动，也可以逆时针转动。

（4）按直流工作电压可分为 6V、7.5V、9V、12V、15V 等。

3. 直流电动机的稳速原理

电动机转动速度是否稳定对机器影响很大，因此，必须对电动机的转速采取稳速措施，电动机的稳速方式主要有机械稳速、电子稳速和电压伺服稳速 3 种，其中，电子稳速应用最多。

（1）机械稳速

机械稳速是通过在电动机转子上安装的离心触点开关实现的，其结构如图 6-13（a）所示。

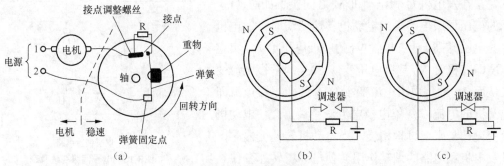

图6-13　机械稳速

当电动机转子旋转过快时，调速器触点受离心力作用而离开，电源通过电阻 R 后再加到电动机上，如图 6-13（b）所示，因而电动机两端电压下降，使电动机转速减慢。当电动机转速过慢时，离心力变小，调速器触点闭合，如图 6-13（c）所示，电源不通过电阻而直接加到电动机上，电动机转速加快。

（2）电子稳速

用电子电路稳定电动机转速的装置叫电子稳速装置，电子稳速原理如图 6-14 所示。

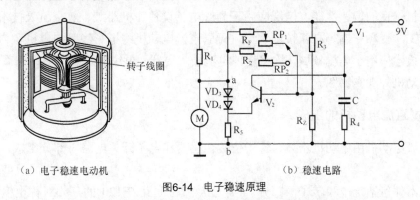

（a）电子稳速电动机　　　　　　　（b）稳速电路

图6-14　电子稳速原理

电动机线圈、电阻 R_1、R_2 和 R_3 构成桥式电路，当电路保持平衡状态时，a 点电位比 b

点高约 0.4V，此时电位器 RP_1（或 RP_2）有一定电流通过。当电动机转速增加时，反电动势增加，相当于电动机线圈内阻增加，致使 a 点的电位更高于 b 点的电位。a 点电位升高，V_2 的发射极电位也随着升高，相对的基极电位降低，于是其集电极电流减小。由于 V_2 的集电极电流即是 V_1 的基极电流，所以，V_1 的集电极电流也减小，因此流过电动机线圈的电流减小，电动机转速变低。相反，若电动机转速过低时，通过三极管的作用，使电动机线圈电流有所增加，从而使电动机转速提高。

电子稳速方式比机械稳速方式稳定性高、噪声小，因此应用较多。

（3）电压伺服发电动机稳速

电压伺服稳速原理如图 6-15 所示。

在电动机内装有伺服发电机，当电动机旋转时，同时带动该发电机转动。该发电机产生的电压与转速成正比。为了利用发电机产生的电压控制电动机的转速，通常在发电机 G 和电动机 M 之间接上如图（b）所示的电压伺服电路。当电动机转速变快时，发电机产生的电压升高，使三极管 V_1 的基极电压增大，集电极电压即三极管 V_2 基极电压变低，V_2 的基极电流变小，从而 V_2 的集电极电流变小。V_2 的集电极电流即是电动机的电流，V_2 集电极电流变小后，会使电动机转速变慢。与上述过程相反，当电动机转速变慢时，通过发电机和电路的调整作用会使电动机转速变快。

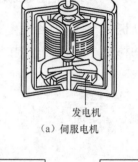

发电机

（a）伺服电机

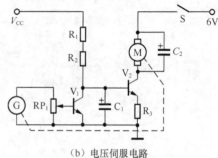

（b）电压伺服电路

图6-15　电子伺服稳速原理

6.1.3　开拓创新的无刷直流电动机

前面介绍的直流电动机，由于电刷和换向器之间有滑动接触，使用中常引起诸如火花噪声，无线电干扰，运行稳定性差等许多问题。目前，除了对传统的换向器不断改进以外，还普遍重视发展无刷直流电动机。这种电动机的特点是，用电力电子器件及其控制电路代替传统的机械换向器，避免了电刷和换向器的滑动接触，提高了运行的可靠性，同时还保留了普通直流电动机优良的调速性能，广泛应用于高级电子设备、机器人、航空航天技术、数控装置、医疗化工、变频空调等高新技术领域。无刷直流电动机将电子线路与电机融为一体，把先进的电子技术应用于电机领域，这将促使电机技术更新、更快的发展。图 6-16 所示是常见无刷直流电动机外观实物图。

1.　无刷直流电动机的组成

无刷直流电动机由电动机本体、转子位置传感器和电子开关电路 3 部分组成，如图 6-17 所示。

电动机本体包括定子和转子两部分，定子上放置空间互差 120° 的三相对称电枢绕组 AX、BY、CZ，接成星形或三角形，转子是用永久磁钢制成的一对磁极。定子安装在电动机壳内，转子和转子传感器同轴旋转。它的作用是把转子的位置检测出来，变成电信号去控制电路，控制电路再去控制逆变器的电子开关元件的导通和截止，输出一系列等幅不等宽的矩形脉冲PWM 波形（可等效为正弦波形，有关此部分内容，在下一章介绍通用变频器时，还要详述），从而控制定子上各相绕组中的电流大小和方向，使电机转子按一定的顺序进行切换旋转，实现无接触式的换向。

图6-16　常见无刷直流电动机外观实物图

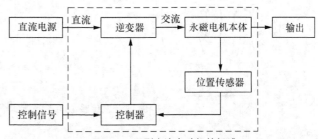

图6-17　无刷直流电动机的组成

2. 无刷直流电动机转子位置传感器的形式

无刷直流电动机的转子位置传感器根据不同的原理构成，分成电磁感应式、光电式、霍尔元件式等多种不同的结构形式。

（1）电磁感应式

电磁感应式转子位置传感器原理如图 6-18 所示。其定子由原边线圈与副边线圈绕在同一铁芯组成，转子则由一个具有一定角度（近似电动机的导通角）的导磁材料组成，该导磁材料可由铁氧体或硅钢片制成。

在线圈的原边 W_{in} 端输入高频电磁信号，在副边线圈中感应出耦合转子铁芯与定子铁芯相对位置的输出信号 W_A、W_B、W_C，当 W_A 有输出时，

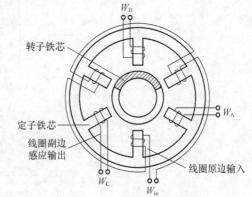

图6-18　电磁感应式传感器

经过电子线路处理，变成与电动机定子、转子位置相对应的电平信号，再经整形处理，就得到了电动机的换向信号，而没有耦合转子铁芯的定子线圈 W_B、W_C 均无信号输出。当 W_B 或 W_C 有耦合输出时，依此类推。

（2）光电式

光电式传感器是由固定在定子上的几个光电耦合开关和固定在转子轴上的遮光盘所组成，光电式传感器的结构与原理如图 6-19 所示。

遮光盘上按要求开出光槽（孔），几个光电耦合开关沿着圆周均布，每只光电耦合开关是由相互对着的红外发光二极管（或激光器）和光电接收管（光电二极管、三极管或光电池）所组成。 红外发光二极管（或激光器）通上电后， 发出红外光（或激光）；当遮光盘随着转轴转动时，光线依次通过光槽（孔），使对着的光电接收管导通，相应地，产生反应转子相对定子位置的电信号，经放大后去控制功率晶体管，使相应的定子绕组切换电流。光电式

位置传感器产生的电信号一般都较弱，需要经过放大才能去控制功率晶体管。但它输出的是直流电信号，不必再进行整流，这是它的一个优点。

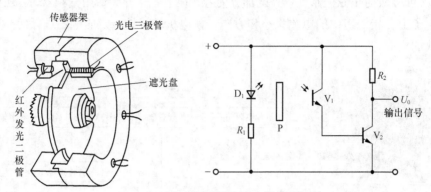

图6-19 光电式传感器的结构与原理示意图

（3）霍尔元件式

由于无刷直流电动机的转子是永磁的，就可以很方便地利用霍尔元件的"霍尔效应"检测转子的位置。图 6-20 表示四相霍尔元件式传感器的原理示意图。

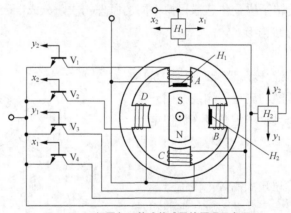

图6-20 四相霍尔元件式传感器的原理示意图

图中两个霍尔元件 H_1 和 H_2 以间隔 90°电角度粘于电机定子绕组 A 和 B 的轴线上，并通上控制电流，电机转子磁钢兼作位置传感器的转子。

当电机转子旋转时，磁钢 N 极和 S 极轮流通过霍尔元件 H_1 和 H_2，因而产生对应转子位置的两个正的和两个负的霍尔电势，经放大后，去控制功率晶体管导通，使 4 个定子绕组轮流切换电流。

霍尔无刷直流电动机结构简单，体积小，但安置和定位不便，元件片薄易碎，对环境及工作温度有一定要求，耐震差。

3. 无刷直流电动机的工作原理

为便于读者对无刷直流电动机原理有一个总体的认识，下面给出其电路原理简图，如图 6-21 所示。

原理图中，$V_1 \sim V_6$ 等组成逆变器，8051 为 51 单片机，接收转子位置传感器信号，去控制逆变器的导通与截止，进而控制电动机的转速。

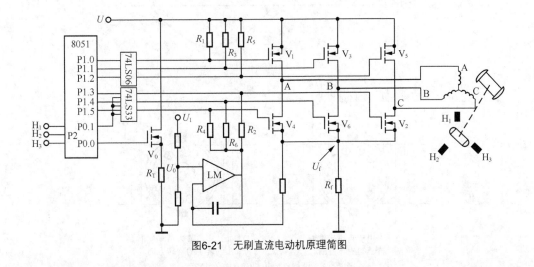

图6-21　无刷直流电动机原理简图

|6.2　单相串励式电动机|

单相串励电动机可交、直流两用，结构类似于直流电动机，具有体积小、转速高、过载能力强、启动转矩大、调速方便等优点，因而大量地应用于电动工具、小型车床、化工、医疗等方面，如电锤、手电钻、电动扳手、吸尘机、电动缝纫机、电动剃须刀等，单相串励电动机的主要缺点是换向困难，容易产生火花，噪声较大等。

6.2.1　单相串励电动机的原理

单相串励电动机的工作原理是建立在直流串励电动机工作原理基础上的。因为直流电动机的旋转方向是由定子磁场方向和电枢中电流方向两者之间的相对关系来决定的，所以，如果改变其中的一个方向，则电动机的旋转方向就会改变。如果同时改变磁场方向和电枢电流的方向，则两者的相对极性没有改变，电动机不会改变方向。单相串励电动机的工作原理如图 6-22 所示。

由于励磁绕组和电枢绕组串接在同一单相电源上，当交流电处于正半周时，电流通过励磁绕组和转子绕组的方向（即磁场方向）以及电枢电流的方向如图 6-22（b）所示。励磁绕组产生的磁场与电枢绕组电流相互作用产生电磁转矩，根据左手定则，电动机反时针方向旋转；当交流电处于负半周时，励磁绕组产生的磁场方向和转子绕组的电流方向同时改变，如图 6-22（c）所示，用左手定则判断出转子仍为反时针方向旋转，方向不变。所以，串励电动机的转向与电源极性无关，可以用于交流电源上。

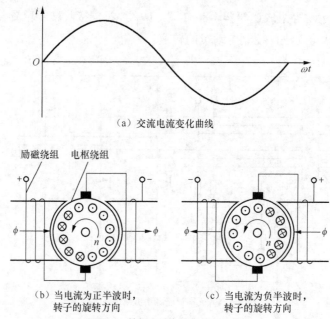

（a）交流电流变化曲线

励磁绕组　电枢绕组

（b）当电流为正半波时，
转子的旋转方向

（c）当电流为负半波时，
转子的旋转方向

图6-22　单相串励电动机的工作原理

6.2.2　单相串励电动机的结构

小型单相串励电动机结构相似于一般的励磁式直流电动机，主要由定子、电枢、电刷架、机座和端盖等部分组成。

1. 定子

定子由定子铁芯和绕组构成，为减小涡流损耗，单相串励电动机的定子铁芯由 0.5mm 厚的硅钢片叠装而成，再用空心铆钉铆接成定子铁芯。定子冲片如图 6-23 所示。

一种容量很小的单相串励电动机的定子为凸极式，采用集中式定子励磁绕组，定子励磁绕组用卡子安装在磁极上，如图 6-24 所示。功率大于几百瓦的电动机还另装有补偿绕组和换向绕组。

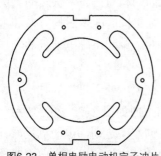

图6-23　单相串励电动机定子冲片

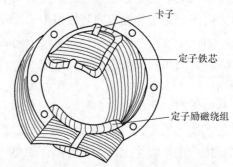

卡子

定子铁芯

定子励磁绕组

图6-24　定子铁芯和定子励磁绕组

2. 电枢

电枢即电动机转子，由铁芯、绕组、轴、换向器、风扇组成，与直流电动机的电枢结构相同。

　　电枢铁芯用 0.5mm 厚的硅钢片沿轴向叠装后，将转轴压入其中。电枢铁芯冲片的槽形一般均为半闭口槽，在槽内嵌有电枢绕组。电枢绕组各线圈元件的首、尾线端与换向器的换向片相焊接，构成一个闭合的整体绕组，单相串励电动机的电枢冲片如图 6-25 所示。

　　为了简化工艺，电枢铁芯的槽一般做成与转轴的轴线平行，如图 6-26（a）所示；也可以叠装成斜槽形式，即槽与转轴轴线间有一个夹角，如图 6-26（b）所示。斜槽结构虽然在工艺上较为复杂，但它可以使磁极极面与电枢铁芯间的磁阻变化较小，从而起到减弱电动机运行时噪声的作用。

图6-25　单相串励电动机的电枢冲片

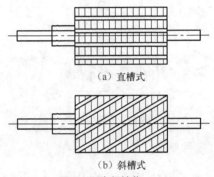

（a）直槽式

（b）斜槽式

图6-26　电枢铁芯

　　单相串励电动机电枢上的换向器结构与直流电动机中的换向器相同，其结构如图 6-27 所示，它是由许多换向片围抱而成的。换向片间则用云母片绝缘。换向铜片加工成楔形，各换向铜片下部的两端有 V 形槽，在两端的槽里压制塑料，使各换向片紧固成一整体，并使转轴与换向器相互绝缘。这样的机械和绝缘结构，可以承受高速旋转时所产生的离心力而不变形。电动工具中，单相串励电动机采用的换向器一般有半塑料换向器和全塑料换向器两种结构。全塑料换向器就是在换向铜片之间采用耐弧塑料绝缘的换向器。

3. 电刷架

　　单相串励电动机的电刷架按其结构形式，可分为管式和盒式两大类，如图 6-28 所示。目前，国内单相串励电动机的电刷架结构大部分采用盒式结构。盒式电刷架具有结构简单、加工容易和调节方便的优点，特别适合于需要移动电刷位置以改善换向的场合。盒式电刷架的缺点是刚性差、变形大，不适用于转速高、振动大的电动机。管式电刷架具有可靠、耐用等优点，它恰好能弥补盒式结构的不足之处。但是管式电刷架的加工工艺要求较高，而且外形也较难安排。

　　电刷也是单相串励电动机的一个重要附件，它不但担负电枢与外电路的连通，而且还与换向器配合共同完成电动机的换向工作。因此，电刷与换向器组成了单相串励电动机薄弱而又重要的环节。电刷与换向器之间不但有较大的机械磨损和机械振动，而且在配合不当时还将产生严重火花。故电刷是良好运行的保证。

　　重点提示：电刷的选择，主要是根据电刷的温升和换向器的圆周速度而定，而电刷的温升则与电刷的电流密度、电刷与换向器的接触压降、机械损耗及电刷的导热性有关，而圆周速度过高则容易引起电刷和换向器发热，使火花增大。此外，在选择电刷时，还要考虑电刷的硬度和磨损性能等因素的影响，电动工具中的单相串励电动机采用的电刷多为 DS 型电化石墨电刷。

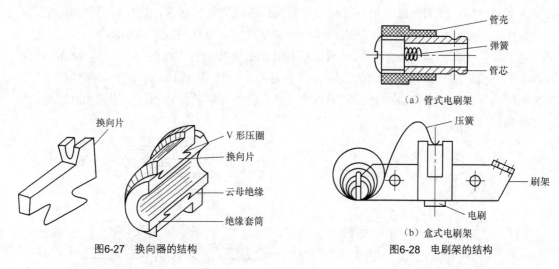

（a）管式电刷架

图6-27 换向器的结构 　　　图6-28 电刷架的结构

（b）盒式电刷架

4. 机座和端盖

机座一般由钢板、铝板或铸铁制成，定子铁芯用双头螺栓固定在机座上。用于家用电器上的电动机无固定的机座形式，它的机座常常直接制成为机器的一部分。

和其他电动机类似，端盖用螺栓紧固于机座的两端，轴承装于端盖内孔。小型串励电动机常将一只端盖与机座铸成一个整体，只有一只端盖可拆卸。端盖内孔中的轴承用于支撑电枢并将电枢精确定位。同时，在一只端盖上开有两个相对的圆孔或方孔，用来装设电刷。

6.2.3 单相串励电动机的型号及铭牌数据

1. 产品型号

单相串励电动机按照其使用电源的不同，可分为单相交流串励电动机，适用于单相交流电源；以及交、直流两用串励电动机（也称为通用电动机），既能用于单相交流电源，也能用于直流电源。

目前，应用较多的单相串励电动机主要是 G 系列，机壳用钢板拉制而成。功率有 8W、15W、25W、40W、60W、90W、120W、180W、250W、370W、550W、750W 共十二个等级，转速分为 4000r/min、6000r/min、8000r/min、12000r/min 四个级别，由这十二个功率等级和四级转速，组成四十八个不同规格的电动机。

2. 铭牌数据

电动机设计时根据技术条件的要求，同时规定了电动机正常运行时的工作状态，如正常运行时所能承受的电压、电流、温升等，这些数值称为额定值，均标明在电动机的铭牌上。单相串励电动机的额定值有功率、电压、电流、转速、温升、频率等，与其他单相电动机大同小异，下面介绍具有不同特点的几个额定值。

（1）额定功率

一般用途的单相串励电动机铭牌上标明的额定功率，与其他电动机一样，都是指其转轴上所输出的机械功率。不过，电动工具却不同，电动工具的铭牌上有时也标明电动机的额定功率，是指电动机的输入功率。之所以这样，是因为电动工具与单一的串励电动机不同，此时，电动机已被整体设计在电动工具中，已成为电动工具的一个部件，其负载已经固定。因此，把电动机所能输出的功率标在铭牌上作用不大了，而将输入的电功率作为额定值标明在铭牌上，则可以说明耗电量的大小，这是用户关心的主要性能之一。

（2）额定转速

同其他电动机一样，对一般单相串励电动机来说，铭牌上所标明的额定转速是指电动机的满载转速。我们知道，串励电动机的空载转速远比满载转速高，因此在一般情况下，单相串励电动机不允许在额定电压时空载运行，否则，电动机转速将上升到极高的危险值，导致损坏。对于几十瓦以下的小容量单相串励电动机则又当别论，因为这时由于电动机本身的损耗相对较大，相当于电动机已经带上了一个负载，故可以在额定电压下空载运行。

6.2.4　单相串励电动机常见故障维修

1. 通电后，电动机不转

（1）电源线断路或短路。可用万用表或试验灯检查，必要时更换新电源线。

（2）开关损坏或接触不良。用万用表查出后修理或更换开关。

（3）电刷和换向器之间接触不良。调整弹簧压力，更新电刷或用干布、细砂布研磨换向器表面，以改善其接触情况。

（4）定子励磁绕组断路。如果断路点在绕组的引线部位，应重新焊接；若断线不好查找，则须重新绕制。

（5）转子绕组开路。若是引线脱焊或断开，则可焊接复原；若线圈的线匝断在铁芯槽内，只有重新绕制。

（6）电动工具电动机主轴齿轮磨损或齿轮箱内齿轮损坏。这种情况只有更新齿轮，检查时应先脱开传动齿轮，试转动电动机部分看其转动是否正常。

2. 转速明显减慢

（1）转子绕组短路和断路。用短路侦察器检查，短路严重或断路在槽内时都应重绕。

（2）定子磁极绕组接地或短路。接地问题可用绝缘电阻表查出，绕组短路严重时有焦臭味，绕组表面颜色明显变深或烧黑，故障点若在引线附近可修复，严重者需重绕。

（3）轴承和齿轮损坏。查出轴承损坏或电动工具传动齿轮损坏的，应及时更换。

3. 电动机在运转时发热

（1）定、转子绕组短路，严重者需重绕。

（2）弹簧压力过大或轴承过紧，应做调整。

（3）负载过大，如果是电动工具，则应调换容量较大的来替用。

4. 机械噪声大

单相串励电动机的转速很高，因而机械噪声、通风噪声要比单相异步电动机高一些。要降低噪声，可采取以下措施。

（1）对电动机转子进行平衡试验，提高转子平衡精度。

（2）选用高精度的轴承，如国产 P2 级轴承、进口 SKF 轴承。

（3）注意使电刷与换向器紧密接触。通常在换向器表面有一层深褐色的氧化铜薄膜，可以减小电刷振动，降低噪声。

（4）及时修整变形的扇叶，使风扇转动平衡。

|6.3 步进电动机|

步进电动机亦称脉冲电动机，是一种利用电磁铁的作用原理将电脉冲信号转换为线位移（或角位移）的执行元件。即电动机每输入一个脉冲信号，步进电动机便转过一定角度。电动机转过的总角度与输入脉冲数成正比，故转速与脉冲频率成正比。步进电动机在数控机床、轧钢机、军事工业及自动记录仪表等方面都有很广泛的应用。图 6-29 所示是常见步进电机的外观实物图。

图6-29 步进电机的外观实物图

6.3.1 步进电动机的分类

具有结构简单、维护方便、精确度高、启动灵敏、停车准确等性能，同时控制输入脉冲的输入方式和参数，可实现连续调速，且可获得较宽的调速范围。

步进电动机按工作方式的不同，步进电动机可分为功率式和伺服式两种：功率式步进电动机输出转矩较大，能直接带动较大的负载；伺服式步进电动机输出转矩较小，只能直接带动较小的负载，对于大负载需通过液压放大元件来转动。

步进电动机按工作原理不同，可分为反应式、永磁式、永磁感应式等。几种步进电动机的性能特点列表如 6-1 所示。

表 6-1　步进电动机的特点

种类	型号	结构特点	性能特点
反应式步进电动机	BF	定子上有多相绕组,定子磁极和转子上开有小齿,定、转子铁芯可做成单段式或多段式	齿距角可以做得很小,启动和运行频率较高。断电时无定位转矩,需用带电定位,消耗功率大
永磁式步进电动机	BY	定子上有多相绕组,但定子磁极上不开小齿,转子用永久磁钢做成,转子极数与定子每相的极数相同	步距角较大,启动和运行频率较低,需供给正负脉冲信号,断电时有定位转矩,消耗功率较小
永磁感应式步进电动机	BYG	为永磁式和反应式的组合,定子结构与反应式相同,转子由位于中部的环形永久磁钢和位于两端的无磁性铁芯组成。环形磁钢轴向充磁,两端的铁芯上开有小槽	步距角小,有较高的启动和运行频率,消耗功率小,有定位转矩,兼有以上两种步进电动机的优点。但需供给正、负脉冲信号,结构复杂

　　步进电动机按相数可分为单相、两相、三相、四相、五相、六相和八相等多种。增加相数能提高性能,但电动机的结构和驱动电源会复杂,成本亦会增加。

　　目前以反应式步进电动机应用最多。

6.3.2　步进电动机的结构

　　下面以三相反应式步进电动机为例说明步进电动机的工作原理,反应式电动机转子上无激励绕组,结构示意图如图 6-30 所示,它由定子和转子两部分构成。

　　定子由硅钢片叠成,共有六个磁极,每个极上装有控制绕组,相对两极上的绕组串联成一组,形成三个独立的绕组。

　　转子上均匀分布着四个齿或称四个极,由硅钢片或其他软磁材料制成。转子齿上不带绕组。

　　步进电动机的转动受脉冲信号控制,每来一个脉冲信号,定子绕组通电的状态就改变一次,而定子绕组通电后产生的磁场对转子产生作用将使转子产生一个角位移。改变步进电动机定子绕组通电状态的电路称为脉冲分配器。控制脉冲信号来到后,先送到脉冲分配器,经过分配器输出的信号决定各定子绕组通电的顺序和步进电动机转动的速度。步进电动机控制电路框图如图 6-31 所示。从分配器输出的脉冲信号还需经过功率放大之后才能送至步进电动机的定子绕组。

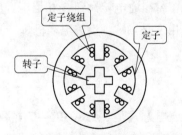

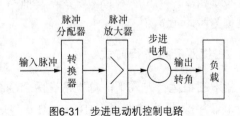

图6-30　三相反应式步进电动机的结构　　　　图6-31　步进电动机控制电路

6.3.3　步进电动机的工作原理

　　工作时,脉冲信号按一定顺序轮流加到三相绕组上。按通电顺序不同,其运行方式有三相单三拍、三相双三拍和三相单、双六拍三种。下面分别讨论其基本原理。

"三相单三拍"中的"三相"指定子有三相绕组,"拍"是指定子绕组改变一次通电方式,"三拍"表示通电三次完成一个循环。"三相双三拍"中的"双"是指同时有两相绕组通电。

1. 三相单三拍运行方式

图 6-32 所示是反应式步进电动机工作原理图,若通过脉冲分配器输出的第一个脉冲使 A 相绕组通电,B、C 相绕组不通电,在 A 相绕组通电后产生的磁场将使转子上产生反应转矩,转子的 1、3 齿将与定子磁极对齐,如图(a)所示。第二个脉冲到来,使 B 相绕组通电,而 A、C 相绕组不通电;B 相绕组通电产生的磁场将使转子的 2、4 齿与 B 相磁极对齐,如图(b)所示,与图(a)相比,转子逆时针方向转动了一个角度。第三个脉冲到来后,使 C 相绕组通电,而 A、B 相不通电,这时转子的 1、3 齿会与 C 相对齐,转子的位置如图(c)所示,与图(b)比较,又逆时针转过了一个角度。

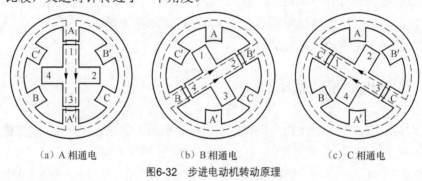

| (a) A 相通电 | (b) B 相通电 | (c) C 相通电 |

图6-32 步进电动机转动原理

当脉冲不断到来时,通过分配器使定子的绕组按着 A 相→B 相→C 相→A 相的规律不断地接通与断开各相绕组,这时,步进电动机的转子就连续不停地一步步地逆时针方向转动。如果要改变步进电动机的转动方向,只要将定子各绕组通电的顺序改为 A 相→C 相→B 相→A 相,转子转动方向即改为顺时针方向。

控制绕组通、断电的方式,称为分配方式。上述按 A 相→B 相→C 相→A 相的通电方式和 A 相→C 相→B 相→A 相的通电方式,每来到一个脉冲时,只有一个控制绕组(定子绕组)通电,在一个循环周期内有三种不同的通电状态,这样的通电次序,称为单三拍分配方式。

由上图可以看出,单三拍分配方式时,步进电动机由 A 相通电转换到 B 相通电,步进电动机的转子转过一个角度,称为一步。这时转子转过的角度是 30°。步进电动机每一步转过的角度称为步距角 θ。

2. 三相双三拍运行方式

三相双三拍运行方式下,每次都有两个绕组通电,通电方式是(AB→BC→CA→AB),如果通电顺序改为(AB→CA→BC→AB),则步进电动机反转。双三拍分配方式时,步进电动机的步距角也是 30°。

3. 三相单、双六拍运行方式

三相六拍分配方式就是每个周期内有六种通电状态。这六种通电状态的顺序可以是

A→AB→B→BC→C→CA→A 或者 A→CA→C→BC→B→AB→A 六拍通电方式中，有一个时刻两个绕组同时通电，这时转子齿的位置将位于通电的两相的中间位置。在三相六拍分配方式下，转子每一步转过的角度只是三相三拍方式下的一半，步距角是15°。

单三拍运行的突出问题是每次只有一相绕组通电，在转换过程中，一相绕组断电，另一相绕组通电，容易发生失步；另外，单靠一相绕组通电吸引转子，稳定性不好，容易在平衡位置附近振荡，故用得较少。

双三拍运行的特点是每次都有两相绕组通电，而且在转换过程中始终有一相绕组保持通电状态，因此工作很稳定。且步距角与单三拍相同。

六拍运行方式因转换时始终有一相绕组通电，且步距角较小，故工作稳定性好，但电源较复杂，实际应用较多。

6.3.4　步进电动机的步距角和转速

1. 步距角（θ）

每输入一个脉冲信号，步进电动机所转过的角度称为步距角，以 θ 表示。步距角不受电压波动和负载变化的影响，也不受温度、振动等环境因素的干扰。

步距角 θ 的大小由转子的齿数 Z、运行相数 m 所决定。

齿距角 t 为：

$$t = \frac{360°}{Z}$$

步距角 θ 为：

$$\theta = \frac{t}{m} = \frac{360°}{mZ}$$

步距角 θ 越小，精确度越高。增加相数和增加转子齿数都可减小步距角，目前多用增加齿数方法减小步距角。

2. 步进电动机的转速

步距角 $\theta = \frac{t}{m} = \frac{360°}{mZ}$，转子每转过一个步距角 θ，就相当于转过了整个圆圈的 $\frac{1}{mZ}$ 圈。若电源的脉冲频率为 f，则转子每秒转过 $\frac{1}{mZ}$ 圈，故转子每分钟的转速 n 为：

$$n = \frac{60f}{mZ} \text{r/min}$$

在一定的脉冲频率下，运行拍数和齿数越多，步距角越小，则转速越低。

6.3.5　步进电动机驱动电路

步进电动机需要一个专用电源来驱动，该电源让电动机的绕组按照特定的顺序通电，即受—系列电脉冲的控制而动作；步进电动机的驱动电源由环形分配器、功率放大器及其他控制电路组成，其框图如图6-33所示。

环形分配器用来对输入的步进脉冲进行逻辑变换，产生步进电动机工作方式所需的各相脉冲序列信号。功率放大电路对环形分配电路输出信号进行放大，产生电动机旋转所需要的励磁电流。步进方向信号指定各相绕组导通的先后顺序，以改变步进电动机的旋转方向。电源控制信号在必要时可使各相绕组上的电流为零，达到释放电动机、降低功耗等目的。

对不同电动机类型和不同的应用场合，选用的功率驱动放大电路不尽相同。即使是同一台步进电动机，在使用不同的驱动方案时，其矩频特性也相差很大。比较常用的功率驱动放大电路有单电压驱动、高低压驱动、斩波恒流驱动、细分驱动电路和集成电路驱动电路等，下面分别介绍其工作原理。

1. 单电压驱动

单电压驱动是指电动机绕组在工作时，只用一个电压电源对绕组供电。单电压驱动如图6-34所示。

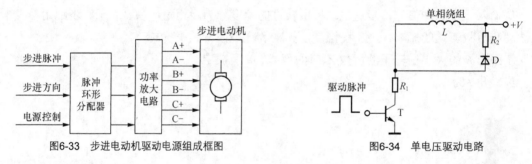

图6-33 步进电动机驱动电源组成框图　　　　图6-34 单电压驱动电路

功率晶体管 T 用作开关，L 是电动机一相绕组的电感，电源电压一般选择在 10～100V。限流电阻 R_1 决定了时间常数，R_1 在工作中要消耗一定的能量，所以这个电路损耗大，效率低。一般只用于小功率步进电动机的驱动。

2. 双电压驱动

用提高电压的方法可以使绕组中的电流上升波形变陡，这样就产生了双电压驱动。双电压驱动有两种方式：双电压法和高低压法。

（1）双电压法

双电压法的基本思路是：在低频段使用较低的电压驱动，在高频段使用较高的电压驱动。其电路原理如图6-35所示。

当电动机工作在低频时，给 T_1 低电平，使 T_1 关断。这时，电动机的绕组由低电压 V_L 供电，控制脉冲通过 T_2 使绕组得到低压脉冲电源。当电动机工作在高频时，给 T_1 高电平，使 T_1 打开。这时二极管 D_2 反向截止，切断低电压电源 V_L，电动机绕组由高电压 V_H 供电，控制脉冲通过 T_2 使绕组得到高压脉冲电源。

这种驱动方法保证了低频段仍然具有单电压驱动的特点，在高频段具有良好的高频性能，但仍没摆脱单电压驱动的弱点，在限流电阻 R 上仍然会产生损耗和发热。

（2）高低压法

高低压法的基本思路是：不论电动机工作的频率如何，在绕组通电的开始用高压供电，使绕组中电流迅速上升，而后用低压来维持绕组中的电流。

高低压驱动电路的原理图如图 6-36 所示。尽管看起来与双电压法电路非常相似，但它们的原理有很大差别。

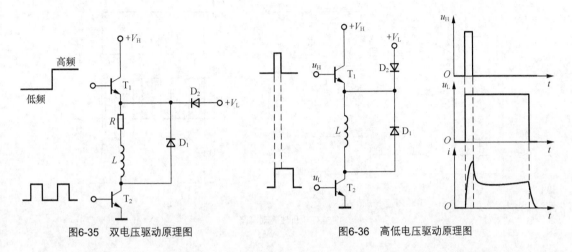

图6-35　双电压驱动原理图　　　　　　图6-36　高低电压驱动原理图

高压开关管 T_1 的输入脉冲 u_H 与低压开关管 T_2 的输入脉冲 u_L 同时起步，但脉宽要窄得多。两个脉冲同时使开关管 T_1、T_2 导通，使高电压 V_H 为电动机绕组供电。这使得绕组中电流 i 快速上升，电流波形的前沿很陡，如图中所示电流波形。当脉冲 u_H 降为低电平时，高压开关管 T_1 截止，高电压被切断，低电压 V_L 通过二极管 D_2 为绕组继续供电。由于绕组电阻小，回路中又没有串联电阻，所以低电压只需数伏就可以为绕组提供较大电流。

高低压驱动法是目前普遍应用的一种方法。由于这种驱动在低频时电流有较大的上冲，电动机低频噪声较大，低频共振现象存在，使用时要注意。

重点提示：

步进电动机与其他电动机不同，它所标称的额定电压和额定电流只是参考值；又因为步进电动机以脉冲方式供电，电源电压是其最高电压，而不是平均电压，所以，步进电动机可以超出其额定值范围工作。这就是为什么步进电动机可以采用高低压工作的原因。一般高压选择范围是 80～150V，低压选择范围是 5～20V。选择时注意不要偏离步进电动机的额定值太远。

3. 斩波驱动

高低压驱动时，电流波形在高压与低压交接处有一个凹陷（如上图所示），这会引起输出转矩出现下降。另外，双电压也会增加设备的成本。斩波驱动会很好地解决这些问题。

图 6-37（a）所示是斩波恒流驱动的原理图。T_1 是一个高频开关管。T_2 开关管的发射极接一只小电阻 R，电动机绕组的电流经 R 到地，所以，R 是电流取样电阻。比较器的一端接给定电压 u_c，另一端接取样电阻 R 上的压降，当取样电压为 0 时，比较器输出高电平。当控制脉冲 u_i 为低电平时，T_1 和 T_2 两个开关管均截止；当 u_i 为高电平时，T_1 和 T_2 两个开关管均导通，

电源向绕组供电。由于绕组电感的作用，R 上的电压逐渐升高，当超过给定电压 u_c 的值时，比较器输出低电平，使与门输出低电平，T_1 截止，电源被切断；当取样电阻 R 上的电压小于给定电压时，比较器输出高电平，与门也输出高电平，T_1 又导通，电源又开始向绕组供电。这样反复循环，直到 u_i 为低电平。

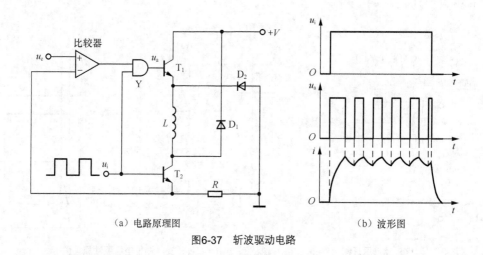

（a）电路原理图　　　　　　　　（b）波形图

图6-37　斩波驱动电路

以上的驱动过程表现为：T_2 每导通一次，T_1 导通多次，绕组的电流波形为锯齿形，如图（b）所示。

在 T_2 导通的时间里，电源是脉冲式供电（见 u_a 波形），所以提高了电源效率，并且能有效地抑制共振。由于无需外接影响时间常数的限流电阻，所以提高了高频性能；但是，由于电流波形为锯齿形，将会产生较大的电磁噪声。

4. 细分驱动

步进电动机各相绕组的电流是按照工作方式的节拍轮流通电的，绕组通电的过程非常简单，即通电-断电反复进行。现在我们设想将这一过程复杂化一些，例如，每次通电时电流的幅值并不是一次升到位，而是分成阶级，逐个阶级地上升；同样，每次断电时电流也不是一次降到0，而是逐个阶级地下降。如果这样做会发生什么现象？

我们都知道，电磁力的大小与绕组通电电流的大小有关。当通电相的电流并不马上升到位，而断电相的电流并不立即降为 0 时，它们所产生的磁场合力，会使转子有一个新的平衡位置，这个新的平衡位置是在原来的步距角范围内。也就是说，如果绕组中电流的波形不再是一个近似方波，而是一个分成 N 个阶级的近似阶梯波，则电流每升或降一个阶级时，转子转动一小步。当转子按照这样的规律转过 N 小步时，实际上相当于它转过一个步距角。这种将一个步距角细分成若干小步的驱动方法，就称为细分驱动。

细分驱动使实际步距角更小了，可以大大地提高对执行机构的控制精度。同时，也可以减小或消除振荡、噪声和转矩波动。目前，采用细分技术已经可以将原步距角分成数百份。

实现细分的驱动电路可分为两类：一类是采用线性模拟功率放大的方法获得阶梯形电流，这种方法电路简单，但功率管功耗大，效率低；另一类是用单片机采用数字脉宽调制的方法获得阶梯形电流，这种方法需要复杂的计算来使细分后的步距角均匀一致。下面我们介绍一种属于脉宽调制法的驱动电路——恒频脉宽调制细分电路，它不需要复杂的计算，是目前比较流行的方法。

恒频脉宽调制细分驱动控制实际上是在斩波恒流驱动的基础上的进一步改进。在斩波恒流驱动电路中，绕组中电流的大小取决于比较器的给定电压，在工作中这个给定电压是一个定值。现在，用一个阶梯电压来代替这个给定电压，就可以得到阶梯形电流。

恒频脉宽调制细分驱动电路如图 6-38（a）所示。单片机是控制主体。它通过定时器 T0 输出 20kHz 的方波，送 D 触发器，作为恒频信号。同时，输出阶梯电压的数字信号到 D/A 转换器，作为控制信号，它的阶梯电压的每一次变化，都使转子走一细分步。

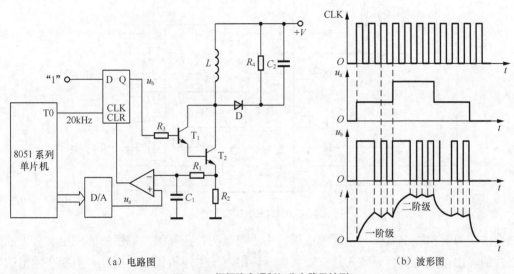

（a）电路图　　　　　　　　　　　　　　　（b）波形图

图6-38　恒频脉宽调制细分电路及波形

恒频脉宽调制细分电路工作原理如下：当 D/A 转换器输出的 u_a 不变时，恒频信号 CLK 的上升沿使 D 触发器输出 u_b 高电平，使开关管 T_1、T_2 导通，绕组中的电流上升，取样电阻 R_2 上压降增加。当这个压降大于 u_a 时，比较器输出低电平，使 D 触发器输出 u_b 低电平，T_1、T_2 截止，绕组的电流下降。这使得 R_2 上的压降小于 u_a，比较器输出高电平，使 D 触发器输出高电平，T_1、T_2 导通，绕组中的电流重新上升。这样的过程反复进行，使绕组电流的波顶锯齿形。因为 CLK 的频率较高，锯齿形波纹会很小。

当 u_a 上升突变时，取样电阻上的压降小于 u_a，电流有较长的上升时间. 电流幅值大幅增长，上升了一个阶级，如图 6-38（b）所示。

同样，当 u_a 下降突变时，取样电阻上的压降有较长时间大于 u_a，比较器输出低电平，CLK 的上升沿即使是 D 触发器输出 1 也马上被清 0。电源始终被切断，使电流幅值大幅下降，降到新的阶级为止。

以上过程重复进行。u_a 的每一次突变，就会使转子转过一个细分步。

5. 集成电路驱动

驱动电路集成化已成为一种趋势。目前，已有多种步进电动机驱动集成电路芯片，它们大多集驱动和保护于一体，作为小功率步进电动机的专用驱动芯片，广泛用于小型仪表、计算机外设等领域，使用起来非常方便。下面举一例，介绍 UCN5804B 芯片的功能和应用。

UCN5804B 集成电路芯片适用于四相步进电动机的单极性驱动。它最大能输出 1.5A 电流、35V 电压，内部集成有驱动电路、脉冲分配器、续流二极管和过热保护电路，它可以选择工作在单四拍、双四拍和八拍方式，上电自行复位，可以控制转向和输出使能。

图 6-39 是这种芯片的一个典型应用。各引脚功能为：4、5、12、13 脚为接地引脚；1、3、6、8 脚为输出引脚，电动机各相的接线如图；14 脚控制电动机的转向，其中低电平为正转，高电平为反转；11 脚是步进脉冲的输入端；9、10 脚决定工作方式。

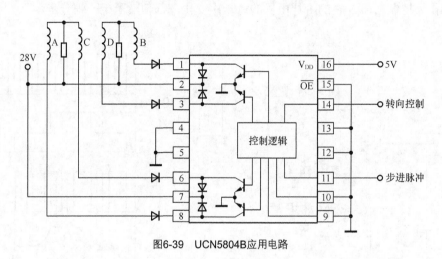

图6-39 UCN5804B应用电路

图中，每两相绕组共用一个限流电阻，由于绕组间存在互感，绕组的感应电动势可能会使芯片的输出电压为负，导致芯片有较大电流输出，发生逻辑错误，因此，需要在输出端串接肖特基二极管。

|6.4 同步电机|

6.4.1 何谓同步电机

交流电机主要分为同步电机和异步电机。

首先来说一下什么是同步转速：电机外壳是定子，定子绕组上通入三相对称交流电，三相对称交流电就会在定子上产生磁场，形成的磁场比较复杂，不过，它们的合成磁场却是一个旋转的磁场，你可以简单地认为这个三相对称交流系统形成了一个看不见摸不着的旋转磁场，这个旋转磁场绕着定子圆周旋转，旋转的速度叫作同步转速。

这个同步转速 n 是比较固定的，和交流电的频率以及绕组的极对数 p 有关系，关系式为 $n=60f/p$。因为我们国家的电网频率是 50Hz，所以根据极对数 p 的不同，同步转速一般是 3000 转每分钟、1500 转每分钟、1000 转每分钟、750 转每分钟等。

好，现在我们明白了，定子绕组虽然安安静静在那里不动，是因为它通入了变化的交流电，所以它产生了以同步速度旋转的磁场。

如果是异步电机的话，转子结构很简单，就是闭合线圈，最简单的鼠笼式异步电机就是这个样子的。异步电机转子结构简单、价格便宜、维护方便、运行可靠，得到了广泛的应用！

在异步电机中，把转子旋转的速度叫异步转速，由于转子内部的电动势和电流都是通过切割定子旋转磁场得来的感应电动势和感应电流，所以异步电机还有一个名字叫感应电机。既然是靠切割磁感线感应得来的电动势，那要想存在电动势，就必须不停地切割磁感线，所以，转子旋转的速度就不能和定子旋转磁场的速度相等，如果相等了，两个相对静止了，转子就不切割定子磁场了，转子就没有感应电动势了。所以转子的异步转速永远也不能等于定子旋转磁场的同步转速，即异步转速小于同步转速，于是我们把它叫作异步电机。

由于同步转速的速度比较固定，所以异步转速也比较固定，比如 3000 转每分钟的同步转速的话对应的异步转速就是 2900 转每分钟，根据所带负载的不同转速会不同，空载时转速最快，接近于同步转速，负载时转速下降。也就是异步转速虽然低于同步转速，但是差距不会太大。

这些内容我们在前面已经学习过了，不明白的朋友，需要继续学习本书第二章相关章节。

如果我们要想让转子的转速和定子旋转磁场的速度同步，也就是让转子转速等于同步转速，我们就需要想办法把转子本身变成一个电磁铁，而不能依靠定子旋转磁场来感应，怎么办呢？其实很简单，给你的转子专门接一个直流电源，这个直流电源就可以把转子变成一个电磁铁，这样转子就可以自立门户，转子不再需要切割定子磁场来产生电动势和电流了，这个时候转子就会以同步速度跟随定子旋转磁场进行旋转，这样的电机就叫同步电机。

很明显，同步电机的转子结构要比异步电机复杂很多，所以同步电机价格高，结构复杂，在生产生活中并没有异步电机应用的那么广泛。同步电机的主要应用是在发电机上，现在的火电站、水电站的汽轮机和水轮机基本上都是同步发电机。当然，在其他领域也有一些同步电动机，下面就介绍几种常见同步电机。

6.4.2　几种常见同步电机简介

同步电机转子转速恒为同步转速 n，使用在转速要求恒定的装置中，例如电钟、时间机构、记录仪表装置、陀螺仪、电动汽车、电梯等。

同步电机的定子结构与异步电机定子是一样的，有单相的也有三相的，定子绕组通电后建立气隙旋转磁通势。转子的极数与定子极数相同，依据转子不同的类型，同步电机分成永磁式、磁阻式（反应式）和磁滞式等几种。

1. 永磁式同步电机

永磁同步电机主要是由转子、端盖、定子等各部件组成的。一般来说，永磁同步电机的最大的特点是它的定子结构与普通的异步电机的结构非常的相似，主要是区别于转子独特的结构与其他电机形成了差别。由于在转子上安放永磁体的位置有很多选择，所以永磁同步电机通常会被分为三大类：内嵌式、面贴式以及插入式，如图 6-40 所示。

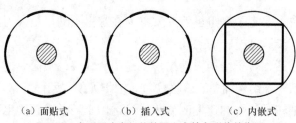

（a）面贴式　　　　（b）插入式　　　　（c）内嵌式

图6-40　永磁同步电机的转子上安放永磁体的位置

面贴式的永磁同步电机在工业上是应用最广泛的，其最主要的原因是制造方便，转动惯性比较小以及结构简单等。面贴式的永磁同步电机转子结构如图6-41所示。

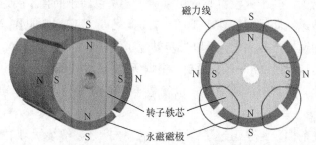

图6-41　面贴式的永磁同步电机转子结构

根据磁阻最小原理，也就是磁通总是沿磁阻最小的路径闭合，利用磁引力拉动转子旋转，于是永磁转子就会跟随定子产生的旋转磁场同步旋转。面贴式和插入式永磁体的同步电机，一般都采用这种方式启动。

对于内嵌式永磁体的同步电机，电机一般采用异步启动，即在转子上装上鼠笼启动绕组，在启动过程中产生异步转矩启动。待到转子转速接近同步转速 n、旋转磁通势与转子相对速度很小时，转子被牵入同步，转速升到 n。在同步电机运行时，鼠笼绕组不再起作用。

2. 磁阻式（反应式）同步电机

磁阻式同步电机转子本身不具有磁性，它是利用转子的交轴和直轴两个方向的磁阻不同，在旋转磁场作用下产生转矩使转子转动。定子、转子磁极对数相同，以保证交、直轴方向磁阻不等。

磁阻式同步电机不能自动启动，若要使其自动启动，必须装启动绕组，产生启动转矩，所以，其启动转矩是由转子上的笼型启动绕组产生的。在转子加速到接近同步转速时，依靠磁阻转矩将转子牵入同步并在同步下运行，启动绕组失去启动作用。转子上没有励磁绕组和滑环，也不使用永磁材料，其磁场由定子磁通产生。由于没有滑动接触，又由于笼型绕组在正常运行时起到阻尼绕组的作用，因此，运行稳定可靠。这种电机可以改变定子、转子磁极对数改变转子转速；还可以用改变交流电的频率来改变转速。

磁阻式同步电机结构简单，成本低廉，可用于记录仪表、摄影机及复印机等设备中。

3. 磁滞式同步电机

磁滞同步电机的转子是用硬磁材料做成的，这种硬磁材料具有比较宽的磁滞回环，其剩磁密度和矫顽力要比软磁材料大。

磁滞电机的主要优点是结构简单，运转可靠，启动转矩大，不需要装任何启动装置就能平稳地牵入同步。目前，磁滞同步电机主要应用于无线电通讯、自动记录、传真及遥控装置等，其中 50W 以下小功率的应用最为广泛。

|6.5　直线电动机|

6.5.1　什么是直线电动机

直线电动机是一种将电能直接转换成直线运动机械能，而不需要任何中间转换机构的传动装置。我们也称其为线性电动机、线性马达、直线马达、推杆马达。最常用的直线电动机类型是平板式直线电动机、U 型槽式直线电动机和圆柱型直线电动机，它具有系统结构简单、磨损少、噪声低、组合性强、维护方便等优点。

6.5.2　直线电动机的组成

直线电动机的主要由定子、动子和直线运动的支撑轮三部分组成。直线电动机是将传统圆筒型电动机展开拉直，变封闭磁场为开放磁场，旋转电动机的定子部分变为直线电动机的初级，旋转电动机的转子部分变为直线电动机的次级，如图 6-42 所示。

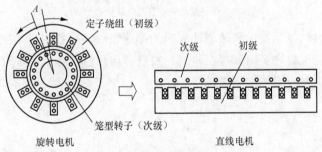

图6-42　直线电动机的初级与次级

初级中通以交流，次级就在电磁力的作用下沿着初级做直线运动，这时初级要做得很长，延伸到运动所需要达到的位置，而次级则不需要那么长，实际上，直线电动机既可以把初级做得很长，也可以把次级做得很长；既可以初级固定、次级移动，也可以次级固定、初级移动。

6.5.3　直线电动机的主要分类

直线电动机按工作原理可分为：直流、异步、同步和步进等。
直线电动机按结构形式可分为：单边扁平型、双边扁平型、圆盘型、圆筒型（或称为管型）等。

最常用的直线电动机类型是平板式直线电动机、U 型槽式直线电动机和圆柱型直线电动机。

平板式直线电动机铁芯安装成钢叠片结构，然后再安装到铝背板上，铁叠片结构用在指引磁场和增加推力。平板式直线电动机外观实物如图 6-43 所示。

U 型槽式直线电动机有两个介于金属板之间的平行磁轨。动子（运行的部分）由导轨系统支撑在两磁轨中间。U 型槽式直线电动机外观实物如图 6-44 所示。

图6-43　平板式直线电动机外观实物　　　　图6-44　U型槽式直线电动机外观实物

圆柱形动磁体直线电动机动子是圆柱形结构，如图 6-45 所示。沿固定着磁场的圆柱体运动。

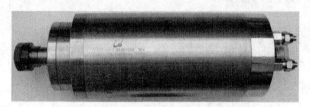

图6-45　圆柱形动磁体直线电动机动子结构

近年来，随着自动控制技术和微型计算机的高速发展，对各类自动控制系统的定位精度提出了更高的要求，世界许多国家都在研究、发展和应用直线电机，使得直线电机技术发展速度加快，直线电机的应用领域越来越广。

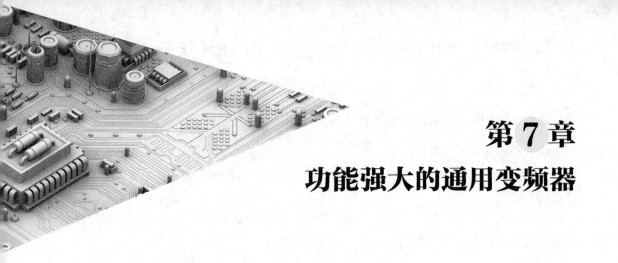

第 7 章
功能强大的通用变频器

变频器（Variable-frequency Drive，VFD）是应用变频技术与微电子技术，通过改变电机工作电源频率方式来控制交流电动机的电力控制设备，在农业工业生产中应用十分广泛，本章主要介绍变频器的分类、基本结构、工作原理以及使用方法。

|7.1 变频器概述|

7.1.1 变频器的分类

通常，把电压和频率固定不变的交流电变换为电压或频率可变的交流电的装置称作"变频器"。变频器就是为调速而生，变频器控制相对于传统的接触器控制有以下优点：

变频节能：变频器节能主要表现在风机、水泵的应用上。使用变频调速，当流量要求需要改变时，通过降低泵或风机的转速即可满足要求，降低电机不能在满负荷下运行时，多余的力矩对有功功率的消耗，减少电能的浪费。

功率因数补偿节能：无功功率不但增加线损和设备的发热，更主要的是功率因数的降低导致电网有功功率的降低，大量的无功电能消耗在线路当中，设备使用效率低下，浪费严重。使用变频调速装置后，由于变频器内部滤波电容的作用，从而减少了无功损耗，增加了电网的有功功率。

软启动功能：电机硬启动对电网造成严重的冲击，而且还会对电网容量要求过高，启动时产生的大电流对设备的使用寿命极为不利。而使用变频器后，利用变频器的软启动功能使启动电流从零开始，最大值也不超过额定电流，减轻了对电网的冲击和对供电容量的要求，延长了设备的使用寿命。

1. 按变频器的供电电压分

按变频器的供电电压分：

低压变频器：主要有 110V、220V、380V。

中压变频器：主要有 500V、660V、1140V。

高压变频器：主要有 3kV、3.3kV、6kV、6.6kV。

2. 按变频器输入电流的相数分

按变频器输入电流的相数分：

三相输入变频器（三进三出）：变频器的输入侧和输出侧都是三相交流电。绝大多数变频器都属于此类。

单相输入变频器（单进三出）：变频器的输入侧为单相交流电，输出侧是三相交流电。单相输入变频器容量较小，通常用于家用电器的调速。

3. 按照结构形式分

按照变频器主电路结构形式不同，可分为：

（1）间接变频器

间接变频器即交-直-交变频器，其框图如图 7-1 所示。

图7-1　交-直-交变频器框图

交-直-交变频器是先将频率固定的交流电整流后变成直流，再经过逆变电路，把直流电逆变成频率连续可调的三相交流电，由于把直流电逆变成交流电较易控制，因此在频率的调节范围，以及变频后电动机特性的改善等方面，都具有明显的优势，目前使用最多的变频器均属于交-直-交变频器。

（2）直接变频器

直接变频器即交-交变频器，其框图如图 7-2 所示。

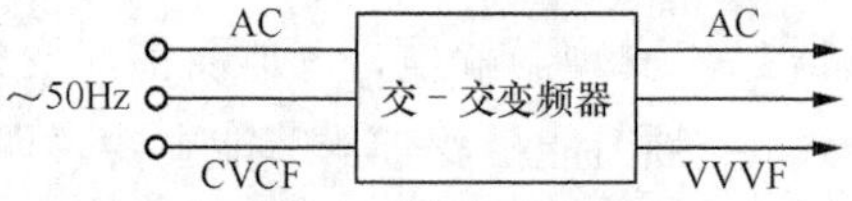

图7-2　交-交变频器框图

4. 按直流电路的滤波方式分

交-交变频器是将频率固定的交流电源直接变换成频率连续可调的交流电源，其主要优点是没有中间环节，变换效率高。但其连续可调的频率范围较窄，一般在电网频率的 1/2 到 1/3，主要用于容量较大的低速拖动系统中。

对于交-直-交变频器，按直流电路的滤波方式分类，可分成电压型和电流型两种。

（1）电压型

整流后若是靠电容来滤波，这种交-直-交变频器称作电压型变频器，而现在使用的变频器大部分为电压型，其框图如图 7-3 所示。

（2）电流型

整流后若是靠电感来滤波，这种交-直-交变频器称作电流型变频器，这种类型的变频器较为少见，其框图如图 7-4 所示。

5. 根据调制方式不同分

对于交-直-交变频器，根据调制方式不同，可分成脉幅调制和脉宽调制两种。

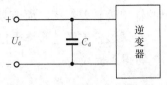

图7-3 电压型交-直-交变频器框图

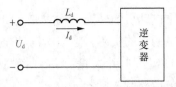

图7-4 电流型交-直-交变频器框图

（1）脉幅调制

变频器输出电压的大小是通过改变直流电压来实现的，常用 PAM 表示。目前用得较少，PAM 又分以下两种情况：

一种是逆变器完成输出电压频率的调节，可控整流完成调压，其框图如图 7-5 所示。

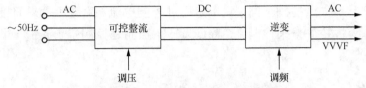

图7-5 可控整流调压，逆变器调频框图

另一种是用二极管（不控整流器）整流、斩波器调压、逆变器调频，其框图如图 7-6 所示。

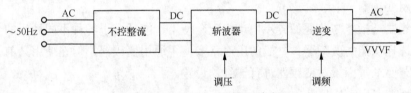

图7-6 斩波器调压，逆变器调频框图

（2）脉宽调制

变频器输出电压的大小是通过改变输出脉冲的占空比来实现的，常用 PWM 表示。目前使用最多的是占空比按正弦规律变化的正弦波脉宽调制，即 SPWM 方式。

用二极管（不控整流器）整流，SPWM 逆变器同时调频调压，其框图如图 7-7 所示。

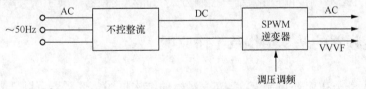

图7-7 SPWM逆变器调频调压框图

6. 按控制方式分

变频器按控制方式分类，可分为以下几种。

（1）U/f 控制变频器

U/f 控制变频器的方法是在改变频率的同时控制变频器的输出电压，通过使 U/f（电压和频率的比）保持一定或按一定的规律变化而得到所需要的转矩特性。采用 U/f 控制的变频器结构简单、成本低，多用于要求精度不是太高的通用变频器。

（2）转差频率控制变频器

转差频率控制方式是对 U/f 控制的一种改进，这种控制需要由安装在电动机上的速度传感器检测出电动机的转速，构成速度闭环。速度调节器的输出为转差频率，而变频器的输出频率则由电动机的实际转速与所需转差频率之和决定。由于通过控制转差频率来控制转矩和电流，与 U/f 控制相比，其加减速特性和限制过电流的能力得到提高。

（3）矢量控制变频器

矢量控制是一种高性能异步电动机控制方式，它的基本思路是将电动机的定子电流分为产生磁场的电流分量（励磁电流）和与其垂直产生转矩的电流分量（转矩电流），并分别加以控制。由于在这种控制方式中必须同时控制异步电动机定子电流的幅值和相位，即定子电流的矢量，因此这种控制方式被称为矢量控制方式。

（4）直接转矩控制变频器

直接转矩控制与矢量控制不同，它不是通过控制电流、磁链等量来间接控制转矩，而是把转矩直接作为被控矢量来控制。其特点为转矩控制是控制定子磁链，并能实现无传感器测速。

7. 按用途分

变频器按用途分，可分为以下几种。

（1）通用变频器

通用变频器是指能与普通的异步电动机配套使用，能适合于各种不同性质的负载，并具有多种可供选择功能的变频器。一般的用途，多使用通用变频器，但在使用之前必须根据负载性质、工艺要求等因素对变频器进行详细的设置。

（2）高性能专用变频器

高性能专用变频器主要用于对电动机的控制要求较高的系统。与通用变频器相比，高性能专用变频器大多数采用矢量控制方式，驱动对象通常是变频器生产厂家指定的专用电动机。

（3）高频变频器

在超精度加工和高性能机械中，通常要用到高速电动机。为了满足这些高速电动机的驱动要求，出现了 PAM（脉冲幅值调制）控制方式的高频变频器，其生产频率可达 3kHz。

7.1.2 变频器的基本结构及工作原理

如图 7-8 所示是 SPWM 调制交-直-交变频器的结构框图，变频器可以分为以下几部分。

1. 整流电路

交-直部分整流电路通常由二极管或可控硅构成的桥式电路组成。根据输入电源的不同，分为单相桥式整流电路和三相桥式整流电路。常用的小功率的变频器多数为单相 220V 输入，较大功率的变频器多数为三相 380V（线电压）输入。

2. 储能电路

整流桥输出的整流电压是脉动的直流电压，利用滤波电容 C 在电路中的储能作用，对整流电压进行平滑滤波，可减少输出电压中的脉动部分，使之成为平滑的 DC 电压。

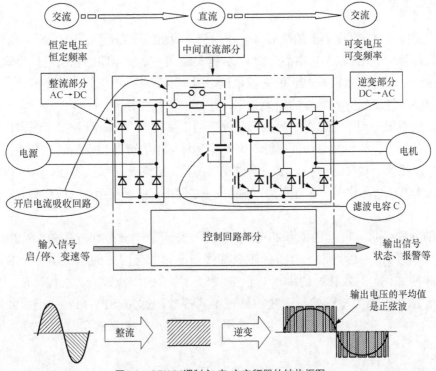

图7-8　SPWM调制交-直-交变频器的结构框图

当变频器接通时，由于滤波电容 C 很大，会有很大的开启电流流过并给滤波电容充电，该电流有可能烧坏整流二极管，在整流桥的输出端与滤波电容间加装了由一个限流电抗器（吸收电阻 R）和继电器组成的限流回路，如图 7-9 所示。

在接通电源的瞬间，R 串入电路用来吸收开启电流的峰值，当充电到一定的程度后，R 由继电器触点短接，以避免引起附加损耗等。

变频调速在降速时处于再生制动状态，电动机回馈的能量到达直流回路，会使 P、N 两端的电压上升，这是很危险的，需要将这部分能量消耗掉。如图 7-10 所示。

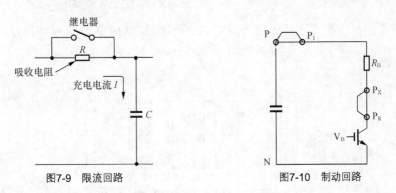

图7-9　限流回路　　　　　图7-10　制动回路

电路中制动电阻 RB 就是用于消耗这部分能量的，制动单元由大功率晶体管 VB 及采样、比较和驱动电路组成，其功能是为放电电流流过 RB 提供通路。图中，P-P1 间和 PX-PR 间为短路片，当需外接制动电阻及制动单元时，要拆去之间的短路片加装制动电阻 RB。在小于 7.5kW 的变频器中有内部制动单元，可不外接。

3. 逆变电路

逆变电路是交-直-交变频器的核心部分，内部一般由开关器件（门极关断晶闸管 GTO、绝缘栅双极晶体管 IGBT、大功率晶体管 GTR 等）组成，逆变电路的输出电压为阶梯波，虽然不是正弦波，却是彼此相差 120° 的交流电压，即实现了从直流电到交流电的逆变。输出电压的频率取决于逆变器开关器件的切换频率，达到了变频的目的。

我们期望通用变频器输出电压的波形是纯粹的正弦波形，但就目前技术而言，还不能制造功率大、体积小、输出波形如同正弦波发生器那样标准的可变频变压的逆变器。

目前技术很容易实现的一种方法是：逆变器的输出波形是一系列等幅、不等宽的矩形脉冲波形，这些矩形脉冲波形，可与等宽、不等幅（幅度按正弦波变换）的波形等效，如图 7-11 所示。

等效的原则是每一区间的面积相等。如果把一个正弦半波分作 n 等份（图中 n 等于 7，实际 n 要大得多），然后把每一等份的正弦曲线与横轴所包围的面积都用一个与此面积相等的矩形脉冲来代替，各脉冲的中点与正弦波每一等份的中点重合。这样，有 n 个等幅不等宽的矩形脉冲组成的波形就与正弦波的正半周等效，称为 SPWM——正弦波脉冲宽度调制波形。同样，正弦波的负半周也可以用同样的方法与一系列负脉冲等效，如图 7-12 所示。

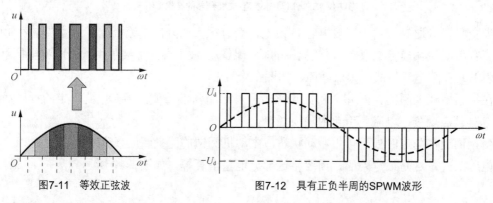

图7-11 等效正弦波   图7-12 具有正负半周的SPWM波形

根据等效原理，正弦波还可等效为图 7-13 所示的 SPWM 波，而且这种方式在实际中应用更为广泛。

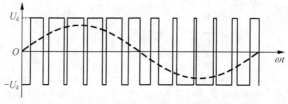

图7-13 应用广泛的SPWM波形

虽然 SPWM 电压波形与正弦波相差甚远，但由于变频器的负载是电感性负载电动机，而流过电感的电流是不能突变的，当把调制频率为几千赫兹的 SPWM 电压波形加到电动机时，其电流波形就是比较好的正弦波了。

|7.2　通用变频器的使用与应用|

　　我们主要以三菱通用变频器 FR-E740 和几种国产变频器为例，通过"主电路与控制电路"联合，展现通用变频器强大的功能及广阔的应用前景。

7.2.1　三菱 FR–E740 通用变频器的使用

1. 接线端子简介

　　在学习三菱通用变频器 FR-E740 之前，先熟悉一下变频器的型号，型号含义如图 7-14 所示。

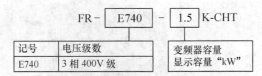

图7-14　三菱通用变频器FR-E740的型号含义

　　如图 7-15 所示是三菱通用变频器 FR-E740 的外观实物图。

图7-15　三菱通用变频器FR-E740的外观实物图

　　三菱通用变频器 FR-E740 安装连接图如图 7-16 所示，接线端子图如图 7-17 所示。

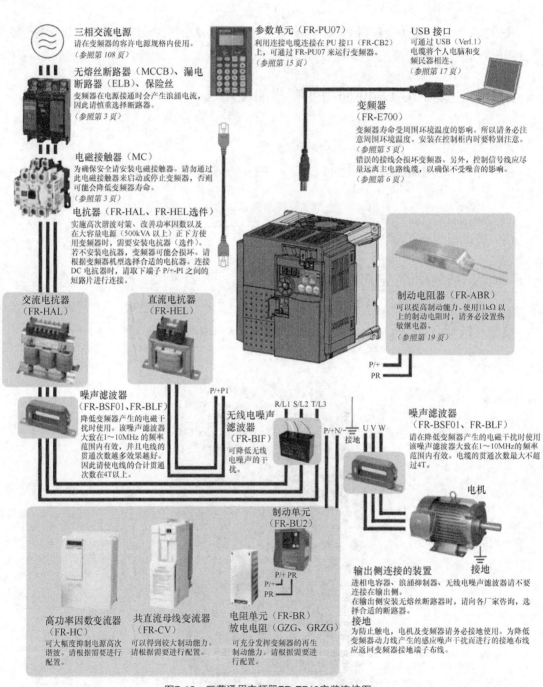

三相交流电源
请在变频器的容许电源规格内使用。
（参照第 108 页）

无熔丝断路器（MCCB）、漏电断路器（ELB）、保险丝
变频器在电源接通时会产生浪涌电流，因此请慎重选择断路器。
（参照第 3 页）

电磁接触器（MC）
为确保安全请安装电磁接触器。请勿通过此电磁接触器来启动或停止变频器，否则可能会降低变频器寿命。
（参照第 3 页）

电抗器（FR-HAL、FR-HEL 选件）
实施高次谐波对策、改善功率因数以及在大容量电源（500kVA 以上）正下方使用变频器时，需要安装电抗器（选件）。若不安装电抗器，变频器可能会损坏。请根据变频器机型选择合适的电抗器。连接 DC 电抗器时，请取下端子 P/+-P1 之间的短路片进行连接。

交流电抗器（FR-HAL）

直流电抗器（FR-HEL）

噪声滤波器（FR-BSF01、FR-BLF）
降低变频器产生的电磁干扰时使用。该噪声滤波器大致在 1～10MHz 的频率范围内有效，并且电线的贯通次数越多效果越好。因此请使电线的合计贯通次数在 4T 以上。

参数单元（FR-PU07）
利用连接电缆连接在 PU 接口（FR-CB2）上，可通过 FR-PU07 来运行变频器。
（参照第 15 页）

USB 接口
可通过 USB（Ver1.1）电缆将个人电脑和变频民器相连。
（参照第 17 页）

变频器（FR-E700）
变频器寿命受周围环境温度的影响。所以请务必注意周围环境温度。安装在控制柜内时要特别注意。
（参照第 5 页）
错误的接线会损坏变频器。另外，控制信号线应尽量远离主电路线缆，以确保不受噪音的影响。
（参照第 6 页）

制动电阻器（FR-ABR）
可以提高制动能力。使用 11kΩ 以上的制动电阻时，请务必设置热敏继电器。
（参照第 19 页）

P/+
PR

P/+P1

R/L1 S/L2 T/L3

无线电噪声滤波器（FR-BIF）
可降低无线电噪声的干扰。

P/+N/− U V W
接地

噪声滤波器（FR-BSF01、FR-BLF）
请在降低变频器产生的电磁干扰时使用该噪声滤波器大致在 1～10MHz 的频率范围内有效。电缆的贯通次数最大不超过 4T。

电机

接地

制动单元（FR-BU2）
P/+ PR

P/+
PR

高功率因数变流器（FR-HC）
可大幅度抑制电源高次谐波。请根据需要进行配置。

共直流母线变流器（FR-CV）
可以得到较大制动能力。请根据需要进行配置。

电阻单元（FR-BR）放电电阻（GZG、GRZG）
可充分发挥变频器的再生制动能力。请根据需要进行配置。

输出侧连接的装置
进相电容器、浪涌抑制器、无线电噪声滤波器请不要连接在输出侧。
在输出侧安装无熔丝断路器时，请向各厂家咨询，选择合适的断路器。
接地
为防止触电，电机及变频器请务必接地使用。为降低变频器动力线产生的感应噪声干扰而进行的接地布线应返回变频器接地端子布线。

图7-16　三菱通用变频器FR-E740安装连接图

主电路接线端子如图 7-18 所示。控制电路接线端子如图 7-19 所示。

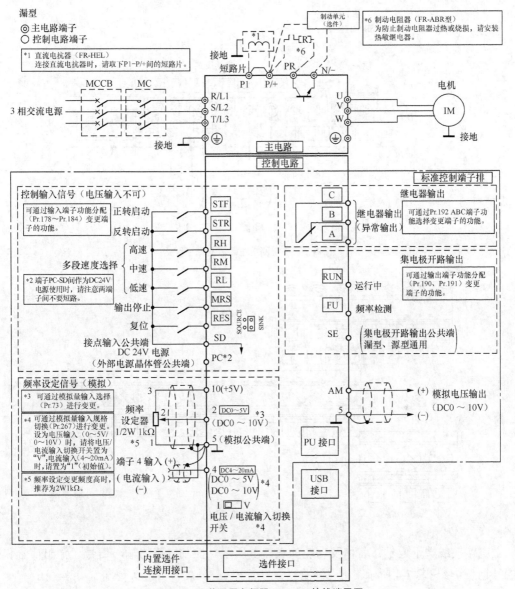

图7-17 三菱通用变频器FR-E740接线端子图

FR-E740-0.4K～3.7K-CHT

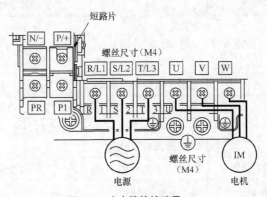

图7-18 主电路接线端子

FR-E740-5.5K、7.5K-CHT

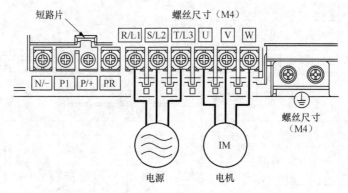

图7-18　主电路接线端子（续）

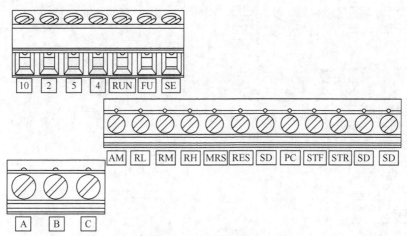

图7-19　控制电路接线端子

　　主电路接线端子记号、名称及功能如表 7-1 所示。控制电路的输入信号、输出信号和控制信号见表 7-2～表 7-4 所示。

表 7-1　　　　　　　　　　　主电路接线端子记号、名称及功能

端子记号	端子名称	端子功能说明
R/L1、S/L2、T/L3	交流电源输入	连接工频电源 当使用高功率因数变流器（FR-HC）及共直流母线变流器（FR-CV）时不要连接任何东西
U、V、W	变频器输出	连接 3 相鼠笼电机
P/+、PR	制动电阻器连接	在端子 P/+-PR 间连接选购的制动电阻器（FR-ABR）
P/+、N/-	制动单元连接	连接制动单（FR-BU2）、共直流母线变流器（FR-CV）以及高功率因数变流器（FR-HC）
P/+、P1	直流电抗器连接	拆下端子 P/+-P1 间的短路片，连接直流电抗器
⏚	接地	变频器机架接地用。必须接大地

表 7-2　　　　　　　　　　　　　　　　控制电路输入信号

种类	端子记号	端子名称	端子功能说明		额定规格
接点输入	STF	正转启动	STF 信号 ON 时为正转、OFF 时为停止指令	STF、STR 信号同时 ON 时变成停止指令	输入电阻 4.7kΩ 开路时电压 DC21～26V 短路时 DC4～6mA
	STR	反转启动	STF 信号 ON 时为反转、OFF 时为停止指令		
	RH、RM、RL	多段速度选择	用 RH、RM 和 RL 信号的组合可以选择多段速度		
	MRS	输出停止	MRS 信号 ON（20ms 以上）时，变频器输出停止 用电磁制动停止电机时用于断开变频器的输出		
	RES	复位	复位用于解除保护回路动作时的报警输出。使 RES 信号处于 ON 状态 0.1 秒或以上，然后断开。初始设定为始终可进行复位。但进行了 *Pr.*75 的设定后，仅在变频器报警发生时可进行复位。复位位所需时间约为 1 秒		
	SD	接点输入公共端（漏型）（初始设定）	接点输入端子（漏型逻辑）		—
		外部晶体管公共端（源型）	源型逻辑时当连接晶体管输出（即集电极开路输出），例如可编程控制器（PLC）时，将晶体管输出用的外部电源公共端接到该端子时，可以防止因漏电引起的误动作		
		DC24V 电源公共端	DC24V 0.1A 电源（端子 PC）的公共输出端子。与端子 5 及端子 SE 绝缘		
	PC	外部晶体管公共端（漏型）（初始设定）	漏型逻辑时当连接晶体管输出（即集电极开路输出），例如可编程控制器（PLC）时，将晶体管输出用的外部电源公共端接到该端子时，可以防止因漏电引起的误动作		电源电压范围 DC22～26V 容许负载电流 100mA
		接点输入公共端（源型）	接点输入端子（源型逻辑）的公共端子		
		DC24V 电源	可作为 DC24V、0.1A 的电源使用		
频率设定	10	频率设定用电源	作为外接频率设定（速度设定）用电位器时的电源使用		DC5V±0.2V 容许负载电源 10mA
	2	频率设定（电压）	如果输入 DC0～5V（或 0～10V），在 5V（10V）时为最大输出频率，输入输出成正比。通过 *Pr.*73 进行 DC0～5V（初始设定）和 DC0～10V 输入的切换操作		输入电阻 10kΩ±1kΩ 最大容许电压 DC20V
	4	频率设定（电流）	如果输入 DC4～20mA（或 0～5V，0～10V），在 20mA 时为最大输出频率，输入输出成比例。只有 AU 信号为 ON 时端子 4 的输入信号才会有效（端子 2 的输入将无效）。通过 *Pr.*267 进行 4～20mA（初始设定）和 DC0～5V、DC0～10V 输入的切换操作。电压输入（0～5V/0～10V）时，请将电压/电流输入切换开关切换至"V"		电流输入的情况下:输入电阻 233Ω±5Ω最大容许电流 30mA 电压输入的情况下:输入电阻 10kΩ±1kΩ最大容许电压 DC20V 电流输入（初始状态）电压输入

续表

种类	端子记号	端子名称	端子功能说明	额定规格
频率设定	5	频率设定公共端	是频率设定信号（端子2或4）及端子AM的公共端子。请不要接地	—

表7-3 控制电路输出信号

种类	端子记号	端子名称	端子功能说明		额定规格
继电器	A、B、C	继电器输出（异常输出）	指示变频器因保护功能动作时输出停止的1c接点输出。异常时：B—C间不导通（A—C间导通），正常时：B—C间导通（A—C间不导通）		接点容量AC230V 0.3A（功率因数=0.4）DC30V 0.3A
集电极开路	RUN	变频器正在运行	变频器输出频率为启动频率（初始值0.5Hz）或以上时为低电平，正在停止或正在直流制动时为高电平*1		容许负载DC24V（最大DC27V）0.1A（ON时最大电压降3.4V）
	FU	频率检测	输出频率为任意设定的检测频率以上时为低电平，未达到时为高电平*1		
	SE	集电极开路输出公共端	端子RUN、FU的公共端子		—
模拟	AM	模拟电压输出	可以从多种监示项目中选一种作为输出*2 输出信号与监示项目的大小成比例	输出项目：输出频率（初始设定）	输出信号DC0～10V 许可负载电流1mA（负载阻抗10kΩ以上）分辨率8位

*1 低电平表示集电极开路输出用的晶体管处于ON（导通状态）。
　高电平表示处于OFF（不导通状态）。

*2 变频器复位中不被输出。

表7-4 控制电路通信信号

种类	端子记号	端子名称	端子功能说明
RS1485	—	PU接口	通过PU接口，可进行RS-485通信。 • 标准规格：EIA-485（RS-485） • 传输方式：多站点通信 • 通信速率：4800～38400bit/s • 总长距离：500m
USB	—	USB接口	与个人电脑通过USB连接后，可以实现FR Configurator的操作。 • 接口：USB1.1标准 • 传输速度：12Mbit/s • 连接器：USB迷你-B连接器（插座　迷你-B型）

三菱FR-E740变频器的运行步骤如图7-20所示。

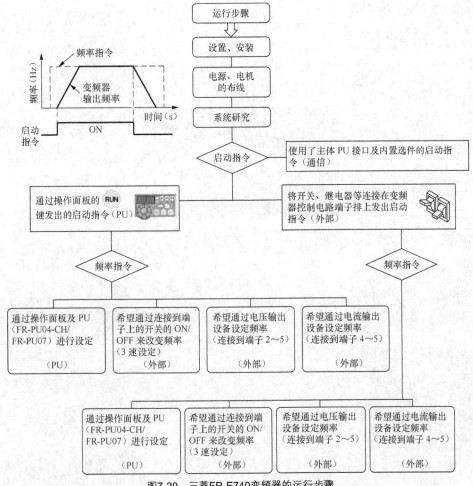

图7-20   三菱FR-E740变频器的运行步骤

2. 操作面板

三菱 FR-E740 变频器的操作面板如图 7-21 所示。

3. 运行模式设定

使用时，首先要设定运行模式，可通过面板的操作来完成启动指令速度指令的组合，例如，启动指令通过外部（STF/STR），频率指令通过 ⊙ 运行，方法如下：

（1）电源接通时显示的监视器画面 **0.00** Hz MON EXT。

（2）同时按住 (PU/EXT) 和 (MODE) 按钮 0.5 秒，(PU/EXT) (MODE) ⇨ **79--** 闪烁 PRM。

（3）旋转 ⊙，将值设定为 **79-3**，⊙ ⇨ **79-3** PU EXT PRM 闪烁。

（4）按键确定，(SET) ⇨ **79-3** **79--**，3 秒后显示监视画面 **0.00** Hz MON PU EXT。参数设置完成。

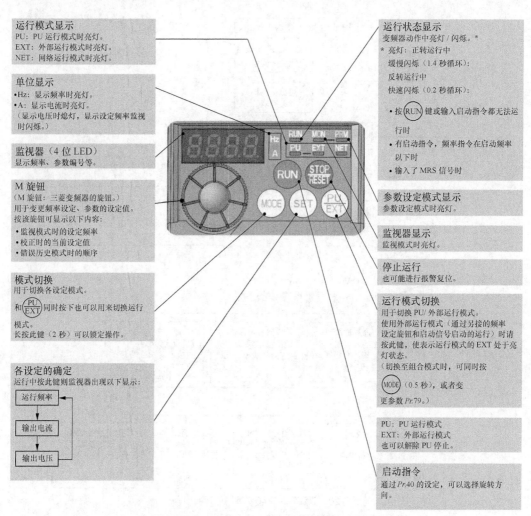

运行模式显示
PU: PU 运行模式时亮灯。
EXT: 外部运行模式时亮灯。
NET: 网络运行模式时亮灯。

单位显示
•Hz: 显示频率时亮灯。
•A: 显示电流时亮灯。
（显示电压时熄灯，显示设定频率
时闪烁。）

监视器（4 位 LED）
显示频率、参数编号等。

M 旋钮
（M 旋钮：三菱变频器的旋钮。）
用于变更频率设定、参数的设定值。
按该旋钮可显示以下内容：
•监视模式时的设定频率
•校正时的当前设定值
•错误历史模式时的顺序

模式切换
用于切换各设定模式。
和 (PU/EXT) 同时按下也可以用来切换运行
模式。
长按此键（2 秒）可以锁定操作。

各设定的确定
运行中按此键则监视器出现以下显示：
运行频率 → 输出电流 → 输出电压

运行状态显示
变频器动作中亮灯／闪烁。*
* 亮灯：正转运行中
缓慢闪烁（1.4 秒循环）：
反转运行中
快速闪烁（0.2 秒循环）：
•按 (RUN) 键或输入启动指令都无法运
行时
•有启动指令，频率指令在启动频率
以下时
•输入了 MRS 信号时

参数设定模式显示
参数设定模式时亮灯。

监视器显示
监视模式时亮灯。

停止运行
也可能进行报警复位。

运行模式切换
用于切换 PU／外部运行模式。
使用外部运行模式（通过另接的频率
设定旋钮和启动信号启动的运行）时请
按此键，使表示运行模式的 EXT 处于亮
灯状态。
（切换至组合模式时，可同时按
(MODE)（0.5 秒），或者变
更参数 Pr.79。）

PU: PU 运行模式
EXT: 外部运行模式
也可以解除 PU 停止。

启动指令
通过 Pr.40 的设定，可以选择旋转方
向。

图7-21　三菱FR-E740变频器的操作面板

启动指令与频率指令组合设定方法如表 7-5 所示。

表 7-5　　　　　　　　　启动指令与频率指令组合设定方法

操作面板显示	运行方法	
	启动指令	频率指令
闪烁　79-1 闪烁	(RUN)	⊛
闪烁　79-2 闪烁	外部（STF、STR）	模拟电压输入
闪烁　79-3 闪烁	外部（STF、STR）	⊛
79-4 闪烁	(RUN)	模拟电压输入

4. 从控制面板实施启动停止操作（PU 运行）

从控制面板实话启动停止操作接线图如图 7-22 所示。

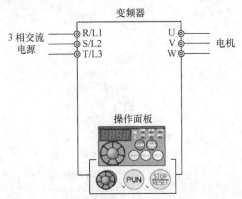

图7-22　从控制面板实话启动停止操作接线图

（1）电源接通时显示监视画面  。

（2）按 🔘 键，设置 PU 运行模式。

（3）旋转 🔘 ，显示想要设定的频率。

（4）在数值闪烁期间，按 🔘 键设定频率。

（5）显示 3 秒后，显示将返回监视器显示，通过 🔘 键运行。

（6）要变更设定频率，执行（3）、（4）项操作。

（7）按 🔘 键停止。

5. 从端子实施启动停止操作（PU 运行）

从端子实施启动停止操作接线图如图 7-23 所示。

（1）电源接通时显示监视画面  。

（2）将 Pr.79 变更为"3"。"PU"和"EXT"指示灯亮。

（3）将启动开关（STF 或 STR）设置为 ON。"RUN"指示灯在正转亮，在反转时闪烁。

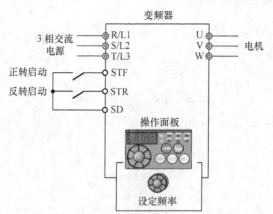

图7-23　从端子实施启动停止操作接线图

（4）旋转 改变运行频率，想要设定的频率将显示。 ⇒ **40.00** 闪烁约5秒。设定值将显示 5 秒。

（5）在数值闪烁期间按 (SET) 键设定频率。若不按，5 秒后显示将变为 **0.00** 。

（6）将启动开关（STF 或 STR）设置为 OFF。电机将随 Pr.8 减速时间减速并停止，"RUN"指示灯熄灭。

6. 通过开关发出启动指令、频率指令（3 速设定）

用端子 STF、STR、SD 发出启动指令。通过端子 RH、RM、RL、SD 进行频率设定。EXT须亮灯。如果 PU 亮灯，请用 (PU/EXT) 进行切换。

端子初始值，RH 为 50Hz、RM 为 30Hz、RL 为 10Hz（变更通过 Pr.4、Pr.5、Pr.6 进行）。

2 个（或 3 个）端子同时设置为 ON 时可以以 7 速运行。有关接线图和七速关系图如图 7-24 所示。

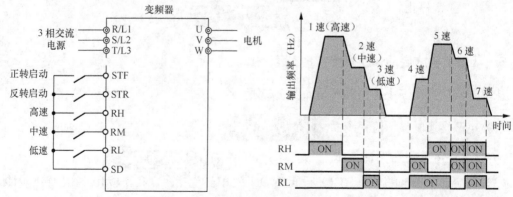

图7-24　接线图和七速关系图

下面以设定 Pr.4 三速设定（高速）为 "40Hz"，使端子 RH、STF（STR）、SD 为 ON 进

行试运转为例进行说明。

（1）在初始设定的状态下开启电源，将变为外部运行模式［EXT］。请确认运行指令是否指示为［EXT］。若不是指示为［EXT］，请设为外部［EXT］运行模式。上述操作仍不能切换运行模式时，请通过参数 Pr.79 设为外部运行模式。

（2）将 Pr.4 变更为"40"。将高速开关（RH）设置为 ON^{ON} 。

（3）请将启动开关（STF 或 STR）设置为 ON^{ON}　。显示 **4000** Hz（40.00Hz）。

［RUN］指示灯在正转时亮灯，反转时闪烁。RM 为 ON 时显示 30Hz，RL 为 ON 时显示 10Hz。

（4）请将启动开关（STF 或 STR）设置 OFF。电机将随 Pr.8 减速时间停止。［RUN］指示灯熄灭。

有关三菱 FR-E740 通用变频器的操作还有很多，这里不再介绍，有兴趣的读者可参考三菱 FR-E740 通用变频器的使用手册。

7.2.2　国产通用变频器介绍

近年来，随着我们科技水平的不断提高，国产通用变频器发展迅速，下面简要介绍两款。

如图 7-25 所示是万川达系列变频器外观实物图。主电路接线如图 7-26 所示，控制电路接线如图 7-27 所示。

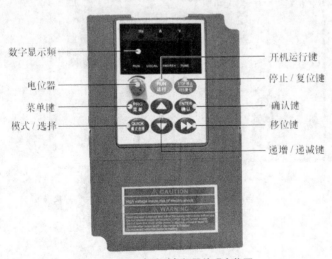

图7-25　万川达系列变频器外观实物图

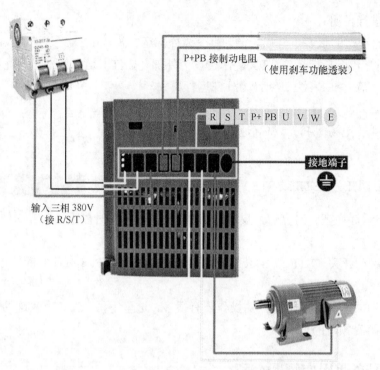

P+PB 接制动电阻

（使用刹车功能透装）

R　S　T　P+　PB　U　V　W　E

接地端子

输入三相 380V
（接 R/S/T）

输出 UVW 三相 380V（接电机）

图7-26　万川达主电路接线

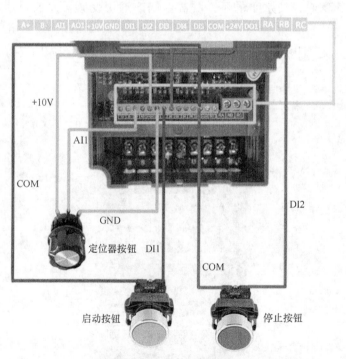

A+　B-　AI1　AO1　+10V　GND　DI1　DI2　DI3　DI4　DI5　COM　+24V　DO1　RA　RB　RC

+10V

AI1

COM

GND

定位器按钮　DI1

启动按钮

DI2

COM

停止按钮

图7-27　万川达控制电路接线

　　图 7-28 所示为锐普通用变频器外观实物图，主电路接线如图 7-29 所示，控制电路接线如图 7-30 所示。接线整体框图如图 7-31 所示。

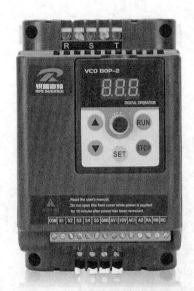

图7-28　锐普通用变频器外观实物图

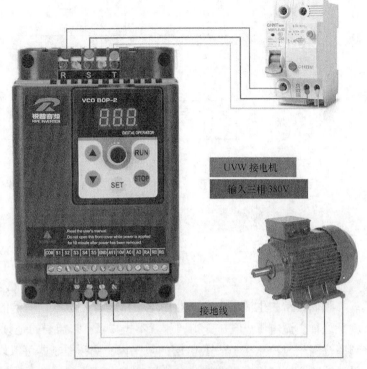

UVW 接电机

输入三相 380V

接地线

图7-29　锐普主电路接线

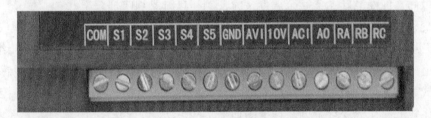

COM	信号公共端	S1~S5	数字输入（功能端子）
AVI	模拟信号输入	GND	信号公共端
10V	频率设定电位器电源	AO	模拟输出信号
ACI	4~20mA 模拟量输入	RA RB RC	继电器输出

图7-30　锐普控制电路接线

7.2.3　变频技术的应用

变频技术应用十分广泛，主要表现在电机、风机、水泵的应用上。为了保证生产的可靠性，各种生产机械在设计配用动力驱动时，都留有一定的富余量。风机、泵类等设备传统的调速方法是通过调节入口或出口的挡板、阀门开度来调节给风量和给水量，其输入功率大，且大量的能源消耗在挡板、阀门的截流过程中。当使用变频调速时，如果流量要求减小，通过降低泵或风机的转速即可满足要求。

下面以变频空调和中央变频空调为例简要进行说明。

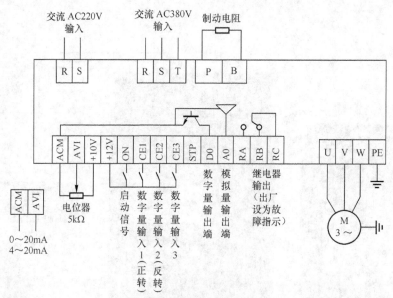

图7-31　锐普整体接线示意图

　　我们日常的生活用电和工业用电使用的都是恒压、恒频的交流电源，定频空调所采用的就是这种交流电源。但是变频调速就不一样了，它需要的是频率、电压都可改变的交流电源，频率范围一般控制在10～150Hz的范围内。变频控制器可以均匀地改变电源频率，因而能够平滑地改变压缩机电机的转速，由于它兼有调压和调频两种功能，所以在各种电动机调速系统中效率最高，性能最好。变频空调分交流变频和直流变频两种类型。

　　交流变频系统的工作原理是把工频交流电转换为直流电，并把它送到IPM模块中，然后通过MCU进行控制，由IPM模块将直流电二次转化成频率可以控制的交流电输出给压缩机，从而使压缩机达到转速受控的效果。交流变频空调采用的压缩机电机是三相异步感应电机，其控制方式是根据电机的V/F曲线随频率自动调整输出电压的大小，是一种开环控制，其控制的精度比较低。交流变频空调原理框图如图7-32所示。

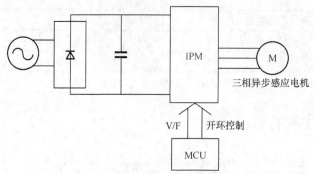

图7-32　交流变频空调原理框图

　　直流变频系统在电路结构上与交流变频系统比较相近，同样具有把工频交流电转换为直流电的整流环节和把直流电二次转化成交流电的逆变环节。它们之间的区别，一方面是采用的电机不同，直流变频系统采用的是永磁同步电机，不同于交流变频系统所采用的三相异步感应电机，从电机的角度来说效率更高；另一方面，直流变频系统具有位置检测环节，通过对压缩机转子的位置进行检测来实现对压缩机电机的闭环控制，相比较交流变频系统的开环控制来说，控制的精度更高，其效率也更高。直流变频空调原理框图如图 7-33 所示，其主板实物如图 7-34 所示。目前市面上的空调一般均为直流变频空调。

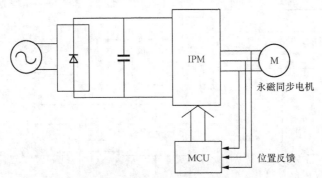

图7-33　直流变频空调原理框图

图7-34　直流变频空调主板实物图

直流变频技术主要有两种：一种是方波直流变频技术，也就是 120°变频技术，另一种是正弦波直流变频技术，也就是 180°变频技术。总的来说，正弦波直流变频技术的控制精度更高，可以使压缩机电机的运转效率更高，因此采用正弦波技术的变频空调在同样条件下可以得到更高的能效比。但是这种技术的运算量很大，对控制芯片的要求比较高。

中央变频空调原理相对稍复杂，如图 7-35 所示是中央变频空调的原理框图。

房间空调的室内部分备有室温传感器，并将设定温度和运行情况等信息传送给室外部分。室外部分则分析这些信息，了解温差与室温变化的时间等，然后计算并指定压缩机电机的频率。开始运行时，如果室温与设定温度差别很大，采用高频运行，随着温度差的减小采用低频运行。另外，在室温急剧变化时使频率也大幅度变化，缓慢时使频率小范围变化，并在平衡冷暖气负载与压缩机输出的同时，以最短时间使室温达到设定值。

重点提示：有不少场合用变频并不一定能省电。作为电子电路，变频器本身也要耗电（约额定功率的 3%～5%）。一台 1.5 匹的空调自身耗电算下来也有 20～30W，相当于一盏长明灯，变频器在工频下运行，具有节电功能，是事实。但是它的前提条件是：

第一、大功率并且为风机/泵类负载；

第二、装置本身具有节电功能（软件支持）；

第三、长期连续运行。

这是体现节电效果的三个条件。如果不加前提条件的说变频器工频运行节能，就是夸大或是商业炒作。知道了原由，注意使用场合和使用条件，才能巧妙地利用变频器为你服务。

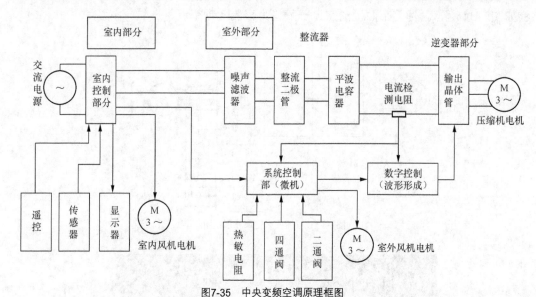

图7-35　中央变频空调原理框图

第 8 章
软硬兼施的 PLC

可编程控制器，简称 PLC，是专为在工业环境应用而设计的。它采用可编程的存储器，用于其内部存储程序，通过数字或模拟式输入/输出，接收输入信息，经逻辑运算、顺序控制后，对负载实施各种控制。PLC 是实实在在的产品，是"硬件"，但其内部又可存储程序，输入不同的程序可完成不同的功能，也是"软件"，因此，PLC 是"软硬兼施"的智能控制设备。

|8.1　PLC 的分类及硬件组成|

如图 8-1 所示是常见 PLC 的外形实物图。

图8-1　常见PLC的外形实物图

8.1.1　PLC 的分类

PLC 具有可靠性高，I/O（输入/输出）接口丰富，采用模块化结构，编程简单，安装维修方便等诸多优点，在工业自动化控制中应用非常普遍。

PLC 产品的种类很多，一般可以从它的结构形式、输入/输出点数进行分类。

1．按结构形式分类

由于 PLC 是专门为工业环境应用而设计的，为了便于现场安装和接线，其结构形式与一般计算机有很大的区别，主要有整体式和模块式两种结构形式。

（1）整体式结构

整体式结构的 PLC 是把 CPU、存储器单元、输入/输出单元、外部设备接口单元和电源单元集中装在一个机箱内，形成一个整体，称为主机，如图 8-2 所示。

这种整体式结构的 PLC 具有输入/输出点数少，体积小、价格低等特点。一般小型 PLC 常采用这种结构，适用于单体设备的开关量自动控制和机电一体化产品的开发应用等场合。

图8-2　整体式PLC

（2）模块式结构

模块式结构的 PLC 是把中央处理 CPU 单元、电源单元、输入输出 I/O 单元等做成各自相对独立的模块，然后按需求组装在一个带有电源单元的机架或母板上，如图 8-3 所示。

图8-3　模块式PLC

这种模块式结构的 PLC 具有输入输出点数多，模块组合灵活的特点，一般大、中型 PLC 采用这种结构，适用于复杂过程控制系统的应用场合。

2. 按输入输出点数和内存容量分类

为适应不同工业生产过程的应用要求，PLC 能够处理的输入输出点数是不一样的。按输入输出点数的多少和内存容量的大小，可分为超小型机、小型机、中型机、大型机、超大型机五种类型。

（1）小型机

小型 PLC 的输入输出点数在 256 点以下，内存容量小于 4KB。以开关量输入输出为主，控制功能简单，结构形式多为整体型。

（2）中型机

中型 PLC 的输入输出点数在 2k 点以下，除一般类型的输入输出信号外，还有特殊类型的输入输出单元和智能输入输出单元，控制功能完善，结构形式采用模块型。

（3）大型机

大型 PLC 的输入输出点数在 2k 点以上，除一般类型的输入输出信号外，还有特殊类型的输入输出单元和智能输入输出单元，控制功能完善，结构形式采用模块型。

8.1.2　PLC 与其他工业控制系统比较

1. PLC 与继电器控制系统比较

（1）从控制逻辑上看

继电器控制采用硬接线逻辑，即采用继电器的机械触点、线圈构成电路，利用触点的串并联关系及延时继电器的动作实现其控制逻辑。这种控制方式存在的问题是接线复杂，功耗较大，系统维护不便，灵活性和扩展性很差。

PLC 采用软接线，软接线与硬接线相比，虽沿用继电器、触点线圈等概念，但实际上并不存在对应的物理实体，而仅仅是 PLC 内部的一些存贮单元，因此常称为"虚拟元件"或"软元件"，它们之间的连接就称为"软连接"。其特点是连线少，体积小，软继电器的触电数理论上无限制，因此灵活性，扩展性非常好，系统功耗也很小。

（2）从工作方式看

继电器控制系统是并行的，也就是说，只要接通电源，整个系统处于带电状态，该闭合的触点都同时闭合，不该闭合的继电器都因受某种条件限制而不能闭合。

PLC 控制系统是串行的，各软继电器处于周期性循环扫描中，受同一条件制约的继电器的动作顺序决定于扫描顺序，同它们在梯形图中的位置有关。

PLC 除具有远程通信联网功能以及易与计算机接口实现群控外，还可通过附加高性能模块对模拟量进行处理，从而实现各种复杂的控制功能，这些功能是继电器控制系统无法办到的。

（3）从可靠性看

继电器控制使用了大量的机械触点，机械触点开闭过程中，会产生电弧（电弧是一种气体放电现象，会引起热效应）会使触点产生磨损，甚至损坏，因此，寿命短，故可靠性差。

PLC 采用微电子技术，大量的开关动作由无触点的半导体电路来完成，故体积小，寿命长，可靠性高，而且 PLC 还配备自检和监督功能。

总之，PLC 在性能上比继电器控制逻辑优异，特别是可靠性高、控制速度快、设计施工周期短、体积小、功耗低、使用维护方便等优点，但价格要高于继电器控制。

2. PLC 与单片机控制系统比较

单片机具有结构简单、使用方便、价格便宜等优点，一般用于数字采集和工业控制。而 PLC 是专门为工业现场的自动化控制而设计的，二者相比，有以下不同。

（1）从使用者学习掌握的角度看

单片机的编程语言一般采用汇编语言或单片机 C 语言，这就要求设计人员具备一定的计算机硬件和软件知识，对于只熟悉机电控制的技术人员来说，需要相当一段时间的学习才能掌握。

PLC 虽然本质上是一种微机系统，但它提供给用户使用的是机电控制人员所熟悉的梯形图语言，使用的仍然是"继电器"一类的术语，大部分指令与继电器触点的串并联相对应，这就使得熟悉机电控制的工程技术人员一目了然。对于使用者来说，不必去关心微机的一些技术问题，只需用较短时间去熟悉 PLC 的指令系统及操作方法，就能应用到工程现场。

（2）从使用简单程度看

单片机用来实现自动控制时，一般要在输入输出接口上做大量的工作，例如要考虑现场与单片机的连接、接口的扩展、输入输出信号的处理、接口工作方式等问题，除了要设计控制程序外，还要在单片机的外围做很多软件和硬件方面的工作。

PLC 的 I/O 口已经做好，输入接口可以与输入信号直接连线，非常方便，输出接口具有一定的驱动能力。

（3）从可靠性看

用单片机做工业控制，突出的问题是抗干扰性能差。

PLC 是专门应用于工程现场的自动控制装置，在系统硬件和软件上都采取了抗干扰措施，如光电耦合、自诊断、多个 CPU 并行操作等，故 PLC 系统的可靠性较高。

总之，PLC 用于控制，稳定可靠，抗干扰能力强，使用方便。PLC 在数据采集、数据处理等方面不如单片机。

8.1.3　PLC 的基本组成

PLC 实质是一种专用于工业控制的计算机，其硬件结构基本上与微型计算机相同，如图 8-4 所示。

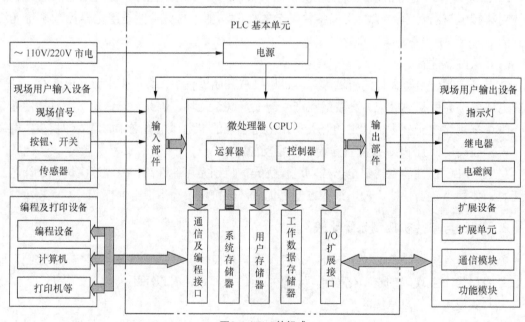

图8-4　PLC的组成

由图中可以看出，PLC 主要由中央处理器（CPU）、存储器、I/O（输入/输出）接口、电源及外部设备构成。

1.　中央处理单元（CPU）

中央处理单元（CPU）作为整个 PLC 的核心，起着总指挥的作用。CPU 一般由控制器、运算器等组成，这些电路通常都被封装在一个集成电路的芯片上。CPU 通过地址总线、数据总线、控制总线与存储单元、输入输出接口电路连接。它按照 PLC 系统程序赋予的功能接收并存储从编程器键入的用户程序和数据；检查电源、存储器、I/O 以及警戒定时器的状态，并能诊断用户程序中的语法错误。为了进一步提高 PLC 的可靠性，大型 PLC 还采用双 CPU 或三 CPU 系统，这样，即使某个 CPU 出现故障，整个系统仍能正常运行。

2. 存储器

存储器主要用于存放系统程序、用户程序及工作数据。存放系统软件的存储器称为系统程序存储器；存放应用软件的存储器称为用户程序存储器；存放工作数据的存储器称为数据存储器。

系统程序存储器存放内容包括系统工作程序（监控程序）、模块化应用功能子程序、命令解释程序、功能子程序的调用管理程序、系统诊断程序和系统参数。以上系统程序存储器中的内容都是事先烧在 EEPROM 芯片中，开机后便可运行其中程序。存放在系统程序存储器中的程序，它和硬件一起决定了该 PLC 的各项性能。除系统升级外，其他情况下，系统程序无法更改。

用户根据 PLC 指令编写的程序称为用户程序，用户程序存储在用户程序存储器中，一般采用 EEPROM 存储器。不同的 PLC 产品，其用户程序存储器容量不相同。

另外，PLC 内部还有一个工作数据存储器（或随机存储器 RAM），用以存放变量状态、中间结果和数据等，和 EEPROM 存储器不同的是，RAM 中的数据在断电后会丢失。

3. I/O（输入/输出）接口

（1）输入接口

一般情况下，现场的输入信号可以是按钮开关、行程开关、接触器的触点以及其他一些传感器输出的开关量或模拟量（要通过数/模变换后才能输入 PLC 内）。

（2）输出接口

PLC 的输出信号是通过输出接口传送的，这些信号控制现场的执行部件完成相应的动作。常见现场执行部件有电磁阀、接触器、继电器、信号灯、电动机等。

4. 电源

电源主要用途是为 PLC 各模块电路提供工作电源。同时，有的还为输入电路提供 24V 的工作电源。

5. 外部设备

外部设备是 PLC 系统不可分割的一部分，常见的有以下几种：

（1）编程及打印设备

PLC 编程，一种是通过计算机软件（如欧姆龙的 CX-PROGRAMMER 软件）编程，编好后再下载到 PLC 中进行运行，这是目前最为常见的编程方式。另一种是使用专用编程器编程，专用编程器只能对某一厂家的某些产品编程，使用范围有限，而且大都不能直接输入和编辑梯形图，只能输入和编辑指令，但它有体积小，便于携带，可用于现场调试，价格便宜的优点。如图 8-5 所示为欧姆龙 PLC 的专用编程器外观实物图。

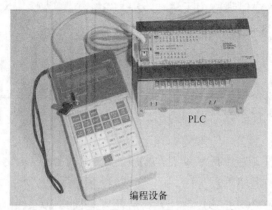

图8-5 欧姆龙PLC的编程设备

有些 PLC 带有打印接口，可以小型打印机，用于打印数据。

（2）扩展设备

扩展设备用以扩展 PLC 的功能，另外，PLC 还具有通信联网的功能，它使 PLC 与 PLC 之间、PLC 与上位计算机以及其他智能设备之间能够交换信息，形成一个统一的整体，实现分散集中控制。

（3）输入和输出设备

输入和输出设备用于接收信号或输出信号，常见的输入设备主要有按钮、开关、传感器等。常见的输出设备有电磁阀、继电器、指示灯等。

常见的输入电路有直流输入和交流输入，用来输入直流和交流信号，如图 8-6 所示。

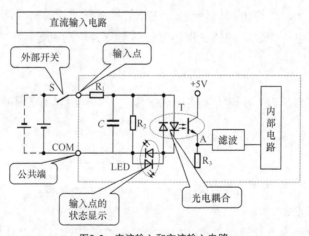

图8-6 直流输入和交流输入电路

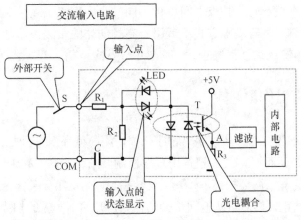

图8-6　直流输入和交流输入电路（续）

常见的输出电路有晶体管输出、晶闸管输出和继电器输出电路，如图 8-7 所示。

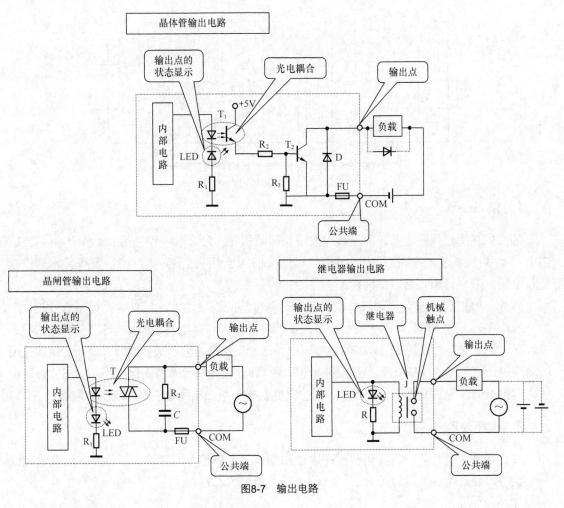

图8-7　输出电路

晶体管输出：最大优点是适应于高频动作，响应时间短，一般为 0.2ms 左右，但它只能带 DC 5~30V 的负载，最大输出负载电流为 0.5A/点，但每 4 点不得大于 0.8A。

晶闸管输出：带负载能力为 0.2A/点，只能带交流负载，可适应高频动作，响应时间为 1ms。

继电器输出：优点是不同公共点之间可带不同的交、直流负载，且电压也可不同，带负载电流可达 2A/点；但继电器输出方式不适用于高频动作的负载，这是由继电器的寿命决定的。其寿命随带负载电流的增加而减少，一般在几十万次至几百万次之间，响应时间为 10ms。

8.1.4 PLC 的工作原理

PLC 采用循环扫描的工作方式，即"顺序扫描，不断循环"，这种工作方式是在系统软件控制下进行的。当 PLC 运行时，CPU 根据用户按控制要求编制好并存于用户存储器中的程序，按指令序号做周期性的程序循环扫描，如果无跳转指令，则从第一条指令开始逐条顺序执行用户的程序，直到程序结束，然后重新返回第一条指令，开始下一轮的扫描，如此周而复始。实际上，PLC 扫描工作除了执行用户程序外，还要完成其他工作，整个工作过程分为输入处理、程序处理、输出处理三个阶段，PLC 完成上述三个阶段称为一个扫描周期，如图 8-8 所示。

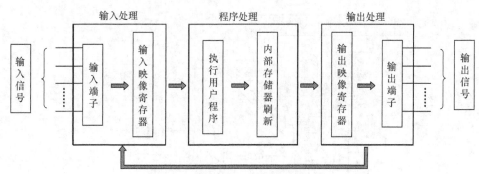

图8-8　PLC循环扫描周期示意图

1. 输入处理

每次扫描用户程序之前，都先执行故障自诊断程序。自诊断内容包括 I/O 部分、存储器、CPU 等，并且通过 CPU 设置定时器来监视每次扫描是否超过规定的时间，发现异常则停机显示出错，若自诊断正常，继续向下扫描。

另外，PLC 还要检查是否有与编程器、计算机等的通信要求，若有则进行相应处理。

PLC 在输入处理阶段，首先以扫描方式按顺序从输入锁存器中读入所有输入、端子的状态或数据，并将其存入为其专门开辟的暂存区中，这一过程称为输入采样或输入刷新，随后关闭输入端口，进入程序处理阶段。在程序处理阶段，即使输入端状态有变化，输入状态暂存区中的内容也不会改变，变化了的输入信号状态只能在下一个扫描周期的输入刷新阶段被读入。

2. 程序处理

PLC 在程序处理阶段，按用户程序顺序扫描执行每条指令，从输入暂存区中读取输入信号的状态，经过相应的运算处理后，将结果写入输出状态暂存区。

3. 输出处理

同输入状态暂存区一样，PLC 内存中也有一块专门的区域，称为输出状态暂存区。当程序所有指令执行完毕，输出状态暂存区中所有输出继电器的状态在 CPU 的控制下，送至输出锁存器中，并通过一定输出方式输出，推动外部相应执行元件工作。

重点提示：

（1）可以看出，PLC 在一个扫描周期内，对输入状态的扫描只是在输入采样阶段进行，对输出赋的值也只有在输出处理阶段才能被送出去，而在程序处理阶段输入输出被封锁。这种方式称作集中采样、集中输出。

（2）PLC 完成上述三个阶段称为一个扫描周期，PLC 反复不断地执行上述过程。扫描周期的长短和 PLC 的运算速度和工作方式有关，但主要和梯形图的长度及指令的种类有关，一个扫描周期的时间大约在几毫秒到几百毫秒之间。

（3）PLC 执行梯形图（读程序）是一步一步进行的，所以它的逻辑结果也是由前到后逐步产生的，为串行工作方式。

常规电器的控制电路中所有的控制电器都是同时工作的，在通电和得电顺序上不存在先后的问题，为并行工作方式。

|8.2　PLC 的指令与编程|

在本节中，主要以欧姆龙 CP1E PLC 的编程语言为例进行介绍。

8.2.1　认识 PLC 编程语言

PLC 是专为工业环境而设计的工控设备，其显著特点之一就是编程语言面向工业控制、面向用户，并且简单易懂，易于掌握。尽管各厂家的 PLC 都有自己的编程语言，但普通使用的均为梯形图语言和指令语句语言。

尽管不同厂家和不同机型，其编辑语言各不相同，但使用方法基本类似，精通一种，即可举一反三，轻松学会其他厂家和型号的 PLC 的编程。

1. 梯形图编程语言

梯形图编程语言是在继电器-接触器控制系统电路图基础上简化了符号演变而来的，可以说是沿袭了传统控制电路图，在简化的同时还加进了许多功能强而又使用灵活的指令，将微机的特点结合进去，使编程容易，而实现的功能却大大超过传统控制电路图，是目前用得最普通的一种 PLC 编程语言。图 8-9 列出了常规继电器与 PLC 输出继电器的符号对照情况。

图 8-10（a）是用继电器控制的电动机直接启、停控制电路图，图 8-10（b）是采用欧姆龙 CP1E PLC 的梯形图。由图可见，这两种图形式很相似。但是，它们只是形式上的相似，实质上却存在着本质的差别，其主要区别有以下几点。

（1）两种继电器的区别

继电器控制电路中，使用的是物理的电器，继电器与其他控制电器间的连接必须通过硬接线来完成。PLC 梯形图中，继电器不是物理的电器，它是 PLC 内部的寄存器位，常称之为

"软继电器"，之所以称为"软继电器"，是因为它具有与物理继电器相似的功能，例如，当它的"线圈"通电时，其所属的常开触点闭合，常闭触点断开；当它的"线圈"断电时，其所属的常开触点和常闭触点均恢复常态。PLC梯形图中的接线称为"软接线"，这种"软接线"是通过编程序来实现的。

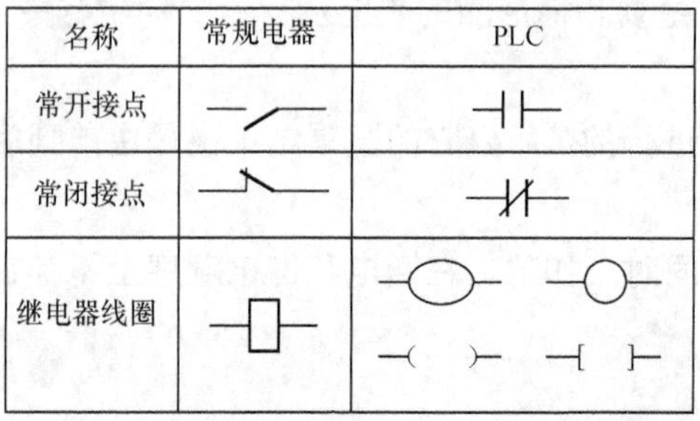

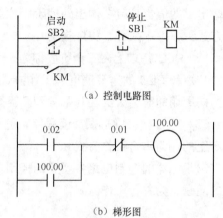

名称	常规电器	PLC
常开接点		
常闭接点		
继电器线圈		

图8-9　常规继电器与PLC输出继电器的符号对照情况

（a）控制电路图

（b）梯形图

图8-10　两种控制方式比较图

PLC的每一个继电器都对应着内部的一个寄存器位，因为可以无限次地读取某位寄存器的内容，所以，可以认为PLC的继电器有无数个常开、常闭触点可供用户使用。而物理继电器的触点个数是有限的。

PLC的输入继电器是由外部信号驱动的，在梯形图中只能使用输入继电器的触点，而不出现它的线圈。而控制电路图中，物理继电器触点的状态取决于其线圈中有无电流通过，若不接继电器线圈，只接其触点，则触点永远不会动作，因此，控制电路图中，线圈和触点必须同时出现。

（2）两种图的区别

继电器控制电路的两根母线与电源连接，其每一行（也称梯级）在满足一定条件时，将通过两条母线形成电流通路，从而使电器动作。而PLC梯形图的母线并不接电源，它只表示每一个梯级的起始和终了，PLC的每一个梯级中并没有实际的电流通过。通常说PLC的线圈接通了，这只不过是为了分析问题方便而假设的概念电流通路，而且概念电流只能从左向右流，这是PLC梯形图与继电器控制电路本质的区别。

（3）实现控制功能的手段不同

继电器控制是靠改变电器间的硬接线来实现各种控制功能的，而PLC是通过编程序来实现控制的。

图8-11是对应图8-10的PLC外部接线。图中只画出了一部分输入和输出端子。0.00和0.01等是输入端子，100.00和100.01等是输出端子，输入和输出端子各有自己的公共端COM。

电动机的工作过程是：

按下启动按钮 SB_2，0.02输入端子对应的输入继电器线圈通电，其常开触点0.02闭合。由于没有按动 SB_1，所以常闭触点0.01处于闭合状态。因此输出继电器100.00线圈通电，使KM通电。KM的主触点接在电动机的主电路中，于是电动机启动。释放启动按钮 SB_2 后，由于100.00线圈通电，其常开触点闭合起自锁作用。

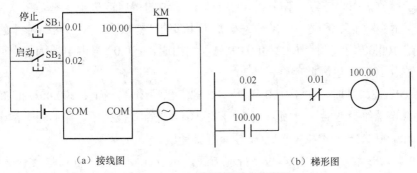

（a）接线图　　　　　　　　　（b）梯形图

图8-11　PLC梯形图的外部接线图

在电动机运行过程中按下停止按钮 SB₁，0.01 输入端子对应的输入继电器线圈通电，其常闭触点 0.01 断开；输出继电器 100.00 线圈断电，使 KM 断电，电动机停转。

重点提示：需要注意的是，接线图中的停止按钮 SB₁ 为常开开关，而梯形图中的 0.01 为常闭开关，因此，接线中的开关和梯形图中的开关状态，不是所有都能保持一致，要根据逻辑关系来进行分析和处理，这在设计时要引起注意。

2. 指令语句编程语言

梯形图编程语言优点是直观、简便，但要求带屏幕显示的图形编程器或计算机上位机编程软件方可输入图形符号。编程除梯形图之外，使用指令语句（助记符语言）编程也是一种常用的方法，它类似微机中的汇编语言。

语句是指令语句编程语言的基本单元，每个控制功能由一个或多个语句组成的程序来执行。每条语句是规定 PLC 中 CPU 如何动作的指令，它是由操作码和操作数组成的。操作码用助记符表示（例如，LD 表示"取"，OR 表示"或"，OUT 表示"输出"等）要执行的功能，操作数（参数）表明操作的地址（例如，输入继电器，输出继电器，定时器等）或一个预先设定的值（例如定时值，计数值等）。

对同样功能的指令，不同厂家的 PLC 使用的助记符一般不同。对上图中欧姆龙 CP1E 系列 PLC 的梯形图，其语句表为：

LD	0.02	（常开触点 0.02 与左母线连接）
OR	100.00	（常开触点 100.00 与常开触点 0.02 相并联）
AND NOT	0.01	（串联一个常闭触点 0.01）
OUT	100.00	（输出到继电器 100.00）

指令语句是 PLC 用户程序的基础元素，多条语句的组合构成了语句表，一个复杂的控制功能是用较长的语句表来描述的。

语句表编程语言不如梯形图形象、直观，但是，在使用不带梯形图编程功能的简易编程器输入用户程序时，必须把梯形图程序转换成语句表才能输入。

3. 如何读梯形图

识别梯形图的方法和识别一般的控制线路的方法是一样的，下面以图 8-11 为例进行识读。

梯形图中，常开触点 0.02（输入点）与母线相连，所以线圈 100.00 不得电而使 100.00

号继电器处于释放状态。注意，在分析梯形图时，所说的得电或失电，都是指软件上的数据变化，并不表示实际电路情况。如果开关 0.02（外部的）被按下，梯形图中常开触点 0.02 变为闭合，线圈 100.00 通过触点 0.02 和 0.01 与母线相通，100.00 号继电器因得电而吸合。继电器的常开触点 100.00 也因此闭合。

当开关 0.02 被放开时，由于 100.00 号常开触点已经闭合，而使 100.00 线圈持续通电，维持 100.00 继电器维持吸合（自锁）。直到开关 0.01（外部）被按下，梯形图中常闭触点 0.01 断开，线圈 100.00 失电，才能使 100.00 号继电器释放。

通过分析，可以看出，用 PLC 设计控制方案，可以在硬件接线方式完全不变的情况下，用设计控制电路的方法绘制梯形图然后编程，从而实现用同一种硬件（指 PLC）和同样的接线方式，构造各种各样的逻辑控制。因为梯形图和 PLC 源程序的关系是一一对应的，所以，只要能够看懂继电器控制电路，都能轻易地绘制梯形图，并根据一一对应的原则，写出 PLC 源程序。

4. 如何绘制梯形图

绘制梯形图时，一般应遵循以下几条原则。

（1）画梯形图时，应从上至下、从左到右进行。先在最左边画一长条竖线，称为母线，这条线相当于控制线路图中的电源母线，从母线向右边画逻辑线和各种触点元件，与继电器控制线路图不同的是，梯形图最右边的结束母线可以省略不用。

（2）梯形图对于串联或并联触点的数目没有限制，想画多少就可以画多少，每个触点的使用次数也不限制，可以理解为每个软继电器（计数器、定时器）都有无数个可使用的常开触点和常闭触点（它们都使用同一个编号），但不允许两行之间有垂直连接触点。例如图 8-12（a）是一个桥型电路，它不能直接编程，要转换成图 8-12（b）的形式才可编程。

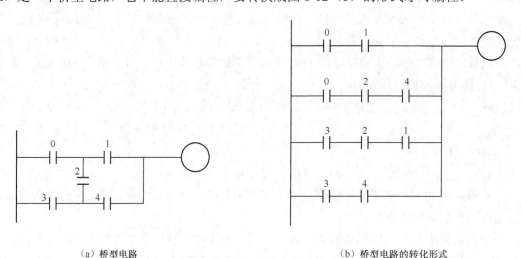

（a）桥型电路　　　　　　　　　　　　　（b）桥型电路的转化形式

图8-12　桥型电路及其转化形式

（3）画梯形图时，线圈应放在最右边，如图 8-13 所示。

（4）编程时，对于逻辑关系复杂的程序段，应按照先复杂后简单的原则编程。如图 8-14 所示。

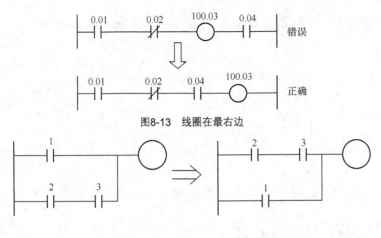

图8-13　线圈在最右边

（a）并联电路

（b）串联电路

图8-14　按先复杂后简单画梯形图

对于图 8-14（a）所示的单个触点与触点组并联的电路，应将单个触点放在下面，即采用"上重下轻"的原则。对于图 8-14（b）所示的单个触点与触点组串联的电路，应将触点组放在左边，即采用"左重右轻"的原则。

（5）尽量避免出现双线圈输出。同一个程序中，同一元件的线圈使用了两次或多次，称为双线圈输出。例如，在图 8-15 所示的梯形图中，设 0.00 为 ON、0.01 为 OFF，在执行第一行程序后，100.00 为 ON，执行第二行后为 ON，执行第三行后，100.00 为 OFF。因此，在 I/O 刷新阶段，101.00 为 ON，100.00 为 OFF，但从第二行看，100.00 和 100.00 的状态应该一致，这是双线圈输出造成的逻辑混乱。

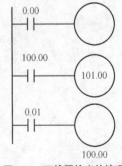

图8-15　双线圈输出的情况

（6）有些梯形图难以用基本逻辑指令编写语句表时，这时，需要重新安排梯形图，如图 8-16（a）所示的梯形图可改画成图 8-16（b）所示的形式。

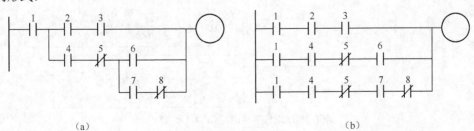

（a）　　　　　　　　　　　（b）

图8-16　梯形图的改画

（7）两个或两个以上的线圈可以并联，但不能串联，如图 8-17 所示。

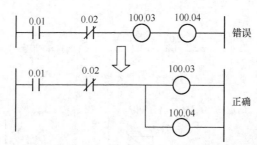

图8-17　两个或两个以上的线圈可以并联，但不能串联

8.2.2　欧姆龙 CP1E PLC 简介

CP1E 系列 PLC 是一种先进的、小型化的 PLC，有 10、14、20、30、40、60 点多种 CPU 单元。有继电器输出型和晶体管输出型（漏极和源极）两种，并有 AC 和 DC 两种电源型号可选择。汇集了各种先进的功能和充足的程序容量，性能十分优异。

1．CP1E 系列 PLC 的结构与输入/输出端子

如图 8-18 所示是 CP1E 系列 PLC CPU 单元规格。图 8-19 是 CP1E-E30/40DR-A 主机的面板结构。

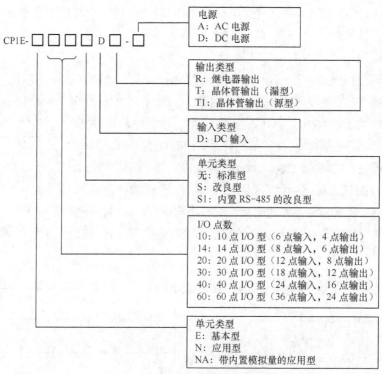

图8-18　CP1E系列PLC CPU单元规格

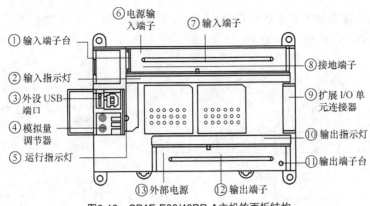

图8-19 CP1E-E30/40DR-A主机的面板结构

主机面板各接线端子和接口的功能介绍如下。

① 输入端子台：电源输入端子，用来接入电源。AC 电源型的主机，其电源电压为 AC100V～240V，DC 电源型的主机，其电源电压为 DC24V。

② 输入指示灯：显示输入状态，输入为 ON 时指示灯亮。

③ 外设 USB 接口：用于和计算机连接，以方便用上位机软件进行编程。

④ 模拟量调节器：可对模拟量进行调节。

⑤ 运行指示灯：可通过该灯确认 CPU 工作单元的运行状态。

⑥ 电源输入端子：用于输入电源。

⑦ 输入端子：可连接输入设备，如开关和传感器。

⑧ 接地端子：分保护接地⏚和功能接地⏚。为了防止触电，保护接地端子务必接地。为抗噪声、防雷击，功能接地端子必须接地。功能接地端子和保护接地端子可连在一起接地，但不可与其他设备接地线或建筑物金属结构连在一起。

⑨ 扩展 I/O 单元连接器：用于扩展输入输出接口单元。

⑩ 输出指示灯：显示输出状态，输出为 ON 时指示灯亮。

⑪ 输出端子台：用于输出的端子台，如继电器输出、晶体管输出和电源输出。

⑫ 输出端子：可连接负载，如灯、接触器、电磁阀。

⑬ 外部电源：在 24VDC 条件下，可作为输出设备的电源。

如图 8-20 所示是 CP1E-E40DR-A（40 点，其中输入 24 点，输出 16 点）主机输入输出端子排列图。

从图中可以看出，输入有 24 个，编号为：CIO 0.00～0.11 和 1.00～1.11。输出有 16 个，编号为：CIO 100.00～100.07 和 101.00～101.07。

2. CP1E 系列 PLC 的 I/O 存储器

可通过梯形图程序读取 I/O 存储器中的数据或将数据写入 I/O 存储器中。I/O 存储区由外部设备 I/O 区、用户区和系统区构成，如图 8-21 所示。

（1）在外部设备 I/O 区（CIO）中，输入位地址范围为 CIO 0～CIO 99，输出位地址范围为 CIO 100～CIO 199。

例如，对于 40 点 I/O 型 CPU 单元（CP1E-E40DR-A），输入端子台总共可分配 24 个输入位。位分配范围为输入位 CIO 0.00～CIO 0.11（即 CIO 0 中的位 00～11）、输入位 CIO 1.00～CIO 1.11（即 CIO 1 中的位 00～11）。

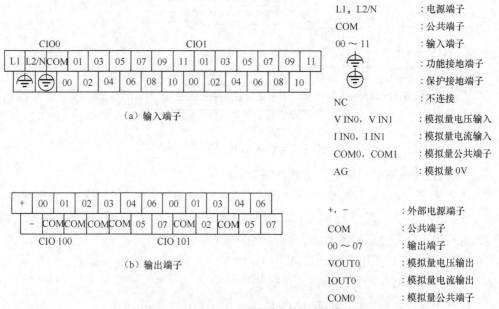

L1，L2/N	：电源端子
COM	：公共端子
00～11	：输入端子
	：功能接地端子
	：保护接地端子
NC	：不连接
V IN0，V IN1	：模拟量电压输入
I IN0，I IN1	：模拟量电流输入
COM0，COM1	：模拟量公共端子
AG	：模拟量 0V
+，-	：外部电源端子
COM	：公共端子
00～07	：输出端子
VOUT0	：模拟量电压输出
IOUT0	：模拟量电流输出
COM0	：模拟量公共端子

图8-20　CP1E-E40DR-A主机输入输出端子排列图

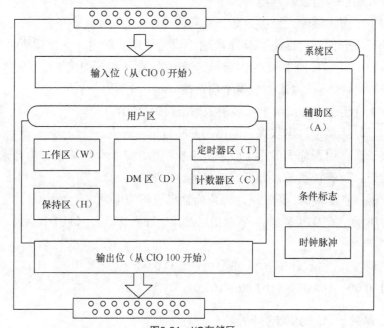

图8-21　I/O存储区

　　输出端子台总共可分配 16 个输出位。位分配范围为输出位 CIO 100.00～CIO 100.07（即 CIO 0 中的位 00～07）、输出位 CIO 101.00～CIO 101.07（即 CIO 1 中的位 00～07）。如图 8-22 所示。

　　（2）用户区有以下几种。

　　工作区（W）：工作区为 CPU 单元内部存储器的一部分，可供编程时使用。与 CIO 区中的输入位和输出位不同，该区并不刷新外部设备的输入/输出数据。工作区可保存 100 字，其地址范围为 W0～W99。有时在同一个程序中需多次使用同一组输入条件。可使用一个工作位保存最终条件，以简化编程工作及程序设计。

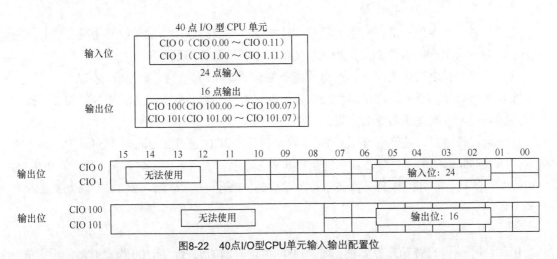

图8-22　40点I/O型CPU单元输入输出配置位

保持区（H）：保持区为 CPU 单元内部存储器的一部分，可供编程时使用。与 CIO 区中的输入位和输出位不同，该区并不刷新外部设备的输入/输出数据。保持区可保存 50 个字，其地址范围为 H0～H49。当用保持区位对一个自保持位进行编程时，即使电源已复位，自保持位也不会被清除，如图 8-23 所示。发生断电后，若想以与断电前相同的状态继续运行，请使用保持区。

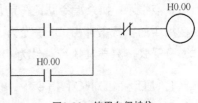

图8-23　使用自保持位

DM 区（D）：该数据区用于一般数据存储和处理，只能按字（16 位）进行存取。地址范围为 D0～D2047。

定时器区（T）：定时器区包含定时器完成标志（各 1 位）和定时器当前值（PV）（各 16 位）。当递减定时器当前值（PV）到达 0（完成计时）或当递增/递减定时器当前值（PV）到达设定值或 0 时，完成标志置 ON。定时器编号范围为 T0～T255。

计数器区（C）：计数器区包含计数器完成标志（各 1 位）和计数器当前值（PV）（各 16 位）。当计数器当前值（PV）到达设定值（完成计数）时，完成标志置 ON。

（3）系统区

辅助区（A）：该区中的字和位具有预先分配的功能，辅助区保存 754 个字，其地址范围为 A0～A753。

条件标志：条件标志包括表示指令执行结果的标志以及常 ON 和常 OFF 标志。

时钟脉冲：时钟脉冲通过 CPU 单元内置定时器置 ON 或 OFF。

8.2.3　欧姆龙 CP1E 指令系统

CP1E 系列 PLC 有多达 200 条指令，指令系统十分丰富，本章只简单介绍常用的一些指令，详细内容请参考 CP1E 使用手册。

指令的格式可以表示为：

助记符（功能代码）操作数 1

操作数 2

操作数 3

助记符表示指令的功能，它指明了执行该指令所完成的操作。助记符常用英文或其缩写来表示。对不同生产厂家的 PLC，相同功能的指令其助记符可能不同。

功能代码是指令的代码，不是所有的指令都有功能代码，只有部分指令才有。

操作数可以是通道号、继电器号或常数。操作数的个数，取决于各种指令的需要。操作数采用哪种进制，取决于指令的需要。

在使用操作数时，还经常会遇到 BCD 这个符号，BCD 是英文 Binary Coded Decimal 的缩写，即二进制编码的十进制。其规则是每四个二进制位表示一位十进制位。因此，BCD 的 0001 0001 表示十进制数的 11。操作数设为常数时，#表示十六进制（BCD 码），加&表示十进制。

例如，

| TIM |
| 0000 |
| #0100 |

TIM 为定时器助记符，0000 为定时器的编号，#0100 为定时器的设定值。

再比如 END(001)，END 为助记符，001 为功能代码。

重点提示：如果指令助记符前加标记@，说明该指令是微分形式，对于微分形式的指令，仅在指令的执行条件由 OFF 变为 ON 时才执行一次。如果指令前没有标记@，说明指令是非微分形式，只要其执行条件为 ON，每个扫描周期都执行该指令。这是二者的区别。

1. LD 和 LD NOT 指令

LD 和 LD NOT 是载入和载入非指令。

LD 指令用于从母线开始的第一个常开位或从逻辑块开始的第一个常开位。如果没有即时刷新规定，则读取 I/O 存储器中的指定位。如果有即时刷新规定，则读取和使用 CPU 单元的内置输入端子的状态。

LD NOT 指令用于从母线开始的第一个常闭位或从逻辑块开始的第一个常闭位。如果没有即时刷新规定，则读取 I/O 存储器中的指定位并取反。如果有即时刷新规定，则读取 CPU 单元的内置输入端子的状态，并在取反后使用。

LD 和 LD NOT 指令应用举例如图 8-24 所示。

2. AND 和 AND NOT 指令

AND 和 AND NOT 是逻辑与和与非指令。

AND 用于常开位的串联连接，AND 无法直接连接到母线，也无法用于逻辑块的起始处。如果没有即时刷新规定，则读取 I/O 存储器中的指定位。如果有即时刷新规定，则读取 CPU 单元的内置输入端子的状态。

AND NOT 用于常闭位的串联连接，AND NOT 无法直接连接到母线，也无法用于逻辑块的起始处。如果没有即时刷新规定，则读取 I/O 存储器中的指定位。如果有即时刷新规定，则读取 CPU 单元的内置输入端子的状态。

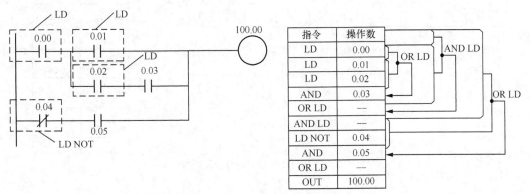

图8-24 LD和LD NOT指令应用举例

AND 和 AND NOT 指令应用举例如图 8-25 所示。

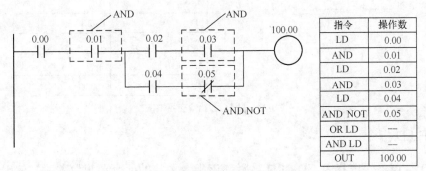

图8-25 AND和AND NOT指令应用举例

3. OR 和 OR NOT 指令

OR 和 OR NOT 是逻辑或和或非指令。

OR 用于常开位的并联连接。连接到母线或位于逻辑块的起始处形成一个逻辑或。如果没有即时刷新规定，则读取 I/O 存储器中的指定位。 如果有即时刷新规定，则读取 CPU 单元的内置输入端子的状态。

OR NOT 用于常闭位的并联连接。连接到母线或位于逻辑块的起始处形成一个逻辑或。如果没有即时刷新规定，则读取 I/O 存储器中的指定位。如果有即时刷新规定，则读取 CPU 单元的内置输入端子的状态。

OR 和 OR NOT 指令应用举例如图 8-26 所示。

4. AND LD 指令

AND LD 是逻辑块与指令。AND LD 将紧邻该指令之前的两个逻辑块串联。使用该指令可以串联三个或三个以上的逻辑块。方法是首先连接两个逻辑块，然后按顺序连接后续的逻辑块。 在三个或三个以上的逻辑块之后还能继续使用该指令进行串联。AND LD 指令应用举例如图 8-27 所示。

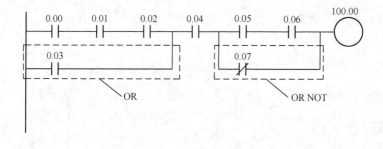

图8-26 OR和OR NOT指令应用举例

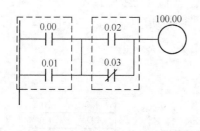

编程

指令	操作数
LD	0.00
OR	0.01
LD	0.02
OR NOT	0.03
AND LD	———
OUT	100.00

图8-27 AND LD指令应用举例

5. OR LD 指令

OR LD 是逻辑块或指令。OR LD 将紧邻该指令之前的两个逻辑块并联。使用该指令可以并联三个或三个以上的逻辑块。方法是首先连接两个逻辑块，然后按顺序连接后续的逻辑块。在三个或三个以上的逻辑块之后还能继续使用该指令进行并联。OR LD 指令应用举例如图 8-28 所示。

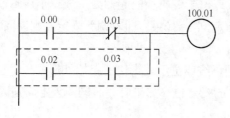

编程

指令	操作数
LD	0.00
AND NOT	0.01
LD	0.02
AND	0.03
OR LD	———
OUT	100.01

图8-28 OR LD指令应用举例

6. NOT 指令

NOT 是非指令。NOT（520）指令放在一个执行条件与另一个指令之间，用于对执行条件取反。520 为功能代码。NOT（520）为中间指令，即该指令无法用作右侧指令。请务必在

NOT（520）之后编入一个右侧指令。NOT 指令应用举例如图 8-29 所示。

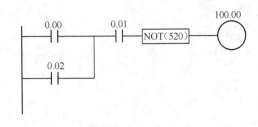

下例中，NOT（520）对执行条件取反

0.00	0.01	0.02	100.00
1	1	1	0
1	1	0	0
1	0	1	1
0	1	1	0
1	0	0	1
0	1	0	1
0	0	1	1
0	0	0	1

图8-29　NOT指令应用举例

7. UP 和 DOWN 指令

UP 和 DOWN 是条件 ON 和条件 OFF 指令。

UP（521）指令放在一个执行条件与另一个指令之间，用于将执行条件变为上升沿微分条件。当执行条件从 OFF→ON 时，UP（521）指令使连接指令只执行一次。

DOWN（522）指令放在一个执行条件与另一个指令之间，用于将执行条件变为下降沿微分条件。当执行条件从 ON→OFF 时，DOWN（522）指令使连接指令只执行一次。

UP/DOWN 指令应用举例如图 8-30 所示。

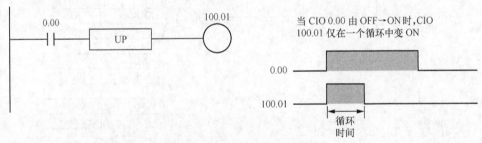

当 CIO 0.00 由 OFF→ON 时，CIO 100.01 仅在一个循环中变 ON

图8-30　UP/DOWN指令应用举例

8. OUT 和 OUT NOT 指令

OUT 和 OUT NOT 指令是输出和反相输出指令。

OUT 指令，如果没有即时刷新规定，则将执行条件（能流）的状态写入 I/O 存储器中的指定位中。如果有即时刷新规定，则除了将执行条件（能流）的状态写入 I/O 存储器中的输出位之外，还会写入 CPU 单元的内置输出输出端子。

OUT NOT 指令，如果没有即时刷新规定，则将执行条件（能流）的状态取反后写入 I/O 存储器中的指定位中。 如果有即时刷新规定，则除了将执行条件（能流）的状态取反后写入 I/O 存储器中的输出位之外，还会写入 CPU 单元的内置输出端子。

OUT 和 OUT NOT 指令应用举例如图 8-31 所示。

9. TR 指令

当以助记符编程时，TR 位用于临时保留程序中执行条件的 ON/OFF 状态。当直接以梯形图的形式编程时，不使用 TR 位，因为处理步骤将通过外围设备自动执行。地址为 TR0～TR15。如图 8-32 所示是 TR 指令的应用举例。

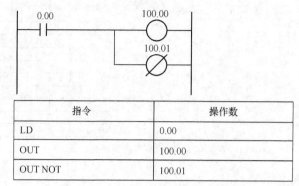

指令	操作数
LD	0.00
OUT	100.00
OUT NOT	100.01

图8-31 OUT和OUT NOT指令应用举例

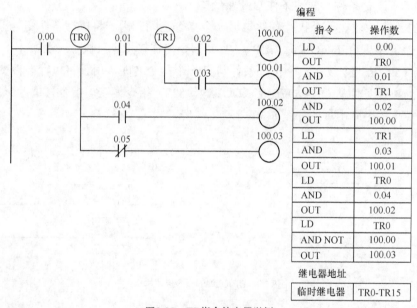

编程

指令	操作数
LD	0.00
OUT	TR0
AND	0.01
OUT	TR1
AND	0.02
OUT	100.00
LD	TR1
AND	0.03
OUT	100.01
LD	TR0
AND	0.04
OUT	100.02
LD	TR0
AND NOT	100.00
OUT	100.03

继电器地址

临时继电器	TR0-TR15

图8-32 TR指令的应用举例

10. KEEP 指令

KEEP 是保持指令。当 S 变为 ON 时，指定位将变为 ON，并且不论 S 是保持 ON 还是变为 OFF，指定位均保持 ON 直到被复位。当 R 变为 ON 时，指定位将变为 OFF。KEEP 指令符号如图 8-33 所示。

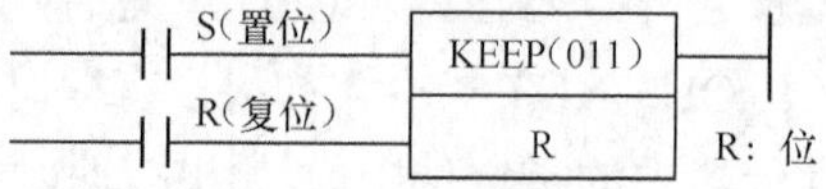

KEEP 指令应用举例如图 8-34 所示。

KEEP（011）指令的运行类似于自保持位，但在 KEEP（011）指令中使用自保持位编程时，所需指令少一条，如图 8-35 所示。

图8-33 KEEP指令符号

11. DIFU 指令

DIFU 是上升沿微分指令。当执行条件从 OFF→ON 时，DIFU（013）指令，R 变为 ON。

当 DIFU（013）到达下一个循环时，R 变为 OFF，DIFU 指令符号如图 8-36 所示，DIFU 指令应用举例如图 8-37 所示。

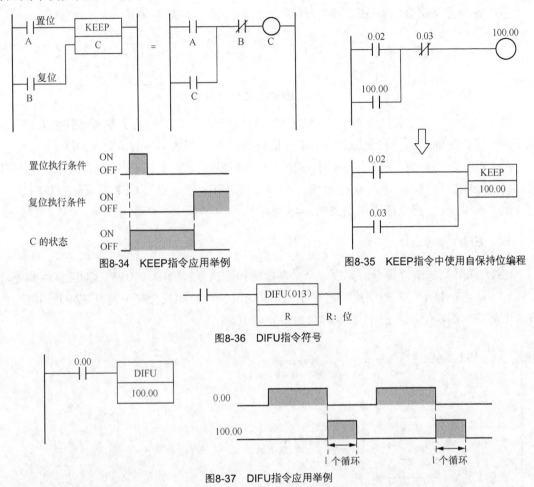

图8-34　KEEP指令应用举例

图8-35　KEEP指令中使用自保持位编程

图8-36　DIFU指令符号

图8-37　DIFU指令应用举例

12. DIFD 指令

DIFD 是下降沿微分指令。当执行条件从 ON→OFF 时，DIFD（014）指令将 R 变为 ON。当 DIFD（014）到达下一个循环时，R 变为 OFF。DIFD 指令符号如图 8-38 所示，DIFD 指令应用举例如图 8-39 所示。

图8-38　DIFD指令符号

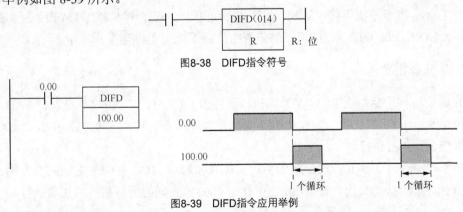

图8-39　DIFD指令应用举例

13. SET 和 RESET 指令

SET 称为置位指令，RESET 称为复位指令。指令符号如图 8-40 所示。

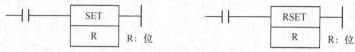

图8-40　SET和RESET指令符号

SET 指令，当执行条件为 ON 时，SET 指令将操作位变为 ON；而当执行条件为 OFF 时，则不影响操作位的状态。可使用 RSET 指令使被 SET 指令置为 ON 的位变为 OFF。

RSET 指令，当执行条件为 ON 时，RSET 指令将操作位变为 OFF；而当执行条件为 OFF 时，则不影响操作位的状态。可使用 SET 指令使被 RSET 指令置为 OFF 的位变为 ON。

SET 和 RESET 指令应用举例如图 8-41 所示。

14. END 指令

END（001）是结束指令，完成一个循环内的程序执行。END（001）后面的任何指令均不执行。务必在每个程序的结尾处放置 END（001）指令。如果程序中没有 END（001）指令，则将产生编程错误。END 指令符号如图 8-42 所示。

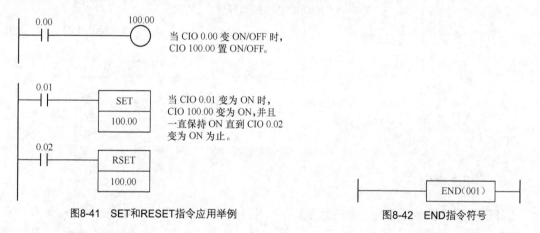

当 CIO 0.00 变 ON/OFF 时，CIO 100.00 置 ON/OFF。

当 CIO 0.01 变为 ON 时，CIO 100.00 变为 ON，并且一直保持 ON 直到 CIO 0.02 变为 ON 为止。

图8-41　SET和RESET指令应用举例

图8-42　END指令符号

15. NOP 指令

NOP（000）指令不执行任何处理，但该指令可用于在程序中将来要插入指令处留出程序行的位置。NOP（000）指令只能用于助记符中，而不能用于梯形图程序中。

16. IL/ILC 指令

IL/ILC 是转移指令，当 IL（002）的执行条件为 OFF 时，IL（002）和 ILC（003）之间的所有指令的输出均被互锁。当 IL（002）的执行条件为 ON 时，IL（002）和 ILC（003）之间的所有指令均正常执行。

如图 8-43 所示，当 CIO 0.00 为 OFF 时，IL（002）和 ILC（003）之间的所有输出均被互锁。当 CIO 0.00 为 ON 时，IL（002）和 ILC（003）之间的所有指令均正常执行。

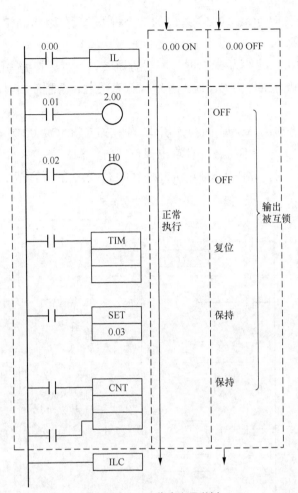

图8-43　IL/ILC指令应用举例

17.　JMP/CJP/JME 指令

JMP/CJP/JME 是跳转指令，指令符号如图 8-44 所示。跳转号必须介于 0000～007F（十进制的 &0～&127）之间。

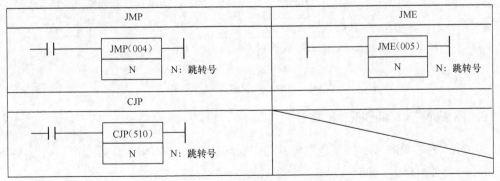

图8-44　JMP/CJP/JME指令符号

当 JMP（004）的执行条件为 ON 时，不进行跳转，且程序按编写的顺序连续执行。当 JMP（004）的执行条件为 OFF 时，程序执行直接跳转至程序中具有相同跳转号的第一个 JME

（005）指令。JMP（004）和JME（005）之间的指令将不执行，因此JMP（004）和JME（005）之间的输出状态得以保持。

　　当CJP（510）的执行条件为OFF时，不进行跳转，且程序按编写的顺序连续执行。

　　当CJP（510）的执行条件为ON时，程序执行直接跳转至程序中具有相同跳转号的第一条JME（005）指令。

　　JMP/CJP/JME指令应用举例如图8-45所示。图中，当CIO 0.00为OFF时，JMP（004）和JME（005）之间的指令将不执行，且输出保持其前状态。

　　当CIO 0.00为ON时，JMP（004）和JME（005）之间的所有指令均正常执行。

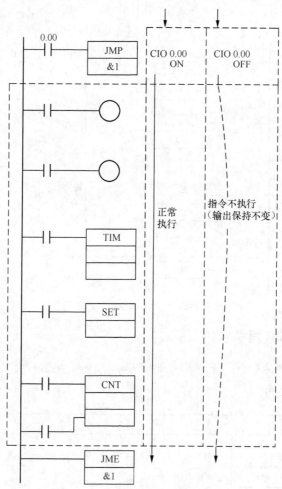

图8-45　JMP/CJP/JME指令应用举例

18. FOR/NEXT 和 BREAK 指令

　　FOR/NEXT和BREAK指令是循环及退出循环指令。FOR/NEXT指令符号如图8-46所示。循环次数必须介于0000～FFFF（十进制的0～65535）之间。

　　将FOR（512）和NEXT（513）之间的指令重复执行N次，然后程序继续执行NEXT（513）之后的指令。BREAK（514）指令可用于取消循环。

　　如果N被置为0，则FOR（512）和NEXT（513）之间的指令将作为NOP（000）指令处理。循环可通过最少的编程量来实现对数据表的处理。

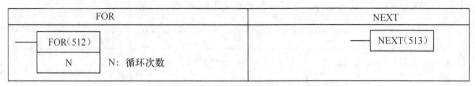

FOR	NEXT
FOR(512) N N: 循环次数	NEXT(513)

图8-46 FOR/NEXT指令符号

如图 8-47 所示是 FOR/NEXT 指令应用举例。

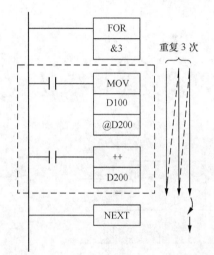

左例中，循环执行的程序段将 D100 的内容传送到 D200 表示的地址中，然后使 D200 的内容递增 1。

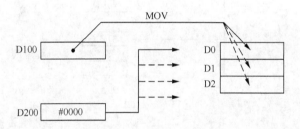

图8-47 FOR/NEXT指令应用举例

在 FOR（512）和 NEXT（513）之间编入 BREAK（514）指令，从而在执行 BREAK（514）时取消 FOR/NEXT 循环。当 BREAK（514）指令执行时，到 NEXT（513）为止的其余指令作为 NOP（000）处理。如图 8-48 所示是 BREAK 指令应用举例。

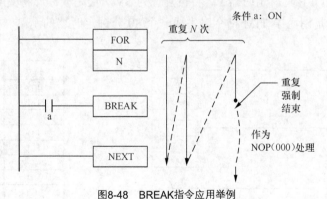

图8-48 BREAK指令应用举例

19. 定时器/计数器指令

（1）TIM/TIMX 指令

TIM 或 TIMX（550）定时器以 0.1s 为单位作减量计时。指令符号如图 8-49 所示。

定时器号必须介于 0000～0255（十进制）之间。

设定值（以 100ms 为单位）

TIM：#0000～#9999（以 BCD 进行设定）

TIMX：&0～&65535（十进制）或 #0000～#FFFF（十六进制）

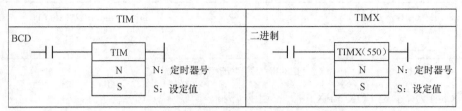

图8-49　TIM/TIMX指令符号

图 8-50 所示是 TIM/TIMX 指令应用举例。

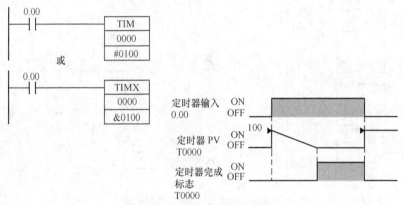

图8-50　TIM/TIMX指令应用举例

当定时器输入 CIO 0.00 从 OFF→ON 时，定时器 PV 将从 SV 开始减量计时。当 PV 计到 0 时，定时器完成标志 T0000 将变 ON。

当 CIO 0.00 变 OFF 时，定时器 PV 将被复位为 SV，且完成标志将变 OFF。

如图 8-51 所示是用两条 TIM 指令以生成一个 30 分钟定时器的示例。

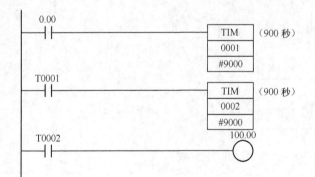

图8-51　两条TIM指令以生成一个30分钟定时器

如图 8-52 所示两条 TIM 指令应用的另一示例。在该例中，只要 CIO 0.00 为 ON，CIO 100.05 将保持 OFF 达 1.0 秒，然后再保持 ON 达 1.5 秒。

（2）TMHH/TMHHX 指令

TMHH（540）/TMHHX（552）定时器以 1ms 为单位作减量计时。符号如图 8-53 所示。

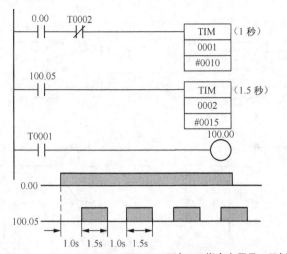

指令	操作数
LD	0.00
AND LD	T0002
TIM	1
	#0010
LD	2.05
TIM	2
	#0015
LD	T0001
OUT	100.05

图8-52　两条TIM指令应用另一示例

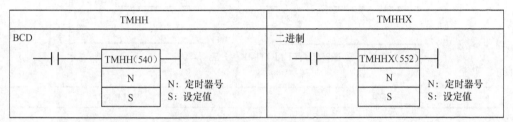

图8-53　TMHH/TMHHX指令符号

（3）TTIM/TTIMX 指令

TTIM（087）/TTIMX（555）定时器以 0.1s 为单位作增量计时。TTIM/TTIMX 指令符号如图 8-54 所示。

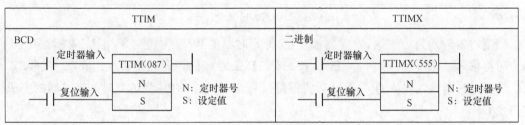

图8-54　TTIM/TTIMX指令符号

如图 8-55 所示是 TTIM/TTIMX 指令应用举例。

当定时器输入 CIO 0.00 为 ON 时，定时器 PV 将从 0 开始增量计数。当 PV 到达设定值 SV 时，定时器完成标志 T0001 将变 ON。

如果复位输入变 ON，则定时器 PV 将被复位为 0，且完成标志（T0001）将变 OFF。（通常会使复位输入变 ON 以使定时器复位，然后使定时器输入变 ON 以开始计时。）

如果在到达 SV 之前定时器输入变 OFF，则定时器将停止计时，但 PV 将保持。当定时器再次变 ON 时，定时器将从其前 PV 开始重续计时。

（4）TIML/TIMLX 指令

TIML（542）/TIMLX（553）定时器以 0.1s 为单位作减量计时。TIML/TIMLX 指令符号如图 8-56 所示。

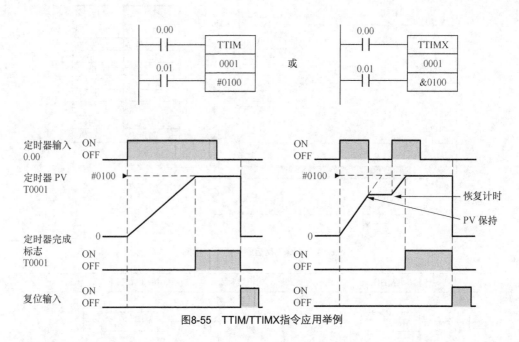

图8-55 TTIM/TTIMX指令应用举例

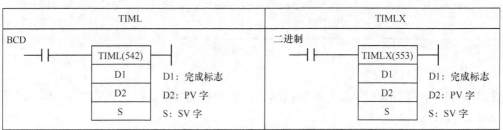

图8-56 TIML/TIMLX指令符号

当定时器输入为 OFF 时,定时器被复位,即定时器的 PV 被复位为 SV 且完成标志变 OFF。当定时器输入从 OFF→ON 时,TIML（542）/TIMLX（553）开始使 D2+1 和 D2 中的 PV 递减。只要定时器输入保持 ON,则 PV 将保持减量计时,且当 PV 到达 0 时,定时器的完成标志将变 ON。

定时器的 PV 和完成标志的状态在定时器计时完成后将保持。若要重启定时器,则定时器输入必须变 OFF 然后再变 ON,或者必须将定时器的 PV 变为一个非零值（例如通过 MOV（021）指令）。

TIML（542）/TIMLX（553）指令中,TIML（542）最多可计时 115 天,而 TIMLX（553）最多可计时 4971 天。定时器的精度为 0～0.01s。

TIML/TIMLX 指令应用举例如图 8-57 所示。

当定时器输入 CIO 0.00 为 ON 时,定时器 PV（在 D201 和 D200 中）将被置位为 SV（在 D101 和 D100 中）,且 PV 将开始减量计时。当 PV 计到 0 时,定时器完成标志（CIO 200.00）将变 ON。当 CIO 0.00 变 OFF 时,定时器 PV 将被复位为 SV,且完成标志将变 OFF。

（5）CNT/CNTX 指令

CNT/CNTX（546）计数器作减量计数。指令符号如图 8-58 所示。

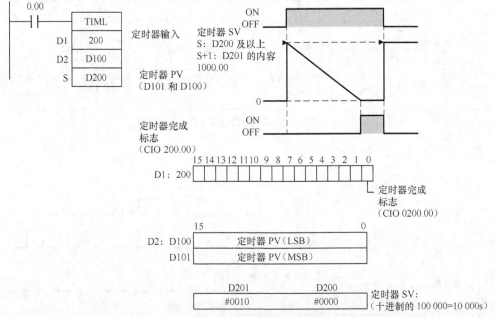

图8-57 TIML/TIMLX指令应用举例

图8-58 CNT/CNTX指令符号

计数器号必须介于 0000~0255（十进制）之间。

S 设定值

CNT：#0000~#9999（BCD）

CNTX：&0~&65535（十进制）或 #0000~#FFFF（十六进制）。

每当计数输入从 OFF→ON 时，其 PV 均递减 1。当 PV 计到 0 时，完成标志变 ON。

一旦完成标志变 ON，应通过将复位输入变 ON 或者使用 CNR（545）/CNRX（547）指令的方法使计数器复位。否则，计数器无法重新启动。

当复位输入为 ON 时，计数器被复位且计数输入被忽略。（当计数器被复位时，其 PV 将被复位为 SV，且完成标志将变 OFF。）

对于 CNT，设定范围为 0~9999；对于 CNTX（546），设定范围为 0~65535。

（6）CNTR/CNTRX 指令

CNTR/CNTRX 是可逆计数器指令，符号如图 8-59 所示。

下面对 CNTR/CNTRX 指令简要进行说明，如图 8-60 所示。

通过使复位输入（CIO 0.02）变 ON 和变 OFF 来将计数器 PV 复位为 0。每当增量输入（CIO 0.00）从 OFF→ON 时，其 PV 均递增 1。当 PV 从 SV（3）递增时，将被自动复位为 0，且完成标志将变 ON。

图8-59　CNTR/CNTRX指令符号

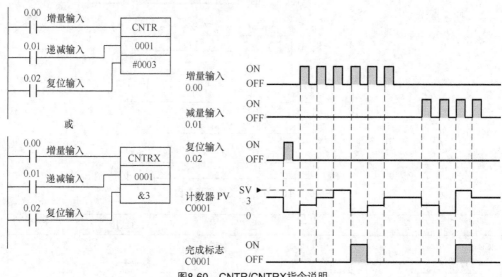

图8-60　CNTR/CNTRX指令说明

与此类似，每当减量输入（CIO 0.01）从 OFF→ON 时，其 PV 均递减 1。当 PV 从 0 递减时，将被自动置位为 SV（3），且完成标志将变 ON。

当信号上升（OFF→ON）时，加法和减法计数输入会使计数增大 / 减小一次。当上述两个输入同时变 ON 时，既不增大也不减小计数。如果复位输入变 ON，则 PV 将变为 0，且不接受计数输入。

重点提示：CNT 和 CNTR 指令的主要区别是：当计数器 CNT 达到设定值后，只要不复位，即使计数脉冲仍在输入，其输出就一直为 ON。计数器 CNTR 达到设定值后，其输出为 ON，只要不复位，在下一个计数脉冲到来时，计数器 CNTR 立即变为 OFF，且开始下一轮计数，即 CNTR 是个循环计数器。

（7）CNR/CNRX 指令

CNR/CNRX 指令的作用是，使指定的定时器或计数器号范围内的定时器或计数器复位。指令符号如图 8-61 所示。

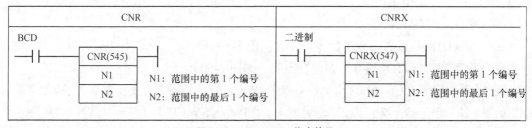

图8-61　CNR/CNRX指令符号

如图 8-62 所示是 CNR/CNRX 指令应用举例。

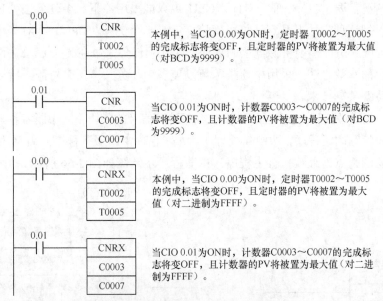

本例中，当 CIO 0.00 为 ON 时，定时器 T0002～T0005 的完成标志将变 OFF，且定时器的 PV 将被置为最大值（对 BCD 为 9999）。

当 CIO 0.01 为 ON 时，计数器 C0003～C0007 的完成标志将变 OFF，且计数器的 PV 将被置为最大值（对 BCD 为 9999）。

本例中，当 CIO 0.00 为 ON 时，定时器 T0002～T0005 的完成标志将变 OFF，且定时器的 PV 将被置为最大值（对二进制为 FFFF）。

当 CIO 0.01 为 ON 时，计数器 C0003～C0007 的完成标志将变 OFF，且计数器的 PV 将被置为最大值（对二进制为 FFFF）。

图8-62　CNR/CNRX指令应用举例

20. 子程序 SBS、SBN/RET 指令

SBS 是子程序调用指令，符号如图 8-63 所示。

图8-63　SBS指令符号

SBN/RET 是子程序入口和返回指令，其符号如图 8-64 所示。

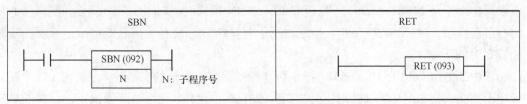

图8-64　SBN/RET指令符号

SBS（091）指令调用指定子程序号的子程序。子程序为 SBN（092）～RET（093）之间的程序段。当该子程序结束时，程序从 SBS（091）后的下一条指令开始继续执行。一个子程序在一个程序中可被调用多次。图 8-65 所示是 SBS、SBN/RET 指令应用举例。

当 CIO 0.00 为 ON 时，将执行子程序 10，然后程序的执行将返回至调用该子程序的 SBS（091）之后的下一条指令。

21. 中断控制指令

中断是一项重要的计算机技术，这一技术不但在单片机中得到了充分的应用，而且在 PLC 也得到了一定的继承。

在 PLC 中，因为通常 PLC 中只有一个 CPU，但在实际控制过程中，控制系统中有些随时可能发生的情况需要 CPU 处理，对此，CPU 也只能采用停下一个任务去处理另一任务的中断方法解决。把这种方法上升到计算机理论，就是一个资源（CPU）面对多项任务，但由于资源有限，因此就可能出现资源竞争的局面，即几项任务来争夺一个 CPU。而中断技术就是解决资源竞争的有效方法，采用中断技术可以使多项任务共享一个资源，所以中断技术实质上就是一种资源共享技术。

在 PLC 中，中断处理的过程是：外部或内部触发信号的作用下，中断主程序的执行，转去执行一个预先编写的子程序，即中断处理子程序（也称中断服务程序），中断处理子程序执行完毕后，再返回断点处继续执行主程序。中断程序示意图如图 8-66 所示。

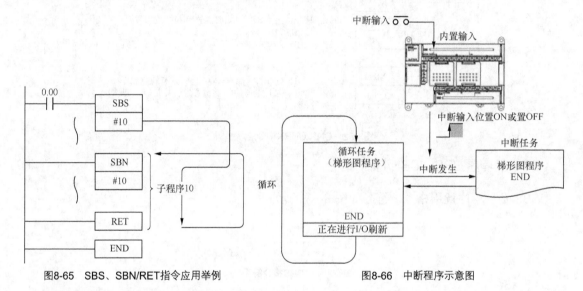

图8-65　SBS、SBN/RET指令应用举例　　　　图8-66　中断程序示意图

中断指令主要有以下几个。

设置中断屏蔽 MSKS（690）：当 PLC 进入 RUN 模式时，对 I/O 中断任务和定时中断任务进行屏蔽（禁止）。MSKS（690）指令可用于对 I/O 中断进行去屏蔽或屏蔽，以及为定时中断设定时间间隔。

清除中断 CLI（691）：CLI（691）指令可清除或保留已记录的中断输入（针对 I/O 中断），并设定距离第一次定时中断（针对定时中断）的时间。此外，还可清除或保留已记录的高速计数器中断。

禁止中断 DI（693）：DI（693）指令禁止执行所有中断任务。

允许中断 EI（694）：EI（694）指令允许执行所有中断任务。

有关欧姆龙 CP1E 的常用指令我们就介绍这么多，还有相当多的指令还没有介绍，本章只是起抛砖引玉的作用，详细的指令系统和使用方法，请参考欧姆龙 CP1E 使用手册。

8.2.4　欧姆龙编程软件的使用

编写 PLC 程序，需要专用的软件，欧姆龙 CP1E 可使用欧姆龙公司提供的 CX-ONE 或 CX-Programmer 软件，这里以 CX-Programmer 软件为例进行介绍。

如图 8-67 所示是 CX-Programmer 软件主窗口界面。

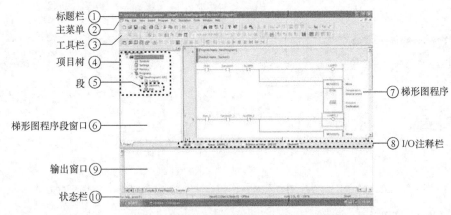

标题栏 ①
主菜单 ②
工具栏 ③
项目树 ④
段 ⑤
梯形图程序 ⑦
梯形图程序段窗口 ⑥
I/O注释栏 ⑧
输出窗口 ⑨
状态栏 ⑩

图8-67　CX-Programmer软件主窗口主窗口界面

1. 输入梯形图程序

（1）菜单中选择"New"（新建），随后将显示"Change PLC"（变更 PLC）对话框。设备类型已选择 CP1E。如图 8-68 所示。

（2）点击"Settings"（设定）按钮，将显示"PLC Type Settings"（PLC 类型设定）窗口。在"CPU Type"（CPU 类型）框中选择 CPU 单元型号，然后点击"OK"（确定）按钮。"PLC Type Settings"（PLC 类型设定）对话框将关闭。如图 8-69 所示。

图8-68　选择设备类型

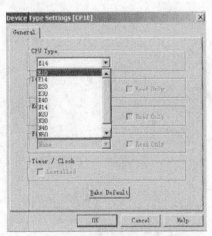

图8-69　选择CPU单元型号

（3）输入 NO（常开）和 NC（常闭）输入条件。

对于 NO 输入条件，使用 LD 指令，按"L"或"C"键并选择"LD"。对于 OR 输入条件，按"O"或"W"键并选择"OR"。

对于 NC 输入条件，按"L"或"/"键，然后选择"LD NOT"。对于 OR NOT 输入条件，按"O"或"X"键并选择"OR NOT"。

按"L"或"C"键，将显示"LD 0.00"。如图 8-70 所示。

（4）按"Enter"键。将显示"Bit（1/1）"，并且将反白显示"0.00"。如果地址不是 CIO 0.00，

请从键盘输入正确地址。例如，输入"0.02"。如图 8-71 所示。按"Enter"键。LD 指令的输入即完成。

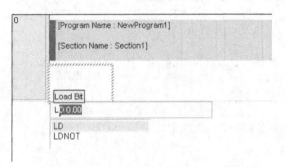

图8-70　按"L"或"C"键，将显示"LD 0.00"

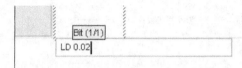

图8-71　输入"0.02"

（5）输入 OUTPUT 指令。

要输入 OUTPUT 指令，请按"O"键并选择"OUT"。如图 8-72 所示。

（6）输入首字母时，将会显示候选助记符列表。使用光标"上移"和"下移"键在列表中移动，然后按"Enter"键进行选择，最后输入操作数。例如，TIM 指令，按"T"键。将显示以"T"开头的指令列表。如图 8-73 所示。

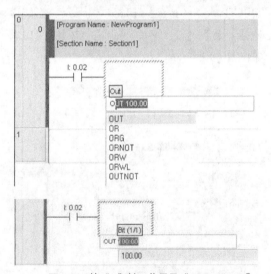

图8-72　按"O"键，将显示"OUT 100.00"

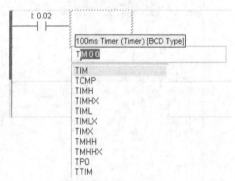

图8-73　输入TIM指令

2. 保存梯形图程序

保养前，先检查程序中的错误，在程序菜单中选择"Compile All PLCPrograms"（编译所有 PLC 程序）。编译开始，一旦编译完成，将会在输出窗口中显示程序检查结果，如果发现错误，请双击输出窗口中显示的错误消息，光标将移至发生错误的位置，请根据需要改正梯形图程序，如图 8-74 所示。

检查无误后，将梯形图程序保存在项目中，在文件菜单中选择"Save As"（另存为）。将显示"Save CX-Programmer File"（保存 CX-Programmer 文件）对话框，指定保存位置，输入文件名，然后点击"Save"（保存）按钮即可。

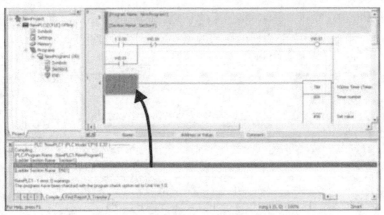

图8-74　在输出窗口中显示程序检查结果

3. 编辑梯形图程序

在智能输入模式下，通过"Comment"（注释）对话框，可在输入操作数之后输入 I/O 注释。如图 8-75 所示。

只有在"Options"（选项）-"Diagrams"（图片）对话框中选择了"Show with comment dialog"（显示注释对话框）选项时，才会显示上面的注释对话框。可在工具菜单中选择"Options"（选项）来访问"Options"（选项）-"Diagrams"（图片）对话框。

也可从地址列表输入或更改多条 I/O 注释。在编辑菜单中选择"Edit I/OComment"（编辑 I/O 注释），将显示 I/O 注释编辑窗口输入 I/O 注释或双击要更改 I/O 注释的地址，输入 I/O 注释的功能将被激活，此时即可输入 I/O 注释。

4. 联机 CP1E 并传送程序

（1）要将程序从 CX-Programmer 传送到 CP1E，首先必须使 CX-Programmer 与 CP1E 联机，将计算机和 CP1E 用 USB 线连接起来，如图 8-76 所示。

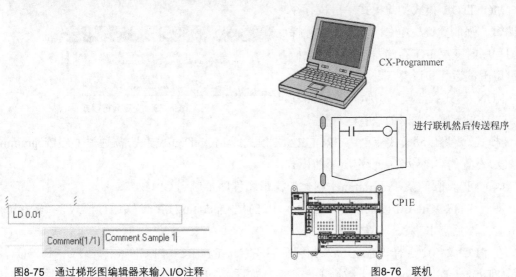

LD 0.01

Comment(1/1)　Comment Sample 1

图8-75　通过梯形图编辑器来输入I/O注释　　　　　　图8-76　联机

（2）打开包含要从 CX-Programmer 传送的程序的项目，在 CX-Programmer 的 PLC 菜单

中选择"Work Online"（联机工作），将显示确认进行联机的对话框。点击"Yes"（是）按钮，一旦建立了联机，梯形图程序段窗口将变成淡灰色。如图 8-77 所示。

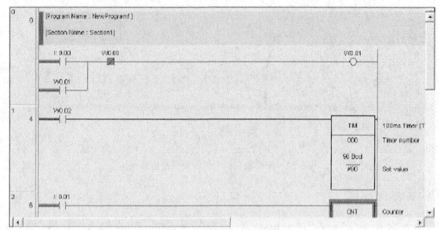

图8-77　联机后的梯形图窗口

（3）变更运行模式，可将运行模式变更为 PROGRAM 模式。变更为 PROGRAM 模式的步骤是：在 PLC 菜单中选择"Operating Mode"（运行模式）-"Program"（编程），将显示确认变更运行模式的对话框，如图 8-78 所示。点击"Yes"（是）按钮，运行模式将改变，运行模式显示在项目树中。

CPU 单元有以下三种运行模式：

PROGRAM 模式：PROGRAM 模式中不执行程序。此模式可用于 PLC 设置中的初始设定、传送梯形图程序、检查梯形图程序以及为执行梯形图程序做准备，如强制置位/ 复位。

MONITOR 模式：此模式中可执行在线编辑、强制置位/ 复位、以及在执行梯形图程序时变更 I/O 存储器当前值。此模式可用于试运行和调整。

RUN 模式：此模式中执行梯形图程序。CPU 单元置 ON 时的缺省运行模式为

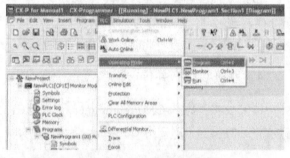

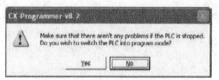

图8-78　变更运行模式

RUN 模式。要将启动模式变更为 PROGRAM 模式或 MONITOR 模式，需通过 CX-Programmer 在 PLC 设置的启动设置中设定所需的模式。

（4）可将通过 CX-Programmer 创建的梯形图程序传送到 CP1E。

变更为 PROGRAM 模式，在 PLC 菜单中选择"Operating Mode"（运行模式）-"Program"（编程），然后点击"Yes"（是）按钮。

在 PLC 菜单中选择"Transfer"（传送）-"Transfer [PC→PLC]"（传送[PC→PLC]）。将显示"Download Options"（下载选项）窗口，如图 8-79 所示。

（5）点击"OK"（确定）按钮。梯形图程序的传送即完成，如图 8-80 所示。

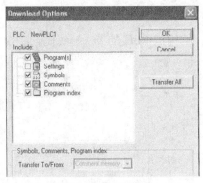
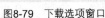

图8-79 下载选项窗口

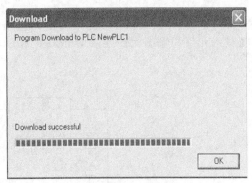

图8-80 梯形图程序的传送

（6）要开始运行，请接通电源或将运行模式变更为 RUN 模式。

另外 CX-PROGRAMMER 软件还具有联机监控和调试功能，这里不再介绍，有兴趣的读者可参考欧姆龙 CP1E 使用手册。

8.2.5 欧姆龙 CP1E PLC 设计实例

学习 PLC 的最终目的是能把它应用到实际的工业控制系统中去，下面列举几个实例，简要介绍 CP1E 小型 PLC 在工业控制中的应用。

1. 电机正反转控制

（1）继电器-接触器控制电路

图 8-81 所示为可以防止正、反转控制电路，其中 SB_1 为停止按钮，SB_2 为正转控制按钮，SB_3 为反转控制按钮，在进行正、反转切换时必须先按一下 SB_1。由于接触器 KM_1 和 KM_2 的动断触点串联在对应线圈支路中，起到互锁作用，这种互锁为电气互锁，可防止两接触器同时动作短路。

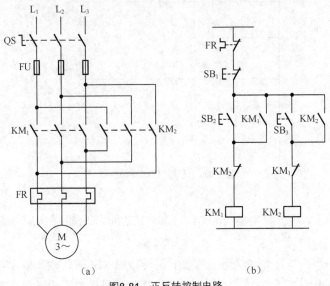

（a）   （b）

图8-81 正反转控制电路

（2）PLC 的 I/O 配线图

将输入元件和输出元件连接于 PLC 的相应端子上，就构成 PLC 的 I/O 配线图，如图 8-82 所示。

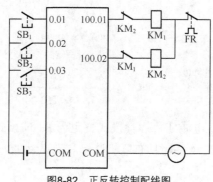

图8-82　正反转控制配线图

与图中对应的 I/O 分配表如表 8-1 所示。

表 8-1　　　　　　　　　　　　　I/O 分配表

输入		输出	
停止按钮 SB$_1$	0.01	接触器 KM$_1$	100.01
正转按钮 SB$_2$	000.02	接触器 KM$_2$	100.02
反转按钮 SB$_3$	000.03		

（3）PLC 的梯形图

根据配线图和 I/O 分配表编制的梯形图如图 8-83 所示。

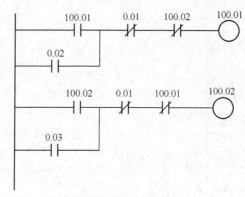

图8-83　正反转控制的梯形图

在梯形图中，两个输出继电器 100.01、100.02 之间，也相互构成互锁，这种互锁称为内部软互锁。

正反转控制梯形图的工作过程是：当按下正转按钮 SB$_2$ 时，输入继电器 0.02 得电，动合触点 0.02 闭合，输出线圈 100.01 得电，接触器 KM$_1$ 线圈得电，电动机正转。

松开正转按钮 SB_2 后，由于此时动合触点 100.01 闭合，构成自锁电路，因此，电机保持正转状态。

当按下停机按钮 SB_1 时，输入继电器 0.01 失电，其动合触点断开，输出线圈 100.01 失电，因此，电机停转。反转控制过程与正转控制过程相似，这里不再具体分析。

2. 电机的逻辑控制

某一电动机只有在三个按钮中任何一个或任何两个动作时，才能运转，而在其他任何情况下都不运转，试设计其梯形图。

将电动机运行情况由 PLC 输出点 F 来控制，三个按钮分别对应 PLC 输入地址为 A、B、C。

根据题意，三个按钮中任何一个动作，PLC 的输出点就有输出，其逻辑代数表达式为：

$$F'=A\overline{B}\,\overline{C}+\overline{A}B\overline{C}+\overline{A}\,\overline{B}C$$

当三个按钮中有任何两个动作时，输出点的逻辑代数表达式为：

$$F''=AB\overline{C}+A\overline{B}C+\overline{A}BC$$

因两个条件是"或"关系，所以电动机运行条件应该为：

$$F=F'+F''=A\overline{B}\,\overline{C}+\overline{A}B\overline{C}+\overline{A}\,\overline{B}C+AB\overline{C}+A\overline{B}C+\overline{A}BC$$

简化该式得：$F=A(\overline{B}+\overline{C})+\overline{A}(B+C)$

本例只有 A、B、C 三个输入信号，F 一个输出信号，若系统选择的机型是 CP1E，做出 I/O 分配表如表 8-2 所示。

表 8-2   I/O 分配表

输入			输出
A	B	C	F
0.01	0.02	0.03	100.00

根据逻辑代数表达式和 I/O 分配表，画梯形图，如图 8-84 所示。

3. 抢答器

抢答器又称为先输入优先电路。以四人抢答器为例。设 0.00 为允许抢答开关，闭合时为允许，断开时为复位。0.01、0.02、0.03、0.04 分别为四个抢答按钮，100.00、100.01、100.02、100.03 为四个输出声光信号，抢答器梯形图如图 8-85 所示。

在 0.00 闭合的情况下，不论哪个按钮先按下，都会保持该路输出状态，同时，切断其他三路输出的控制回路．直到 0.00 断开时才能复位，允许下次抢答。

4. 彩灯控制器

某彩灯电路有 A、B、C、D 四组彩灯，工作过程为：

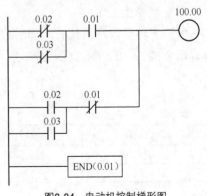

图8-84 电动机控制梯形图

（1）B、C、D 暗，A 组亮 2s；

（2）A、C、D 暗，B 组亮 2s；

（3）A、B、D 暗，C 组亮 2s；

（4）A、B、C 暗，D 组亮 2s；

（5）B、D 两组暗，A、C 两组同时亮 1s；

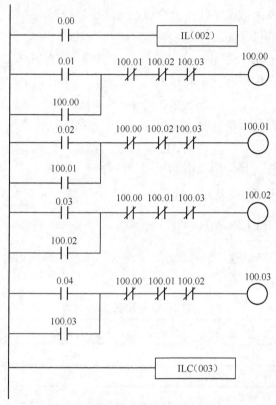

图8-85 抢答器梯形图

（6）A、C 两组暗，B、D 两组同时亮 1s。

然后按（1）～（6）反复循环。要求用一个开关控制，开关闭合彩灯电路工作，开关断开彩灯电路停止工作。

根据上述要求，设计时，选用欧姆龙 CP1E PLC，输入点有 1 个接 PLC，接开关，输出点有四个接 A、B、C、D 四级彩灯，输入输出点分配如表 8-3 所示。PLC 外部接线如图 8-86 所示。

表 8-3 输入输出点分配

输入电器	输入端子	输出电器	输出端子
工作开关 SA	0.00	A 组彩灯 HL1	100.01
		B 组彩灯 HL2	100.02
		C 组彩灯 HL3	100.03
		D 组彩灯 HL4	100.04

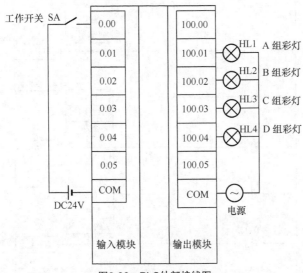

图8-86 PLC外部接线图

　　按照时间的先后顺序关系，画出各信号在一个循环中的波形图，分析波形图中有几个时间段需要控制，就使用几个定时器，并画出定时器的波形图。本例中 4 组彩灯工作一个循环由 6 个时间段构成，可用 6 个定时器 TIM0001～TIM0006 加以控制，波形图如图 8-87 所示。

　　当工作开关 SA 接通后，TIM0001 首先开始定时，TIM0001 定时到接通 TIM0002，TIM0002 定时到接通 TIM0003……TIM0006 定时到，断开 TIM0001，从而开始新循环。

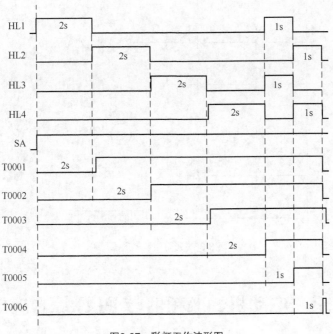

图8-87 彩灯工作波形图

　　根据波形图，可绘制出梯形图，如图 8-88 所示。

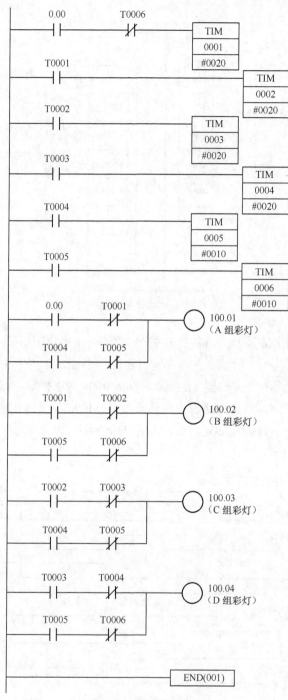

图8-88　彩灯控制梯形图

|8.3　电动机、变频器与 PLC 综合应用|

电动机、变频器、PLC 到目前为止，基本讲解结束了，虽然内容还比较初级，但会为以后的深入学习打下良好的基础，最后，我们做一个综合练习，将电动机、变频器与 PLC 联合起来。

8.3.1 用 PLC 控制变频器和电动机

用 PLC、变频器控制电动机变速运行，按下启动按钮，电动机以 15Hz 速度正传，按下功能 2 速键后转为 20Hz 速度运行，按下功能 3 速键转为 35Hz 速度运行，按下 4 速键转为 40Hz 速度运行，按下 5 速键变为 55Hz 速度运行，按下 6 速键变为 60Hz 速度运行，按下 7 速键以频率为 75Hz 速度运行，也可进行减速调节，按停止按钮，电动机即停止。

电动机我们选用鼠笼式三相异步电动机，变步器选用三菱 FR-E740，PLC 选用三菱 FX3U–64M，控制框图如图 8-89 所示。

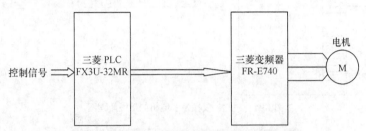

图8-89 用PLC、变频器控制电动机三速运行框图

三菱 FR-E740 变频器上一章我们做过详细介绍，这里再补充一点，使用变频器前，要对变频器的多速功能和频率进行事先设定，详细内容请参照上章内容和三菱 FR-E740 变频器使用手册。

下面简要介绍一下三菱 FX3U-32MR PLC。其外观实物如图 8-90 所示。

图8-90 三菱FX3U-32MR PLC外观实物

三菱 FX3U-32MR PLC 是小型化，高速度，高性能的小型 PLC，除输入 16 点、输出 16 点的独立用途外，还可以适用于模拟控制、定位控制等特殊用途，是一套可以满足多种需要的 PLC。如图 8-91 所示是 PLC、变频器和电机的接线原理图。

由 PLC 分别给 RH、RM、RL 端子开关信号，由于转速档次是按二进制的顺序排列的，故通过控制变频器三个速度端的通断组合，可实现电动机的七段速运行，七种频率如表 8-4 所示。I/O 输入输出分配表如表 8-5 所示。

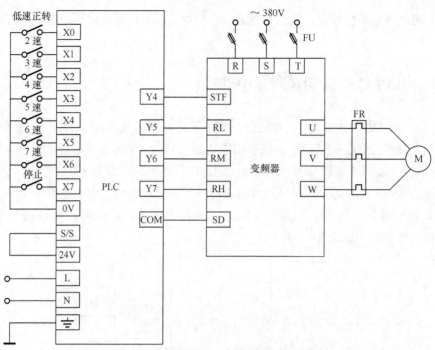

图8-91 PLC、变频器和电机的接线原理图

表 8-4   RH、RM、RL 端子开关信号及所对应的速度

RH	RM	RL	频率
0	0	1	H1
0	1	0	H2
0	1	1	H3
1	0	0	H4
1	0	1	H5
1	1	0	H6
1	1	1	H7

表 8-5   I/O 输入输出分配表

输入变量	输出变量	输出频率
X0	Y4、Y5	低速正转 H1
X1	Y6	H2
X2	Y5、Y6	H3
X3	Y7	H4
X4	Y5、Y7	H5
X5	Y6、Y7	H6
X6	Y5、Y6、Y7	H7
X7		停止

8.3.2 绘制梯形图

根据以上要求和分析，打开三菱 PLC 编程软件，下面开始绘制梯形图，三菱 PLC 的梯形图与前面介绍的欧姆龙 PLC 原理基本一致，但编号和符号不尽相同，使用三菱 PLC 之前，

一定要熟读三菱 PLC 使用手册和相关资料，最后设计的梯形图如图 8-92 所示。

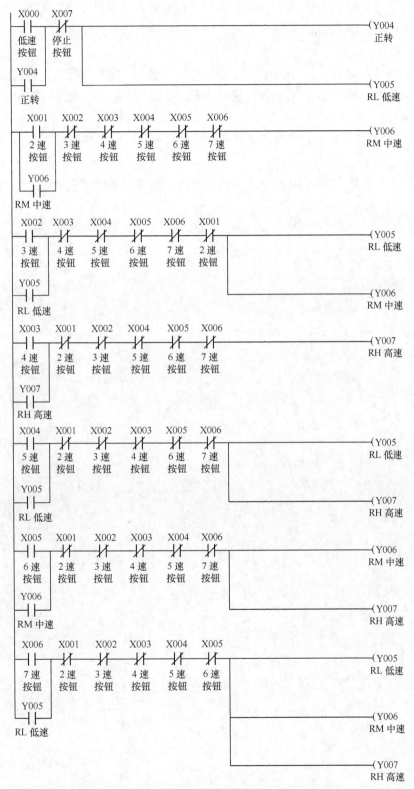

图8-92 设计的梯形图

按下启动按钮，输入 X0，电机以低速正转，同时输出 Y4 和 Y5。

按下 2 速按钮，输入 X1，其他调速按钮均无信号输入，电机以中速正转，输出 Y6。

按下 3 速按钮，输入 X2，其他调速按钮均无信号输入，电机转速得到叠加，输出 Y5 和 Y6。

按下 4 速按钮，输入 X3，其他调速按钮均无信号输入，电机以高速正转，输出 Y7。

按下 5 速按钮，输入 X4，其他调速按钮均无信号输入，电机转速得到叠加，输出 Y5 和 Y7。

按下 6 速按钮，输入 X5，其他调速按钮均无信号输入，电机转速得到叠加，输出 Y6 和 Y7。

按下 7 速按钮，输入 X6，其他调速按钮均无信号输入，电机转速得到叠加，输出 Y5 和 Y6 和 Y7。

主要参考资料

1. 宫淑贞，王冬青，徐世许. 可编程控制器原理及应用. 人民邮电出版社，2002

2. 程周主编. 可编程控制器技术与应用. 电子工业出版社，2002

3. 王红，王艳玲. 可编程控制器使用教程. 电子工业出版社，2002

4. 周万珍，高鸿斌. PLC 分析与设计应用. 电子工业出版社，2004

5. 求是科技. PLC 应用开发技术与工程实践. 人民邮电出版社，2004

6. 高钦和. 可编程控制器应用技术与设计实例. 人民邮电出版社，2004

7. 刘子林，张俊峰，杨天明. 电机与电气控制. 电子工业出版社，2003

8. 贺哲荣. 实用机床电气控制线路故障维修. 电子工业出版社，2003

9. 徐建俊. 设备电气控制与维修. 电子工业出版社，2002

10. 郑凤翼，杨洪升，等. 怎样看电气控制电路图. 人民邮电出版社，2004

11. 牛金生. 电机与控制. 电子工业出版社，2002

12. 李发海，王岩. 电机与拖动基础. 清华大学出版社，2002

13. 邱阿瑞，孙旭东. 实用电动机控制. 人民邮电出版社，1998

14. 何希才，薛永毅. 电动机控制与维修技术. 人民邮电出版社，1998

15. 赵清，张玉茹. 小型电动机. 电子工业出版社，2003

16. 欧姆龙 CP1E PLC 使用手册